高等学校规划教材

高分子物理实验

秦建彬　史学涛　赵永生　张广成　编

西北工业大学出版社

西　安

【内容简介】 全书分为“实验须知及常用仪器和设备”“基础实验部分”“综合实验部分”三章，其中“实验须知及常用仪器和设备”简单介绍实验室安全须知、日常防护和基本的仪器设备操作等。“基础实验部分”从研究大分子的尺寸、相对分子质量及其分布、支化等一级结构的实验到研究聚合物的结晶、取向等二级结构的实验，再到研究聚合物热力学和动力学等的相关基础实验，包括最终的宏观形态和性能实验，基本涵盖了高分子物理课程各项性能研究的基础实验。“综合实验部分”是在前两章的基础上，完成对各高分子物理基础实验的综合设计和运用，实现对学生基础知识运用、实验技能和创新能力的培养。附录汇总了高分子物理实验过程中常用的数据表。

本书可作为高等学校高分子材料与工程专业的本科生教材，也可作为高分子相关学科研究生和从事高分子材料研究工作人员的参考书。

图书在版编目(CIP)数据

高分子物理实验/秦建彬等编. —西安：西北工业大学出版社，2021.8
ISBN 978-7-5612-7952-6

Ⅰ.①高… Ⅱ.①秦… Ⅲ.①高聚物物理学-实验-高等学校-教材 Ⅳ.①O631-33

中国版本图书馆 CIP 数据核字(2021)第 179828 号

GAOFENZI WULI SHIYAN
高分子物理实验

责任编辑：胡莉巾　　策划编辑：杨　军
责任校对：王梦妮　　装帧设计：李　飞
出版发行：西北工业大学出版社
通信地址：西安市友谊西路 127 号　　邮编：710072
电　　话：(029)88491757，88493844
网　　址：www.nwpup.com
印 刷 者：兴平市博闻印务有限公司
开　　本：787 mm×1 092 mm　　1/16
印　　张：16
字　　数：420 千字
版　　次：2021 年 8 月第 1 版　　2021 年 8 月第 1 次印刷
定　　价：49.00 元

前　言

“高分子物理”是高分子材料与工程专业核心专业基础课程之一，内容涵盖物理学、化学、数学、力学、光学、热学和电学等多个学科的基础知识，包含了从高分子链的结构到高分子的凝聚态结构，从高分子溶液到高聚物的高弹性和黏弹性，从高聚物的强度到高聚物的热、电和光性能等，是多种复杂理论知识的交叉和融合。如何使学生更好地理解高分子物理的理论，成为高分子物理实验教学的主要目的。实验是根据科学研究的目的，在排除外界的干扰下，突出某主要因素，利用专门的仪器设备，人为使某些事物（或过程）发生或再现，从而认识自然现象、自然性质或自然规律的一系列活动。同样，高分子物理实验是利用不同实验手段对高分子物理理论知识的验证，是高分子物理理论课堂的延伸，是高分子物理理论知识与实践之间的桥梁。

高分子物理实验是高分子材料与工程专业不可缺少的专业实验课程，实验内容涵盖高分子材料的大分子链形态和结构[如红外光谱法测定聚乙烯支化度、溶液中聚合物分子尺寸的测定、凝胶渗透色谱法测定高分子相对分子质量（以下简称“分子量”）和分子量分布等]、凝聚态结构（如红外光谱法测定聚乙烯结晶度、偏光显微镜法观察聚合物结晶形态、聚合物的双折射率测定、溶胀平衡法测定交联聚合物的交联度等）、聚合物的松弛与转变（如膨胀计法测定高聚物的玻璃化转变温度、静压力法测定聚合物的温度-变形曲线、差示扫描量热法测定聚合物的热转变、聚合物的应力松弛曲线的测定等）、聚合物的黏弹性（如聚合物的蠕变和 Boltzmann 叠加原理、动态黏弹谱法测定聚合物的动态力学性能）以及聚合物的力学性能（电子万能试验机测定聚合物拉伸应力-应变曲线）等。

本书包括高分子物理实验 29 个，其中基础实验 27 个，综合实验 2 个。基础实验是为了使学生更好地掌握高分子物理的基本概念、聚合物的结构以及聚合物结构与性能的关系等而设计的实验。其中实验二、实验六、实验十、实验十一、实验十五、实验十六和实验二十七为经典高分子物理实验，为必修内容；其他实验受实验设备和实验条件的限制，可作为选修内容。综合实验是为了提高学生应用高分子科学专业知识综合分析问题、解决问题的能力而设计的实验。

本书初稿由西北工业大学化学与化工学院秦建彬编写，史学涛参与了实验一到实验九的编写，赵永生参与了实验十到实验二十的编写，张广成参与了实验二十一到实验二十九的编写，张广成对全书进行了统稿。全书由西北工业大学焦剑教授审稿。

编写本书曾参阅了相关文献、资料，在此，谨向其作者深表谢意。

由于水平有限，书中疏漏和不足在所难免，恳请读者给予批评指正。

编者

2021 年 2 月

目　录

第一章　实验须知及常用仪器和设备

高分子物理实验是高分子物理课程理论学习的重要辅助。通过高分子物理实验知识的学习、实验的操作和实验报告的撰写等过程，学生可以更好地理解和掌握高分子相关理论知识。另外，通过高分子物理实验的锻炼，学生还可以掌握高分子材料的研究方法和相关实验操作技能，提高独立分析和解决问题的能力，为开展毕业设计实验和后续科学研究打下基础。

第一节　高分子材料实验室日常规范

(1)实验前必须了解实验室各项规章制度及安全制度。

(2)实验前应对实验内容进行预习，明确本次实验的目的、原理及内容。

(3)实验过程中仔细操作，认真观察实验现象并如实记录实验现象和实验数据，养成严谨的科学作风。

(4)整个实验过程中必须明确实验的基本操作、注意事项，准确安装仪器，爱护实验室仪器，保持实验室台面干净、整洁。

(5)使用完仪器、药品、工具等后，应立即放回原处并整齐排好。不得随意使用实验以外的仪器、药品和工具等。

(6)实验时应严格遵守操作规程和安全事项，避免发生事故。如发生事故，应立即向指导教师报告，并及时处理。

(7)实验结束后，将废弃药品和溶液等倒入相应的废液桶中(酸、碱区分，有机、无机区分)，立即清洗相关仪器、设备，保持实验台面干净、整洁，做好实验室清洁工作。

第二节　实验室安全规章制度

(1)严格执行学校制订的安全条例和主要设备的操作规程，切实抓好安全工作。进入实验室的所有人员需经过安全教育培训，明确安全责任。定期进行安全检查及隐患排除等工作。

(2)进入实验室做实验的人员必须遵守安全制度，确保人身及设备的安全。对违反规定者，实验室管理人员有权停止其实验。

(3)电器设备要妥善接地，以免发生触电事故。万一发生触电，要立即切断电源，并对触电者进行急救。

(4)实验室内严禁吸烟。危险物品(易爆品、易燃品、氧化剂和有机过氧化物、剧毒物品、强腐蚀品)要妥善保管；剧毒物品以及易制毒的实验药品必须有专人负责，制订专门的管理制度。需要药品时，应提前向相应的管理教师提出申请，在教师的带领下领取药品并登记，实验后归还并登记药品用量。

(5)消防器材按照规定放置，不得挪用。定期检查消防器材，及时维护和更换失效器材，保证消防器材处于正常工作状态。进入实验室人员必须掌握消防器材的使用方法。

(6)实验室的钥匙必须妥善保管，对持有者要进行登记，不得私配和转借，人员调出时必须交回钥匙。

(7)一旦发生火情，要及时组织人员扑救，并及时报警。遇到事故，要注意保护现场，迅速报警，要积极配合有关部门查明事故原因。

(8)未经批准，任何人不得在实验室过夜。节假日需要加班者应填写加班申请表，经过实验室主管人员签字后方可加班做实验，并必须有两人以上在场。

(9)学生使用实验室仪器、设备时，应提前向教师提出申请，经批准后，方能使用设备。涉及贵重仪器、设备时，应在教师指导下进行操作，违反规定并造成仪器、设备损坏者需承担相应赔偿责任。

(10)若工作需要对仪器、设备开箱检查、维修，须经主管教师同意才能进行，并至少要有两人在场，修检完毕或离开修检现场前，必须将拆开的仪器、设备妥善安排。

(11)实验完毕，应立即切断电源，关紧水阀。离开实验室时，必须进行安全检查，关闭水、气阀，断电并关好门窗，以免发生事故。

第三节　常用仪器、设备操作规程

高分子物理各项实验的正常开展，除需要大量专用仪器、设备外，还需要多种通用的小型仪器、设备，因此，掌握实验室常见的通用仪器、设备的正确操作，是开展高分子物理实验的基础。

一、电子分析天平

图 1-1 为电子分析天平(以下简称“天平”)实物照片，其工作原理是利用电子装置完成电磁力补偿的调节，使物体在重力场中实现力的平衡，或通过电磁力矩的调节使物体在重力场中实现力矩的平衡。

图 1-1　电子分析天平

1. 使用方法

(1)称量前明确天平的量程和精度范围。查看秤盘是否清洁(秤盘上若有灰尘和残留物，需用软毛刷轻轻扫除;若有不易扫除的斑痕、脏物可用浸有乙醇的软布轻轻擦拭)。检查天平是否处于水平位置，若不水平，通过调节天平底板下的两个垫脚螺丝，使气泡位于水平仪中心。

(2)打开电源，预热，待天平的显示器出现 0.0000 g 时即可进行称量。

(3)将称量纸或者样品瓶轻轻放在秤盘上，关上玻璃门，按“去皮”键进行去皮。

(4)放入试样，待天平的示数稳定后即可读数。

(5)重复步骤(3)和(4)可进行连续称量。

(6)称量完成后按“OFF”键关机，并对秤盘和实验台进行清理。

2. 注意事项

(1)在放、取称量物时，动作应轻缓，切不可用力过快或过猛，以免造成天平损坏。

(2)对于过热或过冷的称量物，使其恢复到室温后方可称量。

(3)称量前要确定天平的量程，称量物的总质量不能超过天平的称量范围。

(4)所有称量物都必须置于一定的洁净、干燥容器(如烧杯、表面皿、称量瓶、称量纸等)中进行称量，以免沾染或腐蚀天平。

(5)使用过程中不得随意挪动天平。

二、恒温水槽

温度控制对高分子物理实验有着重要的作用，很多高分子物理实验都需要在恒定的温度下进行。实验室中常用到的恒温装置是恒温水槽(见图 1-2)以及反应用的恒温水/油浴锅。

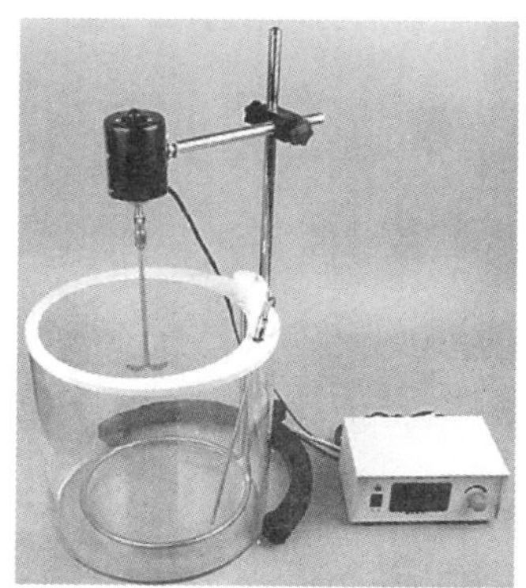

图 1-2　恒温水槽

1. 结构与构成

恒温水槽一般由浴槽、加热器、温度调节器(又称水银接触温度计、水银导电表等)、温度控制器(继电器)、搅拌器和测温元件等部件组成。此处主要介绍前三者。

(1)浴槽:浴槽包括容器和液体介质两部分。实验时为了便于观察恒温体系内部液体发生变化的情况(如液面波动、颜色改变等)，恒温槽一般由玻璃制成，尺寸可根据不同要求而定。一般恒温槽的使用温度为 20～50℃，通常用水作为恒温介质。若需更高温度，如要求温度不超过 90℃时，可在水面上加少许白油(石油馏分的一种)以防止水的蒸发;当要求温度在 90℃时，可使用甘油白油或者其他高沸点物质作为恒温介质;更高温度的恒温槽可采用空气浴、盐浴、金属浴等。而对于低温环境，需要一定组分配比的冷冻剂，并使其在低温下建立平衡。

(2)加热器：电加热器是常用的加热器。通常根据恒温槽大小、温度范围以及允许的温度波动范围来确定加热器类型和功率。从能量平衡的角度来看，一般升温时可以使用功率较大的电加热器。在接近所需恒温温度时，可根据恒温槽大小和所需恒温温度的高低改成小功率加热器或用调压变压器降低输入加热器电压来提高温度精度。

(3)温度调节器：常用的是水银导电表，它相当于一个自动开关，用于控制浴槽温度升高到所要求的温度，控制精度一般为±0.1℃。水银导电表的精度直接影响温度的恒定(温度的稳定还和继电器的灵敏性、加热器功率大小以及水槽内搅拌的效果等因素有关)。

2. 工作原理

水银导电表上的电线可与加热器并联，当水槽的温度还没有达到工作温度时(水银导电表已粗调到合适点)，由于水银导电表下部指示温度的水银没有与导电表上面反应所需温度的铂丝相接，故水银导电表这条线路是断开的，而与水银导电表并联的加热器照常工作。温度升高时，导电表下端的水银渐渐上升，在水银面与上面的铂丝相接后，导电表电路电阻小于加热器的电阻，故导电表开始通电，而加热器停止加热。此时，仔细地调节水银导电表上部的磁铁，使温度控制到所需的温度。但由于水银导电表的温度标尺刻度不够精确，需通过另一支精密温度计来准确测量恒温水槽的温度。

3. 使用方法

(1)把加热器、水银导电表、搅拌器和温度计等放入恒温水槽内的适当位置。

(2)将水银导电表、加热器接入继电器，接好并检查线路无误后，方可通电。

(3)为了避免缸体因受热炸裂，可先向浴槽内加入少量的冷水，再缓慢加入热水。待温度达到所需温度，调节导电表，使温度恒定后方可使用。

4. 注意事项

(1)实验结束后应及时将浴槽的介质排出，并注意清洗内胆、底板及实验架，以免被其他物质污染。

(2)待浴槽中温度恒定后再进行实验。

三、恒温水/油浴锅

实验室常用的恒温加热装置是水、油两用的，如图 1-3 所示。根据实验反应温度的要求，可选择水或者硅油作为恒温水/油浴锅的加热介质。恒温水/油浴锅采用锅内环状的加热管对水或者硅油进行加热，再通过精密的温控仪对介质的温度进行精确控制，从而对反应物均匀加热。

图 1-3　恒温水/油浴锅

1. 使用方法

(1)检查恒温水/油浴锅的电源接头、开关、温度调节按键和温度感应器是否正常;检查水/油浴锅中的加热管是否被加热介质浸没。

(2)将反应装置放置好后(反应装置不能与加热管接触),按温度设置键设置实验温度,并进行加热。待水浴锅温度恒定后,可开始反应。

(3)若实验过程中需使用不同的反应温度,按温度设置键设置温度。

(4)反应结束后,按关闭键关闭恒温水/油浴锅,待温度降至室温时,将反应装置取出。最后拔出恒温水/油浴锅接头,清洗反应装置,清理实验台。

2. 注意事项

(1)使用时必须先加水或者油再加热,严禁不加水或油进行干烧。锅内加水或油的量不能过低而使电热管露出液面,以免其被烧坏发生漏电现象。加入水或油的量也不能太多,防止溢出。

(2)使用时避免对温度传感器的碰撞。

(3)恒温水/油浴锅长期不使用时,应将锅内的水或油及时排放,并擦拭干净。定期清理锅内的水垢。

四、机械搅拌器

搅拌器是实验室中不可缺少的常用设备之一,通过对反应体系进行搅拌,使混合物混合均匀,反应体系温度均匀。搅拌器主要分为机械搅拌器(见图 1-4)和磁力搅拌器两种。机械搅拌器主要由三部分构成:电动机、搅拌棒和搅拌密封装置。电动机是动力部分,使用时需固定在实验架上,由调速器调节其搅拌速度。搅拌密封装置是搅拌棒与反应容器连接的装置,可以确保实验的密封性。

图 1-4　机械搅拌器

1. 使用方法

(1)将机械搅拌器安装、固定在配套的实验装置中,接通电源,打开开关,旋转转速设置按钮,转速由小逐渐增大,直到所需转速。

(2)反应结束后,缓慢将转速调至零,并关闭电源,清洗搅拌棒。

2. 注意事项

(1)根据反应容器大小选择合适尺寸的搅拌棒。

(2)调整搅拌棒至合适的高度,避免碰撞容器壁。

五、磁力搅拌器

磁力搅拌器由微电机带动高温强力磁铁产生旋转磁场来驱动容器内的磁性搅拌子转动,以达到对溶液进行均匀混合和加热的目的,从而使溶液在设定的温度中得到充分、均匀的混合。图 1-5 为磁力搅拌器实物图,磁力搅拌器适合于搅拌黏度不大的反应体系。其工作原理是利用磁性材料同性相斥的特性,通过不断变换基座内磁性体两端的极性来推动磁性搅拌子转动。

图 1-5 磁力搅拌器

1. 使用方法

(1)实验前检查电源是否连接,调节转速旋钮,确保其归零。

(2)将盛有溶液的容器放置于仪器台面的搅拌位置,选择合适尺寸的磁子,沿容器壁投入反应容器。

(3)打开搅拌开关,顺时针转动调速旋钮,使磁子由慢到快转动,直至所需转速。

(4)反应若需加热,则将温度设置到所需温度;如不需加热,则将加热旋钮旋转归零。

(5)待溶液搅拌均匀或达到反应所设定时间后,逆时针缓慢旋转调速旋钮,将转速调为零。若实验为加热反应,还需将加热旋钮调节至零,待温度下降到室温,关闭电源开关,最后将盛有溶液的反应容器取下来。

(6)清洗容器,并及时清理磁力搅拌器和工作桌面。

2. 注意事项

(1)使用之前确保调速旋钮和加热旋钮归零。

(2)根据反应容器大小选择合适尺寸的磁子。仪器应保持清洁、干燥,避免将溶液溅入仪器内部。

(3)容器中盛放的溶液不能过满，防止搅拌过程中溅出。

(4)搅拌时若发现磁子跳动或不搅拌，则检查反应容器底部是否光滑、平整，位置是否居中。

(5)中速运转可延长搅拌器的使用寿命。

(6)对于需要加热的反应体系，可在反应溶液中插入温度计监测温度，以检验搅拌器控温的准确性。另外，加热时要防止烫伤。

(7)测量温度时，将探头放入容器中的高度应合适，防止磁子碰撞探头，损坏探头。

(8)仪器使用结束后确保调速旋钮和加热旋钮调至零位，关闭电源。

六、电热鼓风干燥箱

电热鼓风干燥箱(见图1-6)是高分子材料研究等实验室的必备设备，主要用来干燥实验室使用的玻璃容器、反应装置和药品等。其用分组式电阻丝进行加热，由热电偶恒温控制箱内温度，并使用鼓风机加强电热鼓风干燥箱内气体的流通，使加热均匀，同时排出加热干燥过程可能产生的水分、小分子气体等。

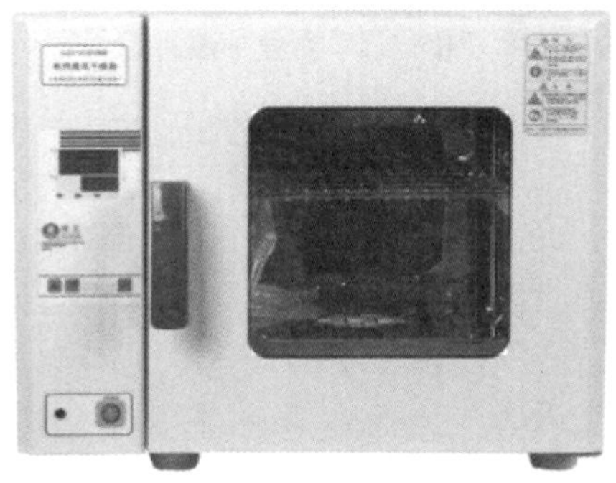

图1-6　电热鼓风干燥箱

1.使用方法

(1)明确电热鼓风干燥箱的温度使用范围。检查电源、开关、温度设置按键以及温度感应器是否正常。

(2)接通电源，打开电热鼓风干燥箱开关，通过设置温度调节按键设置电热鼓风干燥箱的温度。在温度达到设定温度后将反应装置或者待干燥试样和药品放入箱中。

(3)电热鼓风干燥箱使用结束后，关闭开关，关闭电源，并将电源拔出。待电热鼓风干燥箱温度降至室温后，对其进行清理。

2.注意事项

(1)使用前必须检查电源线路连接是否正常。

(2)严禁将含有大量水分的样品或药品放入电热鼓风干燥箱内。

(3)禁止向电热鼓风干燥箱内放入易燃品、易爆品、强腐蚀性及剧毒药品。

(4)使用温度不得超过电热鼓风干燥箱的最高使用温度。

(5)使用温度要低于药品的熔点和沸点。

(6)当药品洒在烘箱内时，必须及时清理，打扫干净。

(7)使用电热鼓风干燥箱时需要有人员值守。

七、真空干燥箱

真空干燥箱(见图1-7)是在真空条件下对样品进行加热的仪器。其可降低干燥温度,缩短干燥时间,同时还能避免一些物品在加热条件下氧化。

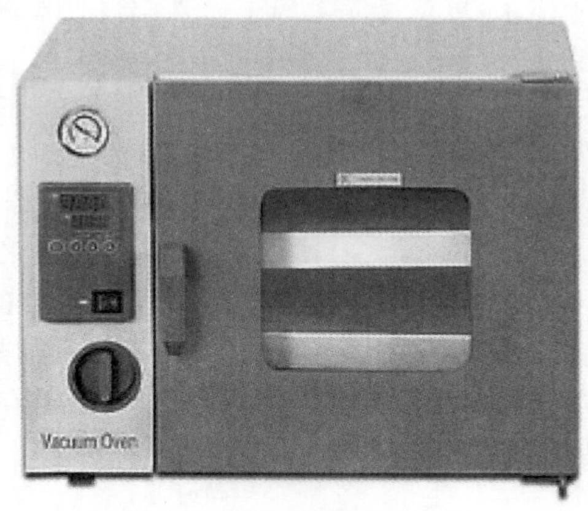

图1-7 真空干燥箱

1.使用方法

(1)明确真空干燥箱的使用温度范围。检查真空干燥箱的电源、开关和温度设置功能是否正常。检查真空干燥箱附属油泵的油液面是否在规定的范围内,注意泵油是否污染。

(2)接通电源,打开开关,通过温度设置键设置目标温度。待温度到达设置温度并稳定后,将待干燥的样品放入箱中,并旋转气阀至打开位置,打开真空泵,开始抽真空。在真空表上显示的示数达到所需的真空度后,关闭真空阀,停止抽真空。当真空干燥箱真空度下降时,重复上述操作。

(3)干燥达到预定时间后,关闭真空干燥箱的加热电源,待真空干燥箱温度降至室温后,开启气阀,当真空表上的示数为零时,打开真空干燥箱门,取出样品,并清理真空干燥箱。

2.注意事项

(1)真空干燥箱必须有效接地,保证使用安全。

(2)达到所需真空度后,应先关闭真空干燥箱的真空阀,再关闭其附属真空泵电源,防止泵油倒灌至箱内。

(3)取出被处理物品时,如果是易燃品,必须待温度冷却到低于燃点后才能放进空气环境,以免引起燃烧。

(4)真空干燥箱无防爆装置,不得放入易爆物品。

(5)检查油泵中的油是否混浊,液面是否在规定的液面高度,定期换油。

八、循环水真空泵

循环水真空泵是用来提供实验过程中所需真空环境的一种简易、常用实验设备。如图1-8所示,它以循环水为工作流体,利用流体射流技术产生负压而进行工作。循环水真空泵为蒸发、蒸馏、结晶、干燥、升华、过滤、减压、脱气等实验过程提供真空条件。

图 1－8　循环水真空泵

1. 使用方法

(1)准备橡胶管,将进水口与水管口相连。

(2)打开水箱上盖,注入清洁凉水,水位高度以略低于溢水嘴为限。

(3)使用橡胶管将实验装置与真空泵的真空吸头连接,接通电源,扳动开关,指示灯亮,开始工作,通过调节真空阀设置实验环境中的负压。循环水真空泵一般配有两个并联吸头及对应的真空表,可同时使用,也可仅使用其中一个。

2. 注意事项

(1)循环水真空泵的真空度受水的饱和蒸汽压限制,长时间工作后水的温度升高,使能够提供的真空度下降。此情况下可将设备背后的放水口与自来水管接通,通过溢水口排水,控制水流量以调节水的温度。

(2)保持水质清洁是循环水真空泵能长期稳定工作的关键,因此必须定期换水、清洗水箱。

(3)某些腐蚀性气体(如二氯甲烷等)可导致水箱内水质变差,产生气泡,过量气泡将导致能够提供的真空度下降,故应注意不断循环换水。

(4)对特殊强腐蚀性气体,应认真判断其是否会与本设备所使用材料发生反应,并谨慎使用。

(5)当循环水真空泵的真空度达不到正常值时,应首先判断被抽反应装置各连接处是否漏气或者接头是否松动。如属泵的问题,则检查进水口或各气路是否堵塞或松动漏气;若循环水真空泵的电机不转,应检查电源或保险丝。

(6)实验结束后,无论循环水真空泵与何种装置配合使用,都应注意先将与其配套装置泄压,泄压到大气压力后,关闭循环水真空泵电源。

注意:切勿直接关闭电源!

九、减压蒸馏装置

在较低的温度下改变实验环境的真空度,可将实验中的低沸点物质与产物分离,所用简易装置如图 1－9 所示。

1. 操作过程

(1)安装减压蒸馏装置时,应尽量使用磨口塞,并用真空硅脂对接口处进行密封。检查仪器各部分连接情况，开动水泵或者油泵，慢慢关闭安全阀，并观察压力表上的压力是否达到正常值，检查装置的密封性。

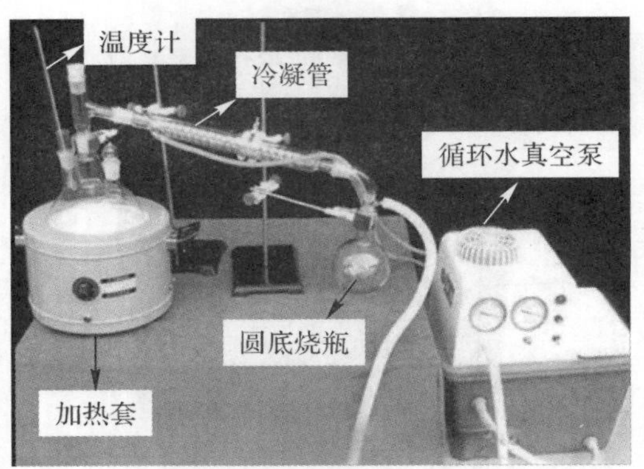

图 1-9　简易减压蒸馏装置

(2)当蒸馏物中含有大量的低沸点物质时，可先在常压下进行蒸馏，将大部分低沸点物质蒸出，然后使用循环水泵减压蒸馏，尽量将低沸点物质除尽。

(3)停止加热，回收低沸物；开启真空泵，当实验环境中的压力达到所需值时，重新开始加热蒸馏瓶。蒸馏单体时需要在蒸馏装置中加入沸石(一般使用油浴，将其温度设置为高于蒸馏液沸点 20～30℃，对于难挥发的高沸点物质，可在蒸馏后段将油浴温度设置为高于蒸馏液沸点 30～50℃)。

(4)蒸馏结束后，先移去热源。待实验体系稍冷却后，逐渐打开安全阀，当压力表示数为 0 时，停止抽气，关闭真空泵开关，拆下各玻璃仪器并清洗。

2. 注意事项

(1)蒸馏溶剂时需向混合物中加入沸石，防止爆沸。

(2)实验结束后应先将安全阀打开，当实验体系恢复常压时，再关闭真空泵开关。

十、超声波清洗机

超声波清洗机(见图 1-10)一方面可用来去除仪器上的污物和污垢，清洗实验室器材和仪器；另一方面可用来分散和溶解样品。

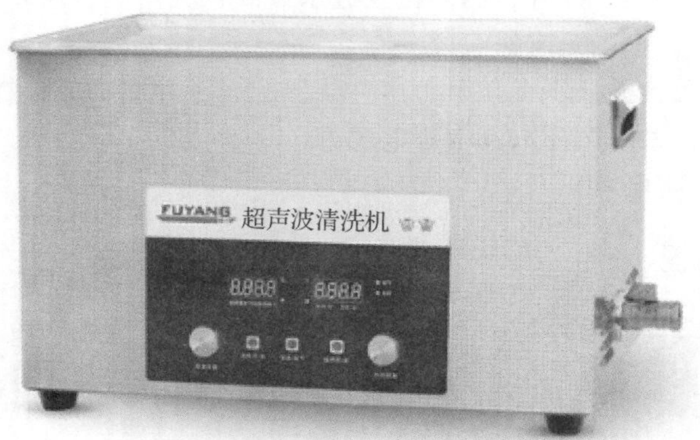

图 1-10　超声波清洗机

超声波清洗机是利用仪器表面或者附近的空化气泡完成工作的。超声波在清洗液中以疏密相间的形式向被清洗物辐射，以“气泡”形式产生破裂现象，“气泡”在被清洗物体表面破裂的瞬间，物体的表面和孔隙中的污垢被分散破裂及剥落，使物体净化、清洁。超声清洗机一般由换能器、清洗槽和超声波发生器组成。其中，换能器是超声波清洗机中的关键部件，其作用是将电气振荡器转换成机械振动，在液体中形成超声波。清洗槽是盛放清洗液和被洗物的部件。超声波发生器的作用是把电转化成超声频的电能，传输给换能器，由换能器将其转换成超声波的机械能，并向液体中辐射超声波。

1. 使用方法

(1)检查电源和开关。根据要求向清洗槽中倒入清洗液。

(2)接通电源，打开仪器开关，将需要清洗的物品放入，即可进行清洗。

(3)结束清洗后，将清洗槽清理干净。

2. 注意事项

(1)若超声波清洗的功率太高、时间太久，可能造成对元件的损坏。

(2)若在设备正在运行时，需要对清洗液进行更换，则一定要注意先关机并待清洗液替换后重新开机，将各种需要清洗的用具放入清洗槽中进行清洗。使用完超声波清洗机后，要及时对清洗槽进行清理，避免清洗槽被污染。

(3)不得在没有加入清洗液的情况下开机工作，并且清洗液的加入量不能太少，应根据要求加入。避免过长时间的使用，过长时间的使用会使清洗槽中的液体温度升高，易产生挥发。

(4)避免磕碰。不得使用重物磕碰清洗槽的底部，避免对超声波清洗仪中的转换器晶片的破坏，而导致清洗效果不好。

十一、旋转蒸发仪

旋转蒸发仪(见图 1-11)主要用于减压条件下连续蒸馏大量低沸点溶剂，并对其进行回收，可以分离和纯化反应产物。通过调节转速使旋转瓶在合适的速度下旋转以增大蒸发面积。通过真空系统使旋转瓶处于负压状态。旋转瓶在旋转的同时置于水浴锅中恒温加热，瓶内溶液在负压条件下受热、蒸发。

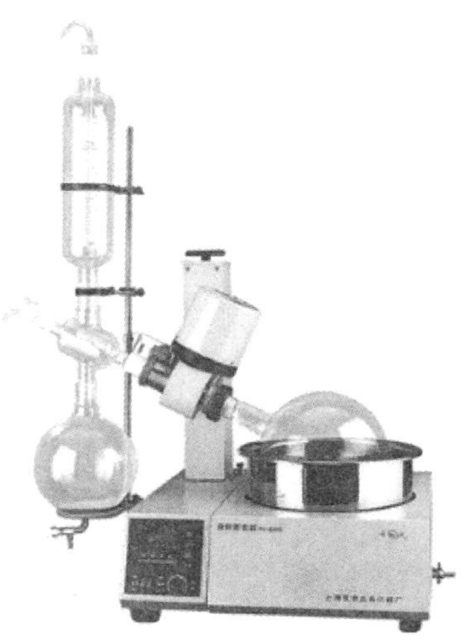

图 1-11　旋转蒸发仪

旋转蒸发仪由旋转瓶、旋转电机、蒸发管、真空系统、玻璃冷凝管、水浴锅、收集瓶和其他一些玻璃部件组成。旋转电机通过电机的转动带动盛有样品的旋转瓶转动。一方面蒸发管起到样品旋转瓶支撑轴的作用,另一方面蒸发管可以将低沸点溶剂抽出。真空系统用来降低旋转蒸发仪体系的气压。水浴锅对旋转瓶中的试样进行加热。收集瓶用来收集经冷凝管冷却凝结后的低沸点溶剂。

1.使用方法

(1)检查电源,用橡胶管将循环水真空泵与旋转蒸发仪连接,接通冷凝水。

(2)打开循环水真空泵开关,装上旋转瓶并用夹子固定好。调节体系真空度至所需负压值。

(3)调节旋转瓶高度和旋转速度,并设定水浴温度。

(4)溶剂蒸馏结束后,先停止转动,再通气卸压至大气压,然后将真空泵开关关闭,最后将旋转瓶取下。

(5)回收接收瓶内溶剂,并清洗仪器。

2.注意事项

(1)玻璃仪器应轻拿轻放,安装前应洗干净并烘干。使用前需检查旋转蒸发仪的密封性,接口处安装时需要涂抹真空硅脂。

(2)水浴锅通电前必须加入水,不允许污水干烧。

(3)为防止有机溶剂挥发,应先开冷却装置。

(4)实验结束后必须先减压,再关闭真空泵,防止倒吸。

十二、真空冷冻干燥机

真空冷冻干燥就是将需要干燥的物质预先进行降温冻结,使物体中的水成为固态,然后在低压(<100 Pa)条件下使物体中的冰晶升华干燥,待升华干燥结束后再进行解吸干燥,去除部分结合水,从而完成干燥的过程。一般冷冻干燥可分为预冻、一次干燥(升华干燥)和二次干燥(解吸干燥)三步。由于升华过程是由内向外逐渐推移的,冰晶升华后在物质框架内会留下许多孔隙,因此,经过冷冻干燥的物体体积不变,疏松多孔。

真空冷冻干燥机(见图 1-12)主要由制冷系统、真空系统、加热干燥系统和控制系统组成。制冷系统一是为样品冻结提供能量,二是为捕捉升华出来的水蒸气提供能量。真空系统保证在一定时间内抽除水蒸气和干空气,维持冷冻干燥箱内物料水分升华和解吸所需的真空度。一般真空系统可分为两种:一种是不带冷阱的水蒸气喷射泵真空系统;另一种是带有冷阱的油封式机械真空泵系统。加热干燥系统的作用是对冷冻干燥箱内的物质进行加热,以使物体内的水分不断升华,并达到规定的残水量。控制系统是由各种控制开关、指示调节仪表及一些自动装置等组成的。

1.使用方法

(1)将样品提前放置在冷冻干燥箱中进行冻结,并用开口的玻璃容器存放好。

(2)开机前检查电源和真空泵。检查真空泵,确认真空泵中已加注真空泵油,并且油面不得低于要求值。切勿在无油状态下运行。

(3)冷阱上方 O 形密封圈应保持清洁,使用前可均匀涂一层真空脂。

图 1-12 真空冷冻干燥机

(4)打开电源总开关,按“制冷”键,仪器使用前需先制冷 0.5 h 左右。将样品放入样品盘中,再将其放置在样品架上,放置并固定好样品温度传感器,盖上有机玻璃罩,并密封好。

(5)按“真空计”键,显示真空度;再按“真空泵”键,真空泵工作。

(6)冷冻干燥结束后:首先拧开充气阀充气,使空气缓慢进入;其次关闭真空泵,防止真空泵返油;再次关闭真空计、制冷按钮和总电源;最后取下有机玻璃罩,将样品取出保存。

(7)最后要将真空冷冻干燥机冷阱内的冰块及时清理,方便下次使用。

2. 注意事项

(1)将真空泵置于地面上,与主机保持一定高度差。这样在突发停电时,可阻止返油。若发生停电事故,应立即拧开充气阀,使主机充气,尽快取出样品,妥善存放。

(2)关机时应先充气,后关真空泵,防止真空泵返油污染样品。

(3)应保持密封圈的清洁,不可用有机溶剂擦洗,注意保护有机玻璃罩下端,防止碰、划、损伤。

(4)依照说明书,连续工作 200 h 后或定期更换真空泵油,注意保养和维护。

(5)请勿频繁开关电源和真空冷冻干燥机,如因操作不当导致真空冷冻干燥机停机,至少等待 3 min 后,再重新启动真空冷冻干燥机。

第二章　基础实验部分

实验一　溶液中聚合物大分子尺寸的测定

聚合物大分子在溶液中的尺寸测定，被广泛用于研究聚合物大分子在溶液中的形态。聚合物在稀溶液中的一些性质，如表观黏度、扩散速度等都取决于溶液中聚合物大分子的尺寸。测定聚合物大分子尺寸的方法有很多，但由于大分子尺寸与溶液的光学性质、流体力学性质紧密相关，故人们多采用光散射法和黏度法对溶液中的大分子尺寸进行研究。光散射方法是一种十分有用的方法，但是设备较复杂，价格昂贵。黏度法设备简单，操作方便，且溶液黏度基本上是聚合物大分子在空间尺寸的量度。从聚合物大分子在溶液中摩擦性质的理论可知，特性黏数正比于溶液中大分子的有效流体力学体积与分子量的比值，而有效流体力学体积又与无规线团链结构的分子的线性尺寸的立方成正比。基于此，本实验采用黏度法测定聚合物溶液的特性黏度，推算聚合物大分子的尺寸。

一、实验目的

(1)了解聚合物大分子尺寸测定的原理。

(2)熟练掌握黏度法测定稀溶液中聚合物大分子尺寸的方法。

二、实验原理

溶液中聚合物大分子的形状和尺寸不仅与本身的结构有关，还与溶剂的性质、溶液的浓度以及实验温度等多种因素有关。对聚合物溶液的热力学性质的研究多数在稀溶液中进行，因为在稀溶液中的聚合物大分子的分子间距离大，相互干扰小[虽然仍有分子间(聚合物大分子与溶剂分子间)相互作用，但比起浓溶液中的聚合物大分子，稀溶液中的聚合物大分子能以比较自由的状态存在，可以近似作为孤立分子来研究]。在稀溶液中，假定聚合物大分子以单个状态分散，单个的聚合物大分子链上有众多 C—C 单键(即 σ 单键)，每个 σ 单键都能进行内旋转，因此单个聚合物大分子可以有多种空间结构(又称构象)。一个聚合物大分子可以有许多构象，这些构象迅速变化，其中使聚合物大分子链呈直线状态的构象是极少的，最常出现的是卷曲状态的构象。应用数学上无规行走模型推算，线型聚合物大分子的外形是一个椭球形的线团，称为无规线团。

在溶液中聚合物大分子的形态要受到溶剂的影响，这一点是显而易见的。在聚合物的良溶剂中，溶剂分子与聚合物大分子链段间有很强的吸引力(即溶剂化作用)，这种吸引力大大超过链段间使得聚合物大分子间卷曲的内聚力，此时聚合物大分子无规线团比没有溶剂化作用时松散，大分子链呈伸展状态。在聚合物的不良溶剂里，溶剂分子与链段间作用力小，链段内聚力使聚合物大分子的无规线团紧缩。

在上述两种情况下，同种聚合物大分子的分子尺寸肯定是不相同的。如何来描述溶液中聚合物大分子尺寸的大小和分子状态的改变呢？对比常用末端距 $\bar{h}$ 来表示，末端距是指聚合物大分子链头尾两端之间的直线距离。如图 2-1-1 所示，分子链卷曲得紧，其链两端的距离小，末端距就小；分子链伸展得开，则末端距就大。极端的情况是分子链被拉直，此时末端距最长，由于有键角限制，分子链伸直成锯齿形，如图 2-1-2 所示。由于聚合物的分子量具有多分散性的特性，各种分子量的分子其末端距不同。就一个孤立的聚合物大分子链来看，由于分子热运动，其构象随时间不断变化，整个分子链的末端距也在随时间不断变化，因此无法明确某一聚合物大分子链的尺寸。末端距这个概念对于聚合物大分子只有统计平均的意义。

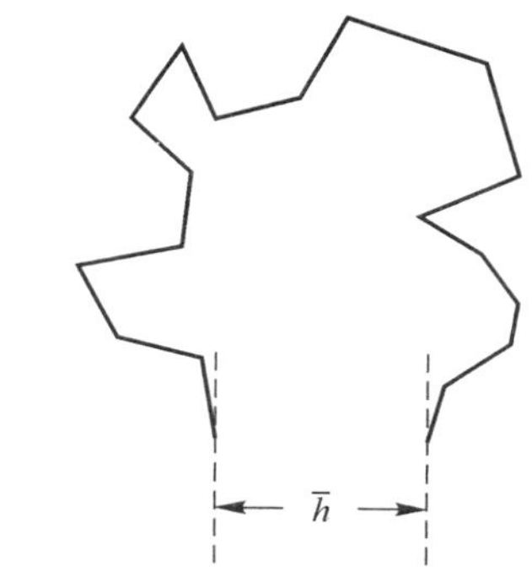

图 2-1-1　聚合物大分子链末端距示意图

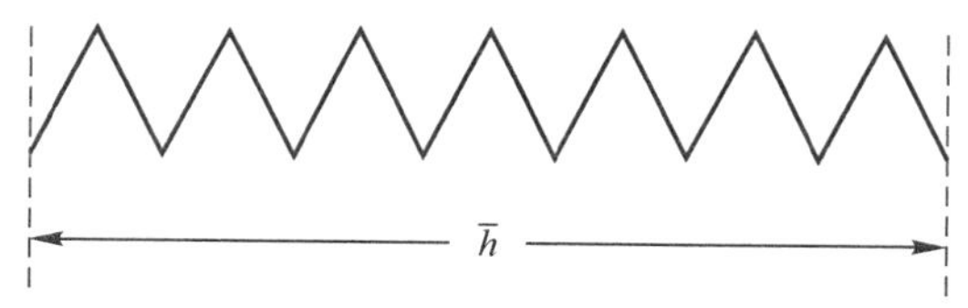

图 2-1-2　聚合物大分子链伸展状态末端距示意图

为了便于用数学式表征末端距的大小，把聚合物大分子链的一端固定在一个空间坐标轴的原点上，把分子链的一端至另一端的距离置于空间坐标内，两端的距离用矢量 $\boldsymbol{h}$ 表示。由于聚合物大分子链内链节的内旋转，聚合物大分子的构象不断改变，$\boldsymbol{h}$ 也随之不断改变大小和方向，$\bar{h}$ 出现在空间各方向的机会是均等的。如果取空间矢量 $\boldsymbol{h}$ 表征聚合物大分子尺寸，则其平均值应等于零。如改用 $\bar{h}$ 的平方值（均方末端距）来表示分子尺寸，则无方向性。它的平均值不等于零，写作 $\overline{h^2}$。$\overline{h^2}$ 的值可以从理论中加以推算，也可以从实验中求得。$\overline{h^2}$ 的开二次方亦不为零，称作根均方末端距 $(\overline{h^2})^{\frac{1}{2}}$。一般研究聚合物的溶液的分子形态时，常用 $(\overline{h^2})^{\frac{1}{2}}$ 表示聚合物大分子尺寸。

为了便于研究，希望聚合物溶剂体系尽量接近理想溶液状态。在聚合物溶液的溶剂化过程中，溶剂分子与聚合物大分子之间的作用使聚合物大分子溶胀，聚合物大分子本身的内聚力则力图使其恢复到卷曲状态（能量最低的状态）。在一定条件下，这两种力达到平衡，溶液中的聚合物大分子链构象与处在完全不受力作用的状态一样，溶液的行为符合理想溶液状态。实验中可以通过调节溶剂成分、温度等条件使这两种力达到平衡的状态。调节溶剂成分，使聚合物大分子链处于不受力的状态，此时对应溶剂称作 Θ 溶剂。Θ 溶剂常通过在良溶剂（使聚合物分子溶胀）中加入不良溶剂（使聚合物大分子卷曲）的方法制得。调节良溶剂与不良溶剂的比例，可以使聚合物大分子与溶剂分子之间的作用达到平衡状态。表 2－1－1 列出了聚苯乙烯体系的几种常用 Θ 溶剂的组成。

表 2－1－1　聚苯乙烯体系的几种常用 Θ 溶剂的组成

Θ 溶剂	溶剂组成（体积比）	测定温度/℃	测定方法
苯-环己醇	38.4∶61.6	25	CT，A_2，(LS)
苯-正己烷	34.7∶65.3	25	CT，A_2，(LS)
苯-甲醇	77.8∶22.2	25	CT，A_2，(LS)
苯-异丁醇	64.2∶35.8	25	CT，A_2，(LS)
丁酮-甲醇	88.7∶11.3	25	CT，A_2，(LS)
四氯化碳-甲醇	81.7∶18.3	25	CT，A_2，(LS)
氯仿-甲醇	75.2∶24.8	25	CT，A_2，(LS)
二烷-甲醇	71.4∶28.6	25	CT，A_2，(LS)
四氢呋喃-甲醇	71.3∶28.7	25	CT，A_2，(LS)
甲苯-甲醇	80∶20	25	VM，A_2，(OP)
甲苯-甲醇	75.2∶24.8	34	DV

注：CT—雾点滴定（浊点滴定）方法；A_2—第二维利系数方法；LS—光散射方法；VM—黏度分子量关系方法；OP—渗透压方法；DV—扩散和黏度方法。

调节温度同样也能使溶液中聚合物大分子链处于不受力的状态，升高温度，则分子热运动加剧，使聚合物大分子链呈伸展趋势；降低温度则使分子链呈卷曲状态。与 Θ 溶剂相对应的温度称作 Θ 温度，又称弗洛利（Flory）温度。

在 Θ 温度和 Θ 溶剂条件下，溶液中的聚合物大分子链呈“无干扰”状态。聚合物大分子链处于“无干扰”状态时，其分子尺寸近似无扰尺寸，用无扰均方末端距$\overline{h_0^2}$表示。分子链的尺寸还常用均方旋转半径 $\overline{h_0^2}$ 表示，$\overline{h_0^2}$ 定义为分子链的质量中心到每个链段质心距离二次方$\overline{r_0^2}$的平均值。当无规线团型的聚合物大分子处于理想状态下时，均方末端距$\overline{h_0^2}$和均方旋转半径$\overline{r_0^2}$之间可以推出如下关系：

$$\overline{h_0^2} = 6\,\overline{r_0^2} \tag{2-1-1}$$

聚合物大分子尺寸大小还与本身所具有的运动单元有关。一个聚合物大分子主链上有许多能独立运动的单元，称为链段，这些链段一般由几个至几十个链节组成。对链段中的每一个C—C 键而言，由于受到键角和内旋转位垒的限制，只能做有限的运动，但整个分子链的运动仍相对可观。对分子量一定的聚合物，链段长度短，则能独立运动的单元就多，分子链卷曲也就厉害，分子链柔软，分子的末端距小；链段长度长，能独立运动的单元少，分子链呈刚性，则分子的末端距较大。从统计理论推算出，由链段长度为 l_p 的 n 个自由连接的链段组成的聚合物大分子链的均方末端距$\overline{h_0^2}$与链段长度 l_p 之间的关系为

$$\overline{h_0^2}=nl_p{}^2 \tag{2-1-2}$$

推导式(2－1－2)做了如下假设：

(1)假定聚合物链段间连接是自由连接，即不受键角与内旋转位垒的限制。

(2)推导时不考虑高分子链的每一个链段在空间所占的体积，不考虑链段之间的运动是要受到相互牵制的。

在实际中，任何聚合物大分子链段间连接并非是完全自由的，必然要受到分子内化学键键角、内旋转位垒等因素的影响，考虑到这些因素，式(2－1－2)可以写成

$$\overline{h^2}=nl_p{}^2\frac{1-\cos\theta}{1+\cos\theta} \tag{2-1-3}$$

式中：θ 为化学键键角的补角。如果聚合物大分子链由 C—C 键相连，可以把式(2－1－3)简化，因为键角是 109°28′，即 $\theta=180°-109°28'=70°32'$。故 $\cos\theta=\frac{1}{3}$，于是式(2－1－3)成为

$$\overline{h_0^2}=2nl_p{}^2 \tag{2-1-4}$$

考虑到内旋转的旋转角的限制，可写成

$$\overline{h^2}=nl_p{}^2\frac{1-\cos\theta}{1+\cos\theta}\times\frac{1+\overline{\cos\phi}}{1-\overline{\cos\phi}} \tag{2-1-5}$$

式中：ϕ 为内旋转角。对于一个柔性大分子链，可以把方程式(2－1－5)简写成

$$\overline{h^2}=n\beta^2 \tag{2-1-6}$$

式中：β 为表观键长。β 是考虑了各种因素的表观键长，它对于一个给定的聚合物是一个常数，不依赖分子量和溶剂，但受温度影响有所改变。对于大多数聚合物，β 值接近 31。方程式(2－1－6)可以用聚合物分子量 $\overline{M}$ 的形式来表示，由于聚合物分子量 $\overline{M}=nM_0$，M_0 是与所定义的 n 有关的分子量。那么，对于聚苯乙烯样品，即每个基本单位是由两个键与主链相连，因此 $\overline{M_0}$ 对于聚苯乙烯等于单体分子量 104 的一半，即 52。无规构象的线形聚合物的均方末端距可以表示为

$$\overline{h_0^2}=\beta^2\frac{\overline{M}}{M_0} \tag{2-1-7}$$

以上讨论的是“无扰状态”下大分子尺寸的规律，上述结论只有在聚合物分子与溶剂之间没有作用力或它们之间的作用力相互抵消的理想状态下才能成立。实际溶液里的聚合物大分子尺寸与理想状态下溶液中的大分子尺寸是有很大差别的。真实大分子链不仅要考虑链段本身占据一定空间位置及链段之间的相互作用，还要考虑溶液中溶剂分子与链段之间的相互作用，所以实际的大分子链的均方末端距要比理想大分子链的大。为了表征这个变化，弗洛利等人引入了溶胀因子(χ)：

$$\chi^2=\frac{\overline{h^2}}{\overline{h_0^2}} \tag{2-1-8}$$

$$\chi^2 = \frac{\overline{r^2}}{\overline{r_0^2}} \tag{2-1-9}$$

式中：$\overline{h^2}$和$\overline{r^2}$是实际溶液中聚合物分子链均方末端距和均方旋转半径。从式(2-1-8)和式(2-1-9)中看出，χ是实际分子尺寸与理想状态分子尺寸的比值，也可以理解成实际聚合物溶液与理想状态的聚合物溶液偏离的一种量度。在非理想状态下，引入χ，则式(2-1-6)写作

$$\overline{h^2} = \chi^2\, \overline{h_0^2} = n\chi^2 \beta^2 \tag{2-1-10}$$

从溶胀因子χ的值可以判断聚合物大分子链在溶液中的卷曲程度。当聚合物溶解在良溶剂中时，由于溶剂分子与聚合物大分子链之间的吸引作用大于聚合物大分子链段间的吸引作用，所以聚合物大分子链扩张，此时$\chi>1/2$。在不良溶剂中，聚合物大分子链趋于卷曲，此时$\chi<1/2$。当处于无扰状态，即两种作用力达到平衡时，$\chi=1/2$。

前面提及，本实验要通过测定溶液的特性黏度来确定聚合物的大分子尺寸，那么特性黏度$[\eta]$与分子尺寸有什么定量关系呢？从光散射方法研究测定溶液中聚合物大分子线团的均方末端距的结果可以看出，溶剂、温度对溶液$[\eta]$的影响，主要是由溶液中聚合物大分子线团的均方末端距改变引起的。测定溶液$[\eta]$的变化，就可以推断出大分子链末端距的变化。弗洛利采用等效圆球的流体力学模型提出了下面的特性黏度方程式，反映了特性黏度$[\eta]$和分子链末端距之间的定量关系：

$$[\eta] = \phi\frac{(\overline{h^2})^{\frac{3}{2}}}{\overline{M}} \tag{2-1-11}$$

式中：$\overline{h^2}$为溶液中聚合物大分子的均方末端距；ϕ为弗洛利普适系数，一般而言，ϕ与聚合物分子量和溶剂无关，但与第二维利系数有关。通过测定许多聚合物的ϕ值总结出以下结论：

(1)对于经过较好分级的聚合物样品，ϕ值取2.7×10^{23}。

(2)对于经过简单分级的聚合物样品，ϕ值取2.5×10^{23}。

(3)对于没有分级的聚合物样品，ϕ值取2.1×10^{23}。

将式(2-1-8)代入式(2-1-11)得

$$[\eta] = \phi\frac{\overline{h_0^2}}{\overline{M}}\chi^3 \tag{2-1-12}$$

当溶液处于Θ条件，即$\chi=1/2$时，式(2-1-11)写作

$$[\eta]_\Theta = \phi\frac{(\overline{h_0^2})^{\frac{3}{2}}}{\overline{M}}\chi^3 \tag{2-1-13}$$

比较式(2-1-12)与式(2-1-13)，得

$$\chi^3 = \frac{[\eta]}{[\eta]_\Theta} \tag{2-1-14}$$

将式(2-1-7)代入式(2-1-13)中，得

$$[\eta]_\Theta = \phi\frac{\left(\beta^2\dfrac{\overline{M}}{M_0}\right)^{\frac{3}{2}}}{\overline{M}} = \phi\beta^3\frac{\overline{M}^{\frac{1}{2}}}{M_o^{\frac{3}{2}}} \tag{2-1-15}$$

在给定体系中，M_0、β、ϕ都是常数，令

$$\frac{\phi\beta^3}{M_0^{\frac{3}{2}}}=K_\Theta \qquad (2-1-16)$$

则式(2－1－15)可写成

$$[\eta]_\Theta = K_\Theta \overline{M}^{\frac{1}{2}} \qquad (2-1-17)$$

式(2－1－17)即是在Θ条件下，溶液中特性黏度$[\eta]$与聚合物分子量间的关系表达式，有了上述关系式就可以逐步求出所需数据。先采用稀释法测定试样分子量，然后调节混合溶剂的比例配成Θ溶剂，在Θ溶剂中测定出特性黏度，据式(2－1－17)可算出K_Θ，进而计算出表观大分子链长等，对于聚合物大分子在溶液中的形态就有了一定认识。

三、实验仪器与材料

1. 实验仪器

恒温装置1套，乌氏黏度计1支，25 mL容量瓶2个，3#玻璃砂漏斗4个，10 mL、5 mL移液管各2支，滴定管及支架1套，50 mL带盖锥形瓶4个，秒表1块，50 mL小烧杯4个。

2. 实验材料

甲苯，甲醇，聚苯乙烯试样。

四、实验步骤

1. 非Θ条件下聚苯乙烯试样的$[\eta]$测定

(1)安装恒温槽，调节温度到(25±0.05)℃。

(2)配制聚苯乙烯溶液：称取150 mg聚苯乙烯样品置于小烧杯内，加入15 mL甲苯溶剂，搅拌使试样溶解后转移至25 mL容量瓶内，在恒温槽内添加甲苯至刻度线，配成约0.5%～1.0%的聚苯乙烯-甲苯溶液。用干燥清洁的3#玻璃砂漏斗把溶液滤入50 mL带盖锥形瓶内，放入恒温槽内恒温备用。另用3#玻璃砂漏斗过滤50 mL甲苯溶剂，恒温待用。

(3)用稀释法测定溶液的特性黏度：把乌氏黏度计垂直放入恒温槽内，用移液管取10 mL以上配制好的聚苯乙烯-甲苯溶液加入黏度计内，测定流出时间，记为t_1，用5 mL移液管加入过滤且恒温后的纯甲苯溶液，混合均匀后测定流出时间，记为t_2。依次再加纯甲苯5 mL、10 mL、15 mL并记下流出时间t_3、t_4、t_5。最后洗净黏度计，加入纯甲苯测定纯溶剂流出的时间，记作t_0。

把测定的数据列表并加以计算。用η_{sp}/c(参见实验二)对c作图，以η_r/c对c作图外推到$c\to 0$，得到两条交纵轴于一点的直线，求出特性黏度$[\eta]$。查出聚苯乙烯-甲苯体系在25℃下的K、α值(见附表13)，根据方程$[\eta]=K\overline{M}^\alpha$，计算出聚苯乙烯样品的分子量。

2. 在Θ条件下测定聚苯乙烯试液的特性黏度

(1)聚苯乙烯-甲苯试液的配制：称取250 mg聚苯乙烯试样，配制成1%的溶液25 mL。

(2)确定试验样品溶液的Θ条件：称取2～3 mL经恒温、过滤的聚苯乙烯溶液，放入一个大试管内，然后用滴定管滴加甲醇并不断振动，直到溶液在25℃恒温槽内出现浑浊。计算此时溶液中的甲醇和甲苯的比例，把此时混合溶剂看作Θ溶剂。

(3)配制Θ溶剂：按上述确定的甲苯与甲醇的体积比配制50 mL混合溶剂，用3#玻璃砂漏斗过滤、恒温备用。

(4)配制Θ条件下测定的溶液：移取预先配制的1%(质量分数)的聚苯乙烯-甲苯溶液

15 mL，按 Θ 溶剂比例(参考表 2-1-1 和附表 14)加入甲醇，仍采用滴加并不断摇动的方式。此步操作一定要谨慎，否则极易过量，使溶液出现沉淀，造成实验失败。

(5)测定$[\eta]_\Theta$：其实验操作与前面非 Θ 条件下聚合物溶液特性黏度$[\eta]$的测定完全一样，只是在稀释聚合物溶液时不是用纯甲苯溶剂，而是采用混合溶剂。求出混合溶液$[\eta]_\Theta$ 的方法与非 Θ 条件下求$[\eta]$的方法相同。(详细操作可参考实验二)。

做此实验应注意，虽然在理论上认为$[\eta]_\Theta$ 溶剂中聚合物分子量可以在一个浓度下测定，因为在$[\eta]_\Theta$ 条件下，第二维利系数为 0，所以浓度对黏度的影响应该极小。但在真正的 Θ 点，溶液很容易发生相分离，即出现聚合物沉淀，这些沉淀颗粒会堵塞黏度计的毛细管使实验无法进行，因此实际实验中往往是在接近 Θ 点但并没有真正达到 Θ 点的溶液中进行黏度测定。而由于不是真正的 Θ 条件，因此浓度的影响不能忽略，还必须用稀释法来测定，并外推到浓度趋于零的特性黏度，以消除浓度对特性黏度的影响。

五、实验结果记录与处理

1. 计算 K_Θ

据式(2-1-17)和实验测定的$[\eta]_\Theta$ 数据及非 Θ 条件下测定的试样的分子量数据计算出 K_Θ。

2. 计算表观键长 β

据式(2-1-16)，其中 ϕ、M_0 已知，K_Θ 已求出，可计算表观键长。

3. 求溶胀因子

$[\eta]$、$[\eta]_\Theta$ 由实验测得，据式(2-1-14)计算溶胀因子 χ。

4. 计算均方末端距($\overline{h^2}$)和无扰均方末端距($\overline{h_0^2}$)

通过式(2-1-6)和式(2-1-8)可分别计算出无扰均方末端距和均方末端距。

5. 计算无扰均方旋转半径$\overline{h_0^2}$和均方旋转半径$\overline{r^2}$

通过式(2-1-1)和式(2-1-9)可分别计算无扰均方旋转半径和均方旋转半径。

六、实验注意事项

(1)实验操作在通风橱内进行，注意通风和防护。

(2)实验中使用的各玻璃容器和毛细管黏度计等玻璃仪器务必清洗干净，并干燥后方可使用。

(3)配制 Θ 条件下测定的溶液时，在按溶剂比例加入甲醇后采用滴加并不断摇动的方式。此步操作一定要谨慎，否则极易过量，使溶液出现沉淀，造成实验失败。

(4)使用毛细管黏度计时要注意轻拿轻放。

(5)使用毛细管黏度计测定黏度时注意准确计时。

七、课后思考

(1)为什么采用均方末端距$\overline{h^2}$或均方根末端距$(\overline{h^2})^{\frac{1}{2}}$表征聚合物分子的尺寸？

(2)从计算结果比较在 Θ 条件下和非 Θ 条件下溶液中聚合物分子的状态。

(3)溶液中聚合物分子尺寸与哪些因素有关?

(4)什么叫无扰尺寸?什么情况下能实现这种状态?为什么?

(5)聚合物的分子量与溶液 Θ 点有什么关系?

(6)试比较实验值与文献值,分析偏离的原因(文献值 $K=9.2\times10^{-1}$,甲苯与甲醇的体积比为 76.9∶23.1)。

实验二　黏度法测定聚合物的分子量

分子量是聚合物最基本的结构参数之一,与聚合物自身性能有着密切的关系,是聚合物理论研究和生产过程中经常需要测定和讨论的参数。聚合物分子量的测定方法可分为绝对法、当量法和相对法。绝对法测得的数据可直接用于计算聚合物的分子量,而不需要知道高分子的物理状态和化学结构。绝对法包括膜渗透压法、沸点升高法、冰点下降法、蒸气压渗透法、光散射法和沉降平衡法等。当量法是相对古老的方法,属于化学分析的方法,如端基分析法常常需要知道聚合物大分子的化学结构,才能测定分子量。相对法是测定与大分子化学和物理结构有关的性质,如高分子稀溶液的黏度,其与高分子的组成和构型有关,同时受高分子在溶液中的形态、高分子和溶剂相互作用的影响。因此,相对法一般需要采用绝对法进行校正。

随着测试技术和设备的发展,测定聚合物分子量的方法日益丰富,不同测定方法适应的分子量范围不同,且测得结果蕴含的意义往往也有所不同。测定方法的选择首先要考虑测量的目的,如在聚合物的制备和动力学研究中,合成的聚合物大分子的分子量是重要参数,所以针对性选择能够获得分子量的测定方法。其次要考虑各种测定方法的适用范围。

黏度法是测定聚合物分子量的相对方法,仪器设备简单,操作便利,分子量适用范围大($10^4\sim10^7$ g/mol),又有相当好的实验精度,在聚合物的生产和研究中具有十分广泛的应用。另外,黏度法还可用于测定溶液中的大分子尺寸、聚合物的溶度参数等。

一、实验目的

(1)牢固掌握测定聚合物溶液黏度的实验方法。

(2)掌握黏度法测定聚合物分子量的基本原理。

(3)测定聚苯乙烯甲苯溶液的黏度,并求出聚苯乙烯试样的分子量。

二、实验原理

1. 牛顿流体的黏度

液体在流动时,由于分子间的相互作用,产生了阻碍运动的内摩擦力,黏度就是内摩擦力的表现。

按照牛顿黏性流动定律,当两层流动液体间(面积等于 A)由于液体分子间的摩擦产生流动速度梯度$\dfrac{\mathrm{d}v}{\mathrm{d}z}$(见图 2-2-1)时,液体对流动的黏性阻力是

$$f=A\eta\frac{\Delta v}{\Delta z}\tag{2-2-1}$$

式(2-2-1)中 η 就是液体的黏度，在厘米·克·秒制单位制中其单位是泊(P)或厘泊(cP)(1P=100cP=0.1Pa·s)。当液体在毛细管中流动(见图 2-2-2)时，假定流体是黏性流体，没有湍流，液体和管壁间没有滑动，促使流动的力($\pi R^2 P$)全部用以克服液体对流动的黏性阻力，那么可以导出在离轴 r 和 $r+\mathrm{d}r$ 的两圆柱面间的流动服从下列方程：

$$\pi r^2 P + 2\pi r L \eta \frac{\mathrm{d}v}{\mathrm{d}r} = 0 \tag{2-2-2}$$

$$\frac{\mathrm{d}v}{\mathrm{d}r} = -\frac{P}{2\eta L} r \tag{2-2-3}$$

式中：P 是促使液体流动的毛细管两端间的压力差。已假定液体可以浸润管壁，管壁与液体间没有滑动，即 $v_{(R)}=0$，那么

$$v(r) = \int_{v(R)}^{v(r)} \mathrm{d}v = \int_R^r \frac{\mathrm{d}v}{\mathrm{d}r}\mathrm{d}r = -\frac{P}{2\eta L}\int_R^r r\,\mathrm{d}r = \frac{P}{4L\eta}(R^2 - r^2) \tag{2-2-4}$$

式中：$v(r)$ 为 r 处的流速。

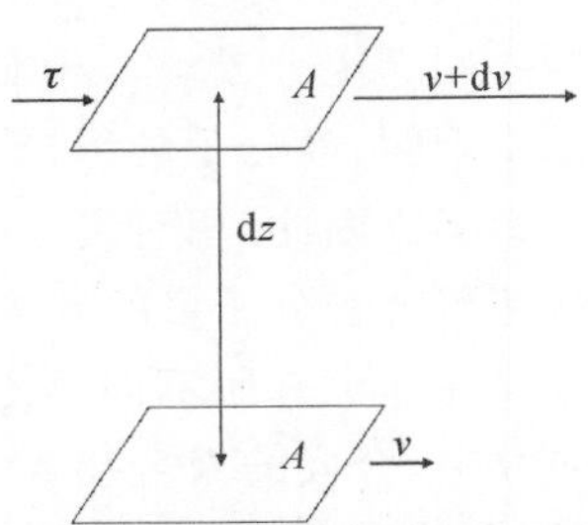

图 2-2-1 不同流体层间流动速度梯度示意图

设在 t(s)内从毛细管流出的液体的总体积是 v，得出

$$\frac{v}{t} = \int_0^R 2\pi r v_r \mathrm{d}r = 2\pi\int_0^R \frac{P}{4\eta L}(R^2 r - r^3)\mathrm{d}r = \frac{\pi P R^4}{8\eta L} \tag{2-2-5}$$

或

$$\eta = \frac{\pi P R^4 t}{8 L v} \tag{2-2-6}$$

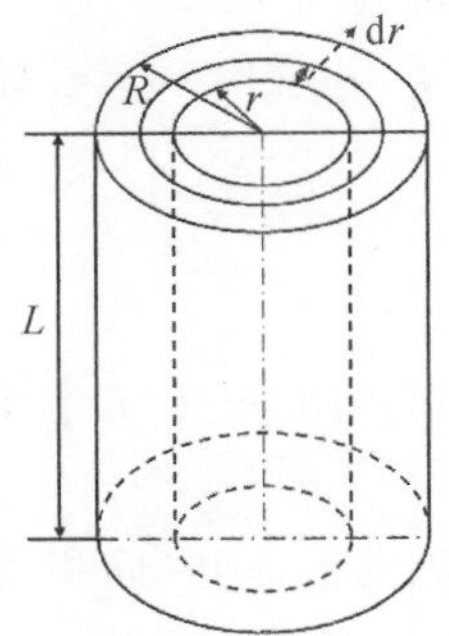

图 2-2-2 液体毛细管

2. 聚合物溶液黏度的测定

实验证明，许多聚合物溶液不是理想溶液，称为非牛顿流体，其流动规律不服从牛顿流体的流动定律。但是对于一般柔性聚合物，当切变速率较低且分子量适中时，溶液可以按照牛顿

流体处理。测定聚合物溶液的黏度可以用毛细管式的黏度计,常用的黏度计有乌氏黏度计和奥氏黏度计两种(见图 2-2-3)。

乌氏黏度计在黏度法测量聚合物分子量实验中使用更为普遍。操作时关闭 C 管,把液体自 A 管吸至 B 管。在液体自 B 管流下前,先开启 C 管,此时空气进入 D 球,毛细管下端的液面下降,从毛细管内流下的液体形成一个气承悬液柱,液体出了毛细管下端就沿管壁流下,这样可以避免出口处产生湍流。而且液柱高度与 A 管内液面的高低无关。因而流出时间与 A 管内试液的体积没有关系,可以直接在黏度计内对液体进行一系列的稀释。使用奥式黏度计则要求试样的体积必须每次都相同,操作过程中由黏度计位置倾斜所导致的流出时间的误差也比乌氏黏度计大。

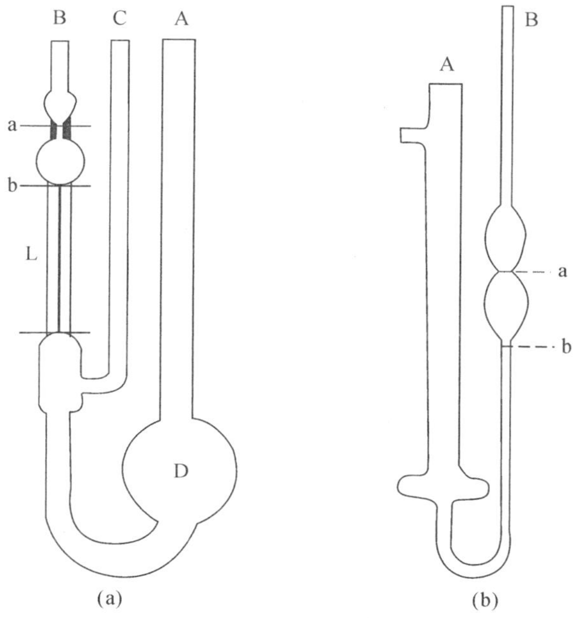

图 2-2-3 两种不同黏度计结构示意图

(a)乌氏黏度计;(b)奥氏黏度计

即便是在稀溶液的情况下测定聚合物溶液的黏度,其数值仍然比一般的纯溶剂大得多。定义:

$$\eta_r = \frac{\eta}{\eta_0} \tag{2-2-7}$$

式中:η_r 为聚合物溶液的相对黏度;η 为聚合物溶液的黏度;η_0 为纯溶剂的黏度。定义:

$$\eta_{sp} = \frac{\eta - \eta_0}{\eta_0} \tag{2-2-8}$$

式中:η_{sp} 为聚合物溶液的增比黏度。定义 η_{sp}/c 为聚合物溶液的比浓黏度,$\ln\eta_r/c$ 为聚合物溶液的比浓对数黏度,其中 c 表示聚合物溶液的浓度。前文已述及用毛细管式黏度计测定聚合物溶液黏度的方法,测定聚合物溶液黏度是在假定促使液体流动的力全部用于克服内摩擦力的情况下进行的,也就是说认为溶体在流动时没有消耗能量(一般选择纯溶剂流出时间大于 100 s 的黏度计,就可忽略流动时能量消耗的主要部分——动能消耗的影响)。在这样的情况下,液体黏度和液面流经 a 线至 b 线的时间有以下关系:

$$\eta = \frac{\pi g h R^4 \rho t}{8 L v} \tag{2-2-9}$$

式中：g 为重力加速度；h 为流经毛细管的液柱的平均高度；t 为液面流经 a 线至 b 线所需的时间；v 为 t 时间内流出液面的体积，亦即 a、b 线间球体体积；L 为毛细管长度；R 为毛细管直径；ρ 为测定液体的密度。设

$$\frac{\pi g h R^4}{8Lv} = A$$

可以看出 A 是由黏度计所决定的常数。A 和液体的性质无关，写作 $\eta = A\rho t$。在一定温度下，设密度为 ρ_0 的纯溶剂流经毛细管 a、b 线的时间为 t_0，其黏度写作 $\eta_0 = A\rho_0 t_0$，因此，该聚合物溶液的相对黏度（使用同一个黏度计 A 可约去）可表示为

$$\eta_r = \frac{\eta}{\eta_0} = \frac{\rho}{\rho_0} \times \frac{t}{t_0} \tag{2-2-10}$$

由于测定的溶液很稀（一般在 0.01g/mL 以下）可以看作 $\rho = \rho_0$，可得出

$$\eta_r = \frac{t}{t_0} \tag{2-2-11}$$

$$\eta_{sp} = \frac{t - t_0}{t_0} \tag{2-2-12}$$

这样，我们只要在一定温度下测定纯溶剂和不同浓度的聚合物溶液流经 a、b 线的时间，就可算出各种浓度下的 η_r 和 η_{sp}。

3. 聚合物溶液的特性黏度

聚合物溶液体系确定之后，在一定温度下比浓对数黏度 $\left(\frac{\eta_{sp}}{c}\right)$ 不但和聚合物分子量有关，还和溶液的浓度有关。表示聚合物溶液黏度和浓度关系的经验公式很多，最常用的是哈金斯（Huggins）公式，即

$$\frac{\eta_{sp}}{c} = [\eta] + K[\eta]^2 c \tag{2-2-13}$$

在给定的体系中，K 是一个常数，它表征溶液中高分子间和溶剂分子与高分子间的相互作用。另一个常用的公式是 Kramer 公式，即

$$\frac{\ln \eta_r}{c} = [\eta] - \beta[\eta]^2 c \tag{2-2-14}$$

从式(2-2-13)和式(2-2-14)看出，如果用 η_{sp}/c 或 $\ln\eta_r/c$ 对 c 做图并外推至 $c \to 0$（即无限稀释），两条直线会在纵坐标上交于一点，其截距即为 $[\eta]$，如图 2-2-4 所示，用公式表示为

$$\lim_{c \to 0} \frac{\eta_{sp}}{c} = \lim_{c \to 0} \frac{\ln \eta_r}{c} = [\eta] \tag{2-2-15}$$

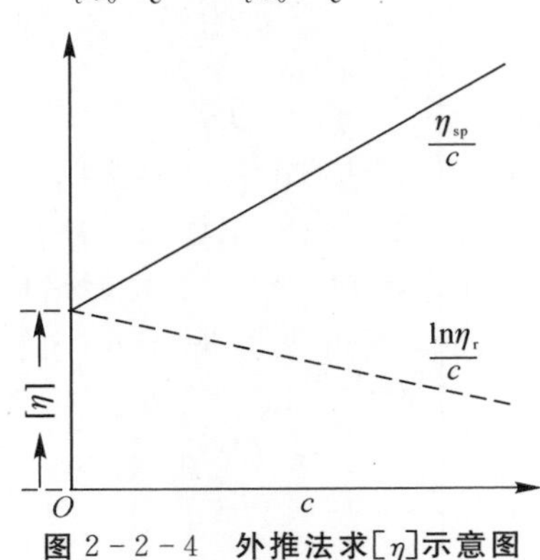

图 2-2-4 外推法求[η]示意图

式中：[η]就叫作聚合物溶液的特性黏度，其单位随溶液浓度表示方法而异，用外推法求特性黏度[η]是常用的方法。

4. 聚合物溶液特性黏度与分子量的关系

溶液体系确定以后，在一定温度下聚合物溶液的特性黏度只与聚合物的分子量有关。常用两参数经验公式表示为

$$[\eta] = K\overline{M}^{\alpha} \tag{2-2-16}$$

式中：$\overline{M}$ 为聚合物的分子量；[η]为特性黏度，其单位是浓度的倒数；α 为与溶液中聚合物大分子形态有关的经验参数。大量的实验结果验证了这个经验公式，许多人想从理论上解释黏度与分子量的关系。他们假定了两种极端的情况，第一种情况是认为溶液内的聚合物大分子线团卷得很紧，在流动时线团内的溶剂分子随着大分子一起流动，包含在线团内的溶剂就像是聚合物大分子的组成部分，可以近似地将其看作实心圆球。由于是在稀溶液内，线团与线团之间相距较远，可以认为这些球之间近似无相互作用。根据悬浮体理论，实心圆球粒子在溶液中的特性黏度公式是

$$[\eta] = 2.5 \times \frac{v}{\overline{M}} \tag{2-2-17}$$

设含有溶剂的线团的半径为 R，质量为 m，则 $m=\frac{\overline{M}}{N_A}$，其中 $\overline{M}$ 是分子量，N_A 是阿伏伽德罗常数。因为将溶剂的线团视为刚性球，即 $v=\frac{4}{3}\pi R^3$，可以近似用根均方末端距的三次方 $(\overline{h^2})^{\frac{3}{2}}$ 来表示（$\overline{h^2}$ 为分子链头尾距离的二次方的平均值，根均方即为其开二次方的值）。把 v 与 m 的值代入式(2-2-17)中得

$$[\eta] = \varphi \frac{(\overline{h_0^2})^{\frac{3}{2}}}{\overline{M}} = \varphi \left(\frac{\overline{h_0^2}}{\overline{M}}\right)^{\frac{3}{2}} \overline{M}^{\frac{1}{2}} \tag{2-2-18}$$

式中，φ 是普适常数。由于是聚合物分子在线团卷得很紧的情况下的均方末端距，在一定温度下，$\frac{\overline{h_0^2}}{\overline{M}}$是一个常数，式(2-2-18)可以写成

$$[\eta] = K\overline{M}^{\frac{1}{2}} \tag{2-2-19}$$

这说明在大分子线团卷得很紧的情况下，聚合物溶液的特性黏度与分子量的平方成正比。

第二种情况是假定线团是松散的，在流动时线团内溶剂是自由的。实际上，第二种假设比较反映大多数聚合物的情况。因为聚合物大分子链在流动时，分子链与溶剂间不断互换位置，而且由于溶剂化作用分子链扩张，聚合物大分子在溶液中不是实心球，而更像一个卷曲珠链。这种假定称为珠链模型。当珠链很松时，溶剂可以自由从珠链的空隙中流过，这种情况下可以推导出[η]$=K\overline{M}$。

上述两种是极端的情况，即当线团很紧时，[η]$\propto\overline{M}^{\frac{1}{2}}$；当线团很松时，[$\eta$]$\propto\overline{M}$。这说明聚合物溶液的特性黏度与分子量的关系要视聚合物大分子在溶液中的形态而定。聚合物大分子在溶液里的形态是分子链段间和分子与溶剂间相互作用的反映。因而溶液的特性黏度与分子量的关系就一定会随所用的溶剂及体系的温度而异。一般而言，聚合物溶液体系是处于两种极端情况之间的，即分子链不紧实，也不很松，这种情况下就得到较常用的公式[式(2-2-16)]。

比较两种极端情况的方程式，不难看出 α 是介于 1～0.5 之间的数，在良溶剂内，$\alpha>0.5$。在良溶剂中加入不良溶剂后，线团紧缩，α 逐渐减小，到接近沉淀点时，α 总是接近于 0.5。在同一聚合物-溶剂体系内，α 的数值也随分子量的变化而略有改变。在适中的分子量范围内，一般讲体系和温度都相同时，K 和 α 是两个常数，其数值可以从有关手册中查到。查找时一定要注意这两个常数的测定条件，如使用温度、溶剂、适用的分子量的范围、单位以及测定方法等。

三、实验仪器与材料

1. 实验仪器

乌氏黏度计 1 支，恒温水浴槽 1 套，50 mL 容量瓶若干，100 mL 锥形瓶 2 个，5 mL，10 mL 移液管各 1 支，10 mL 注射器 1 支，2# 砂芯漏斗 1 个，秒表 1 块，吸气橡皮球 1 个，橡皮软管若干。

2. 实验材料

聚苯乙烯粒料、甲苯。

四、实验步骤

1. 高聚物溶液的配置

在分析天平上准确称量 0.05～0.25 g 的聚苯乙烯（聚苯乙烯分子量大的采用低限，分子量小的采用高限，分子量大的采用低限的目的是使 $\eta_r=1.1\sim2.0$），试样称量时要求迅速、准确，避免试样在空气中吸收水分。将称好的试样放入 50 mL 容量瓶中，加入约 45 mL 的甲苯，震荡促使试样溶解。如试样溶解缓慢，即将容量瓶浸入 40℃以下的热水中，待试样完全溶解后，将容量瓶浸在测试黏度所需温度的恒温浴中（见图 2-2-5）。再加甲苯将溶液配成 50 mL，用 2# 砂芯漏斗过滤至 100 mL 锥形瓶中，并把盛滤液的锥形瓶放入测黏度的恒温浴中待测。2# 砂芯玻璃漏斗用后应立即洗净。

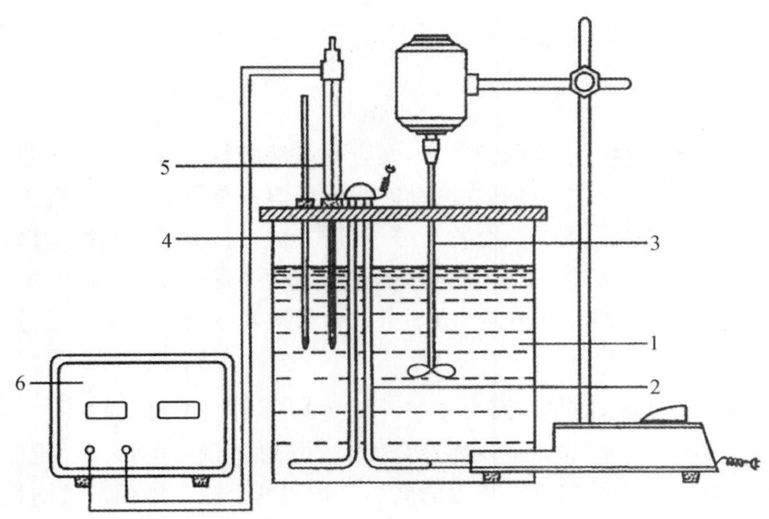

1—加热介质；2—加热器；3—电动搅拌机；4—温度计；5—温度控制器

图 2-2-5 恒温槽装置图

2. 测定甲苯(溶剂)的流出时间

把恒温水浴的温度调节成(30±0.05)℃。将乌氏黏度计的B、C管各套上一段橡皮管，垂直浸入恒温浴中，直至B上的G、E两小球浸没。从黏度计的A口加入已用2#砂芯漏斗过滤的纯溶剂甲苯约15 mL，大约15 min后甲苯的温度即同恒温水浴的温度一致。把B口上的橡皮管接上吸气橡皮球，同时用手指夹紧C口上的橡皮管，使用橡皮气球抽吸，以使溶剂甲苯上升至G球的一半高度。然后将B及C管口同时放开，此时空气进入D球，B管内液面自由下降，用秒表记录液面从a刻线流经b刻线所需的时间，重复上述操作三次以上。每次测得的流经时间不应相差0.2s以上，计算三次测得值的平均值作为纯溶剂甲苯的流出时间，记录在表格上。从恒温水浴中取出黏度计，倒出甲苯，把黏度计烘干待用。

3. 测定聚苯乙烯-甲苯溶液的流出时间

与测定甲苯的方法相同，把已烘干的黏度计垂直放入恒温水浴中，用移液管准确放入10 mL已过滤的经恒温的溶液，待黏度计管内外温度平衡后(约15 mim)，测定其流出时间。然后顺次加入甲苯5 mL、5 mL、5 mL、5 mL、5 mL，把黏度计内的聚苯乙烯-甲苯溶液的浓度稀释为起始浓度的2/3、1/2、2/5、1/3、2/7，分别测定其流出时间。注意每次加甲苯后将溶液抽上D球三次，抽上G球一次，使其浓度均匀，并在温度平衡后，方能进行测量。抽吸溶液一定要慢，更不能有气泡抽上去，否则会使甲苯挥发，溶液浓度改变将使测得的流出时间不准确。聚苯乙烯溶液的流出时间测完后，随即切断电流，从恒温浴中取出黏度计，把溶液倒入回收瓶中，用少量甲苯清洗黏度计的毛细管至少三次，清洗用的甲苯也倒回到回收瓶中，至此测定完毕。

五、实验结果记录与处理

本实验的浓度单位为g/100 mL溶剂，以c表示，若试样质量为x(g)，则有

$$c=\frac{100x}{50}=2x(\text{g}/100\ \text{mL})$$

甲苯及聚苯乙烯-甲苯溶液在黏度计内流出时间记录见表2-2-1。

表2-2-1　甲苯及其聚苯乙烯溶液在黏度计内流出时间

	浓度 c	加甲苯体积/mL数	时间/s				平均值
	c	不加	第1次	第2次	第3次	第4次	
甲苯溶液	$2/3c$						
	$1/2c$						
	$2/5c$						
	$1/3c$						
	$2/7c$						

又设溶剂流出时间为t_0(s)，溶液流出时间为t(s)，则$\eta_r=\frac{t}{t_o}$，分别计算表2-2-2各项并填入，其中t_o=________s；c=________g/100 mL。

表 2-2-2 不同浓度对应流出时间、相对黏度等不同参数计算表

	浓度/(g·100 mL^{-1})	t/s	η_r	η_{sp}	$\frac{\eta_{sp}}{c}$	$\ln\eta_r$	$\frac{\ln\eta_r}{c}$
c							
$2/3c$							
$1/2c$							
$2/5c$							
$1/3c$							
$2/7c$							

根据[η]的定义式，先后由 Huggins 及 Kraemer 等人建立了线性外推的经验方程式。由表 2-2-2 所列数据，以浓度为横坐标，以$\frac{\eta_{sp}}{c}$以及$\frac{\ln\eta_r}{c}$为纵坐标在坐标轴上画出各点，然后画出经过点数最多的直线并外推至纵坐标，直线在纵坐标上的截距即为所求的特性黏度[η](见图 2-2-4)。

从文献资料查得、聚苯乙烯甲苯溶液体系在 25℃，30℃下的 K 和 α 值如下：

25℃时：$K=1.28\times10^{-4}$， $\alpha=0.70$；

30℃时：$K=3.7\times10^{-4}$， $\alpha=0.62$。

因此，在 25℃下测定用$[\eta]=1.28\times10^{-4}\times\overline{M}^{0.7}$；在 30℃下测定用$[\eta]=3.7\times10^{-4}\times\overline{M}^{0.62}$。

六、实验注意事项

(1)乌氏黏度计上的 A、B、C 三支管中，B、C 两管特别细，极易折断，取黏度计时不能拿着它们，应该拿 A 管。同理，固定黏度计于恒温水浴中时，也只许夹着 A 管，特别是把黏度计放入恒温水浴和从水浴中取出来时，由于水的浮力，假如拿着 B 管或 C 管，极易折断。套橡皮管时，拿着 B、C 管操作，这时要加倍小心。

(2)黏度计内不能有固体微粒存在，否则易堵塞毛细管或影响液体的流出时间，所以黏度计应该非常清洁。黏度计使用前、后必须用已经过滤的溶剂、洗液、蒸馏水和自来水洗涤干净，并烘干。注意防止空气中的尘粒落到黏度计中。套在 B、C 两管上的橡皮管也应该洗涤干净，管内没有尘埃，否则易堵塞毛细管。

(3)在乌氏黏度计中测定溶液的流出时间时，若需要依次降低溶液的浓度而加入溶剂时，要求每次加入的溶剂体积必须准确。因此量取溶液和溶剂都要在同一温度下进行，即在测定黏度的温度下进行。黏度计内每加一次溶剂后，必须使黏度计内溶剂充分混合均匀，否则测得的流出时间重复性差。

七、黏度测定中异常现象的近似处理

在特性黏度测定过程中，有时即使注意了上述各事项也会产生一些异常现象(见图 2-2-6)。这些并非是由于操作不慎，而是由于高聚物本身结构和它在溶液中的形态所造成的结果。目前尚不能清楚地解释这种反常现象产生的原因，只能在实验技术上做些近似的处理。

式(2-2-13)中的 K 值和$\frac{\eta_{sp}}{c}$值与高聚物的结构(如高聚物的多分散性，高分子链的支化等)和形态等有关。式(2-2-13)含义明确，而式(2-2-14)基本上是一种数学运算式，其物理意义不太明确。因此对于如图 2-2-6 所示的异常现象，就应该以$\frac{\eta_{sp}}{c}-c$ 的关系作为基准来求得高聚物溶液近似的特性黏度[η]。对于图 2-2-6(a)～(c)三种情况，均应以$\frac{\eta_{sp}}{c}$线与纵坐标相交的距离计算[η]值。

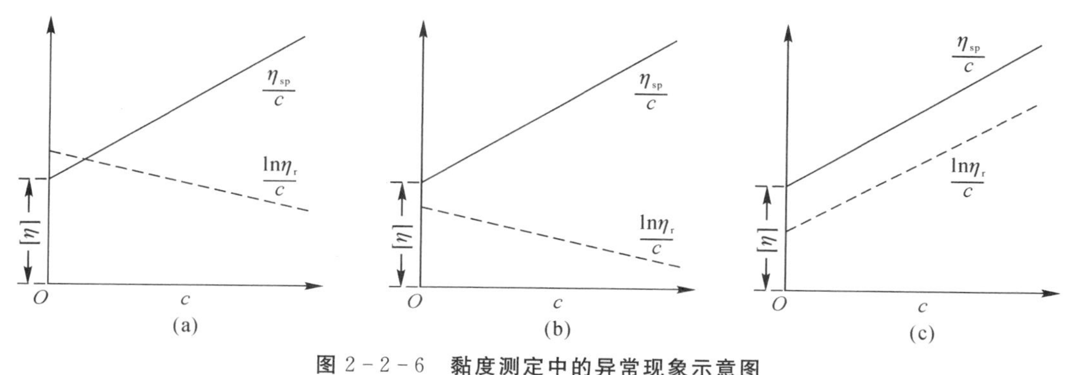

图 2-2-6　黏度测定中的异常现象示意图

八、课后思考

(1)影响黏度法测定高聚物分子量准确性的因素有哪些？

(2)如何用实验方法测定[η]$=K\overline{M}^{\alpha}$ 式中的 α 值？

(3)外推法求[η]时，两条直线的张角与什么有关？

课辅资料

黏度计的动能校正及一点法测定特性黏度

一、黏度计的动能校正

在用稀释法测定聚合物溶液的黏度计算聚合物的分子量实验中，为了简化实验过程，一方面假设促使液体流动的力全部用于克服内摩擦而没有别的能量损耗，另一方面选用一支纯溶剂流出时间 t_0 大于 100 s 的黏度计，以便使液体在毛细管内流动时所产生能量损耗的影响可以忽略不计。实际应用中，在不同体系里一支黏度计不可能都满足使 t_0 大于 100 s 的条件，此时要想得到精确结果，就要对所用黏度计进行校正。

1. 黏度计校正原理

当液体在毛细管黏度计中流动时，如果促使液体流动的力全部用以克服液体的内摩擦而没有别的能量损耗时，由伯努利方程得知

$$\eta=\frac{\pi PR^4}{8Lv}\times t=\frac{\pi hgR^4\rho}{8Lv}\times t \tag{1}$$

式中：P 为毛细管两端的压力差；h 为毛细管液柱的平均高度；v 为在 t 时间内流出液体的体积；t 为测定液的流出时间；R 为黏度计毛细管的直径；L 为毛细管的长度；ρ 为所测定液体的密度。

实际上促使液体流动的力除了用于克服液体间的摩擦还同时使液体获得了动能，这部分的能量消耗，必须予以改正，通常就称为动能校正。动能校正往往是毛细管黏度计使用时主要的校正。这种情况下，由式(1)给出的黏度计算公式就有误差，特别是在流出时间较短(即液体在毛细管中的流速较大)时误差更大。

考虑动能校正后的公式为

$$\eta = \frac{\pi hgR^4\rho}{8Lv} \times t - \frac{m\rho v}{8L\pi} \times \frac{1}{t} \tag{2}$$

式中：m 为黏度计的仪器常数，视毛细管两端液体流动的情况而定。

令 $A = \frac{\pi hgR^4}{8Lv}$，$B = \frac{mv}{8L\pi}$，可以看出决定 A 和 B 值的各参数对一支确定的黏度计来讲都是常数，因而 A 和 B 是仪器常数，只与黏度计的结构有关，每支黏度计有一定值。将 A 和 B 引入式(2)，则有

$$\eta = A\rho t - \frac{B\rho}{t} \tag{3}$$

式(3)表示成线性方程的形式为

$$\frac{\eta}{\rho} \times \frac{1}{t} = A - \frac{B}{t^2} \tag{4}$$

$$\frac{\eta}{\rho} \times t = At^2 - B \tag{5}$$

可以通过上述两直线方程分别求出式(4)及式(5)的截距，即为 A、B，求得此黏度计的 A、B 值后，就可以用它来进行动能校正，从而计算出准确的黏度 η。考虑了动能校正项后，液体的相对黏度应为

$$\eta_r = \frac{\eta}{\eta_0} = \frac{A\rho t - \frac{B\rho}{t}}{A\rho_0 t_0 - \frac{B\rho_0}{t_0}} = \frac{\rho t}{\rho_0 t_0}\left|\frac{A - \frac{B}{t}}{A - \frac{B}{t_0}}\right| = \frac{\rho t}{\rho_0 t_0}\left[1 + K\left(\frac{1}{t_0^2} - \frac{1}{t^2}\right)\right] \tag{6}$$

式中：$K = \frac{B}{A}$，如果溶液浓度很稀，可以认为 $\rho \approx \rho_o$(溶液的密度约等于溶剂的密度)，则式(6)可简化为

$$\eta_r = \frac{t}{t_0}\left[1 + K\left(\frac{1}{t_0^2} - \frac{1}{t^2}\right)\right] \tag{7}$$

从式(7)中可知，K 值越大，流出时间 t 越小，则动能校正值就越大。黏度计的仪器常数 A 和 B 可以由以下三种方式来确定：

(1)用一种黏度已经精密测定的标准液体在两个或两个以上不同温度下测定流出时间，应用此法测定时，一定要注意严格控制温度，否则不易测量准确。

(2)用两种或两种以上不同的标准液体在同一温度下测定流出时间，标准液体的选择依据是易于纯化、黏度已经精密测定。要求所选标准液体中一种液体黏度较大，在所用黏度计中，动能校正项较小；另一种标准液体则黏度较小，使之在所用黏度计中动能校正项较大。

(3)用同一种标准液体在同一温度下，在流出液体柱上施加不同的外压力下测定流出时间。

本实验选用第一种方法，用纯水作为标准液体，在不同温度下测定流出时间，确定仪器常数 A、B 值。

2. 仪器及药品

黏度计(流速较快)1 支，秒表 1 块，25 mL 容量瓶，$3^{\#}$ 玻璃砂漏斗，恒温水槽及控温装置 1 套，重蒸蒸馏水。

3. 实验步骤

(1)将流速较快的黏度计洗净，注入已经过滤的重蒸蒸馏水若干毫升。

(2)把恒温槽温度调节至(20±0.05)℃，放入黏度计。一定要等温度恒定，再测定流出时间 t_1。

(3)依次将恒温水浴调节至(25±0.05)℃，(30±0.05)℃，(40±0.05)℃，(45±0.05)℃，分别测出 t_2、t_3、t_4、t_5。

以上测定要求每个温度下流出时间差不超过±0.2 s。

4. 数据处理

用图解法求出 A、B 及 K。

(1)由式(4)和式(5)可知，用$\frac{\eta}{\rho}\times\frac{1}{t}$-$\frac{1}{t^2}$作图，可得到一条直线，其截距为 A，用$\frac{\eta}{\rho}\times t-t^2$作图，得到的直线截距为$-B$，再由 $K=\frac{B}{A}$，即可求出此黏度计的仪器常数值 K。

(2)计算要用到纯水在不同温度下的标准密度(ρ)值及黏度(η)值，参见附表 24。

5. 思考题

(1)黏度计在什么情况下需要校正？如何校正？

(2)做好此实验的关键是什么？

(3)设计用黏度不同的标准溶液进行动能校正的实验，选择有关标准溶液。

二、一点法测定特性黏度

许多情况下，尤其是在生产单位工艺控制过程中，常需要对同样聚合物的特性黏度进行大量、重复的测定。如果都按正规操作，每个样品至少要测定三个以上不同浓度溶液的黏度，这是非常麻烦的。在这种情况下，如能采用一点法进行测定将是十分方便、快速的。

1. 测试原理

所谓一点法，即只需在一个浓度下，测定一个黏度数值便可算出聚合物分子量的方法。使用一点法，通常有两种途径：一是求出一个与分子量无关的参数 γ，然后利用 Maron 公式推算出特性黏度；二是直接用程镕时公式求解。

(1)γ 参数必须在用稀释法测定的基础上求得。已知直线方程为

$$\frac{\eta_{sp}}{c}=[\eta]+K[\eta]^2c \tag{8}$$

$$\frac{\ln\eta_r}{c}=[\eta]-\beta[\eta]^2c \tag{9}$$

其中，K 与 β 是两条直线的斜率，令其比值为 γ，即 $\gamma=\frac{K}{\beta}$。用 γ 乘以式(9)得

$$\frac{\gamma\ln\eta_r}{c}=\gamma[\eta]-K[\eta]^2c \tag{10}$$

式(8)加式(10)得

$$\frac{\eta_{sp}}{c}+\frac{\gamma\ln\eta_r}{c}=(1+\gamma)[\eta] \tag{11}$$

$$[\eta]=\frac{\frac{\eta_{sp}}{c}+\frac{\gamma\ln\eta_r}{c}}{1+\gamma}=\frac{\eta_{sp}+\gamma\ln\eta_r}{(1+\gamma)c} \tag{12}$$

式(12)即为 Maron 式的表达式。因 K、β 都是与分子量无关的常数，对于给定的任一聚合物-溶剂体系，γ 也总是一个与分子量无关的常数。用稀释法求出两条直线斜率，即 K 与 B 值，近而求出 γ 值。从 Maron 公式看出，若 γ 值已先求出，则只需测定一个浓度下的溶液流出时间，就可算出$[\eta]$，从而算出该聚合物的分子量。

(2)一点法中直接应用的计算公式很多，比较常用的是程镕时公式：

$$[\eta]=\frac{2(\eta_{sp}-\ln\eta_r)}{c} \tag{13}$$

由式(9)减去式(8)得

$$\frac{\eta_{sp}}{c}-\frac{\ln\eta_r}{c}=(K+\beta)[\eta]^2c \tag{14}$$

当 $K+\beta=0.5$ 时，即得程镕时公式[见式(13)]。从推导过程可知，程镕时公式在假定 $K+\beta=0.5$ 或者 $K\approx0.3\sim0.4$ 的条件下才成立。因此在使用时体系必须符合这个条件，而一般在线型高聚物的良溶剂体系中都可满足这个条件，所以其应用较为广泛。

2. 仪器及药品

乌氏黏度计 1 支(与黏度计校正实验使用同一支)，25 mL 容量瓶 2 个，3# 玻璃砂漏斗 2 个，5 mL、10 mL 移液管各 1 支，秒表 1 块，重蒸蒸馏水，聚乙烯醇样品。

3. 实验步骤

(1)调节恒温槽至(30±0.05)℃。

(2)称取若干毫克聚乙烯醇配制成约 0.5%(质量分数)的水溶液 25 mL，过滤至锥形瓶内，置于恒温槽内恒温待用。

(3)首先，用移液管取 10 mL 聚乙烯醇溶液放入已洗净干燥的黏度计内，待恒温后，测定流出时间，记作 t_1。其次，用稀释法的操作，依次加入纯溶剂 5 mL、5 mL、5 mL、5 mL，分别测出 t_2、t_3、t_4、t_5。最后用水洗净黏度计，同样操作，测出纯溶剂水的流出时间，记作 t_0，再将黏度计用乙醇或丙酮清洗，干燥备用。

(4)配制约 0.25%(质量分数)聚乙烯醇溶液 25 mL，过滤恒温待用。用上述洗净干燥的黏度计，测定此溶液流出时间，纯溶剂水 t_0 已测过不需重复。

4. 数据处理

(1)按稀释法处理由实验步骤(1)(2)(3)所得的数据，求出$\frac{\eta_{sp}}{c}$对 c 与$\frac{\ln\eta_r}{c}$对 c 两条直线的斜率 K 和 β，即可求出 γ 值。注意计算过程中要把黏度计的校正实验中测得的动能校正常数 K 值代入求出 η_r。

(2)把 γ 值及从上步计算得出的 η_{sp} 和 η_r 一起代入 Maron 公式，计算出$[\eta]$、$\overline{M}$。

(3)代入动能校正常数 K 求出 η_r。按程镕时公式计算出特性黏度$[\eta]$及分子量 $\overline{M}$。比较两个计算结果。

5. 思考题

(1)如何使用一点法测定聚合物的分子量？

(2)有哪几种主要的一点法公式？它们各自选用的条件是什么？

实验三　端基分析法测定聚合物的分子量

端基分析法是测定聚合物分子量的一种化学方法。已知聚合物的化学结构，且高分子链末端带有可定量分析的可确定基团，则测定末端基团的数目后就可以确定已知质量的样品中高分子链的数目。一般的缩聚物(例如聚酰胺、聚酯等)是由具有可反应基团的单体缩合而成的，每个高分子链的末端仍有反应性基团，而且缩聚物分子量通常不是很大，因此用端基分析法测定该类聚合物的分子量的应用很广。例如聚己内酰胺(尼龙-6)的化学结构为

$$H_2N(CH_2)_5CO[NH(CH_2)_5CO]_nNH(CH_2)_5COOH$$

该线型高分子链的端基分别为氨基和羧基，分子链中间无氨基或羧基，所以可以用酸碱滴定法测定氨基和羧基，得出试样中高分子链的数目，从而计算出高聚物的 $\overline{M}$。有

$$\overline{M}=\frac{m}{n} \tag{2-3-1}$$

$$n=\frac{\text{试样中含端基的物质的量}}{\text{每个分子链含测定基团数}} \tag{2-3-2}$$

式中：m 为试样质量；n 为聚合物试样的物质的量。显然，聚合物试样的分子量越大，单位质量所含的端基数愈少，测定的准确度就越差。当分子量为$(2\sim3)\times10^4$ g/mol 时，实验误差达到 20%左右，所以端基分析法适用于测定分子量在 3×10^4 g/mol 以下聚合物的分子量，其可测定的分子量范围为 $10^2\sim3\times10^4$ g/mol。

若聚合物在聚合过程中由于酸催化而使氨基酰胺化，或高温失酸使羧基减少，或分子链出现交联、支化、环化等使端基数目不确定，则不能通过端基分析得出真正的分子量。另外可以证明，端基分析法测得的聚合物的分子量为数均分子量($\overline{M}_n$)，即

$$\overline{M}=\frac{m}{n}=\frac{\sum_i m_i}{\sum_i n_i}=\frac{\sum_i n_iM_i}{\sum_i n_i}=\overline{M}_n \tag{2-3-3}$$

一、实验目的

(1)掌握用端基分析法测定聚合物分子量的原理和方法。

(2)用端基分析法测定聚酯样品的分子量。

二、实验原理

本实验以线性聚酯的样品为例。线性聚酯是由二元酸和二元醇缩合而成的，每根大分子链的一端为羟基，另一端为羧基。因此可以通过测定一定质量的聚酯试样中的羧基或羟基的

数目而求得其平均分子量。羧基的测定可采用酸碱滴定法，而羟基的测定可采用乙酰化的方法，即加入过量的乙酸酐使大分子链末端的羟基转变为乙酰基：

$$\text{---}\ CH_2OH + CH_3\overset{\overset{\displaystyle O}{\|}}{\underset{\underset{\displaystyle O}{\|}}{C}}O\overset{\overset{\displaystyle O}{\|}}{C}CH_3 \longrightarrow CH_2O\underset{\underset{\displaystyle O}{\|}}{C}CH_3 + CH_3COOH\ \text{---}$$

然后使剩余的乙酸酐水解变为乙酸，用标准 NaOH 溶液滴定可求得过剩的乙酸酐。通过乙酸酐消耗量即可计算出试样中所含羟基的数目。在测定聚酯的分子量时，一般首先根据羧基和羟基的数目分别计算出聚合物的分子量，然后取其平均值。在某些特殊情况下，如果测得的两种基团的数量相差甚远，则应对其原因进行分析。

由于聚酯分子链中间部位不存在羧基或羟基，聚合物试样的物质的量即为试样中羧基或羟基的物质的量，故

$$\overline{M} = \frac{m}{n} \tag{2-3-4}$$

用羧酸计算平均分子质量时，有

$$\overline{M} = \frac{m \times 1\ 000}{N_{NaOH}(V_0 - V_f)} \tag{2-3-5}$$

式中：N_{NaOH} 为 NaOH 的当量浓度；V_0 为滴定时的起始读数；V_f 为滴定终点时的读数。用羟基计算分子量时，有

$$\overline{M} = \frac{W \times 1000}{N'_t - N_{NaOH}(V_0 - V_f)} \tag{2-3-6}$$

式中：N'_t 为所加的乙酸酐物质的量；N_{NaOH} 为滴定过剩乙酸酐所用的氢氧化钠的当量浓度。

由以上原理可知，有些基团可以采用最简单的酸碱滴定进行分析，如聚酯的羧基、聚酰胺的羧基和氨基；而有些不能直接分析的基团也可以通过转化变为可分析基团，但转化过程必须明确。同时由于像缩聚类聚合物往往容易分解，因此转化时应注意不使聚合物降解。对于大多数的烯类加聚物，一般分子量较大且无可供分析基团而不能采用端基分析法测定其分子量，但特殊需要时也可以通过在聚合过程中采用带有特殊基团的引发剂、终止剂、链转移剂等在聚合物中引入可分析基团甚至同位素等。

采用端基分析法测定分子量时，首先必须对样品进行纯化，除去杂质、单体及不带可分析基团的环状物。由于聚合过程往往要加入各种助剂，有时会给提纯带来困难（这也是端基分析法的主要缺点），因此最好能了解杂质的类型，以便选择提纯方法。对于端基数量与类型，除了根据聚合机理确定以外，还需注意在生产过程中是否为了某种目的（如提高抗老化性）而已对端基进行封端或转化处理。另外，在进行滴定时，采用的溶剂应既能溶解聚合物又能溶解滴定试剂。端基分析的方法，除了可以灵活应用各种传统化学分析方法以外，也可采用电导滴定、电位滴定及红外光谱、元素分析等仪器分析方法。

三、实验仪器与药品

1. 实验仪器

分析天平 1 台，250 mL 磨口锥形瓶 2 个，移液管 2 支，滴定装置，回流冷凝管和电炉。

2. 实验药品

聚酯，二氯甲烷，0.1 mol/L 的 NaOH 溶液，乙酸酐吡啶(体积比 1∶10)，苯，去离子水，酚酞指示剂，0.5 mol/L NaOH 乙醇溶液。

四、实验步骤

1. 羧基的测定

用分析天平准确称取 0.5 g 样品，置于 250 mL 磨口锥形瓶内，加入 10 mL 二氯甲烷，摇动，溶解后加入酚酞指示剂，用 0.1 mol/L NaOH 乙醇溶液滴定至终点。由于大分子链端羧基的反应性低于低分子物，因此在滴定羧基时需要等 5 min，之后如果红色不消失才认为滴定到终点。但等待时间过长，空气中的 CO_2 也会与 NaOH 起作用而使酚酞褪色。

2. 羟基的测定

准确称取 1 g 聚酯，置于 250 mL 干燥的锥形瓶内，用移液管加入 10 mL 预先配制好的乙酸酐吡啶溶液(或称乙酰化试剂)。在锥形瓶上装好回流冷凝管，然后进行加热并不断摇动。反应时间约 1 h。然后由冷凝管上口加入 10 mL 苯(为了便于观察终点)和 10 mL 去离子水，待完全冷却后以酚酞做指示剂，用标准 0.5 mol/L NaOH 乙醇溶液滴定至终点。同时作空白实验。

五、实验结果记录与处理

根据羧基与羟基的量分别按式(2－3－5)和式(2－3－6)计算分子量，然后计算其平均值。如两者相差较大需分析其原因。

六、实验注意事项

(1)端基分析法不适用于测定分子量较高的聚合物试样。

(2)实验过程中使用的溶剂、样品纯度要高，使用的玻璃仪器要清洗干净。

七、课后思考

(1)测定羧基时为什么采用 NaOH 的乙醇溶液而不使用水溶液？

(2)在乙酰化试剂中，吡啶的作用是什么？

实验四 气相渗透法测定聚合物的分子量

气相渗透法也称为蒸气压渗透法(Vapor Pressure Osmometer，VPO)，是 20 世纪 60 年代发展成熟的测定聚合物数均分子量的方法。VPO 是基于稀溶液依数性的原理，因此测得的是聚合物的数均分子量。VPO 中测定信号与溶液中溶质的物质的量成正比，同溶质的分子量成反比。因此，对分子量较大的聚合物样品，要得到一定的信号需要溶液的浓度比较大。而对于分子量较大的聚合物样品，其溶液浓度高时黏度也较大，将导致操作困难和偏离稀溶液理论范围，使测试误差增加。因此，VPO 测定聚合物的分子量范围在 $2\times10^2\sim2\times10^4$ g/mol。而且气化热小的溶剂也产生较大的信号，故溶液的浓度要视所使用的溶剂及样品而定。因为测试过程不是在热力学的平衡状态，所以一般不认为它是测定分子量的绝对方法。VPO 样品用量少、测试速度快，溶剂温度选择范围大，数据可靠性比较高，是目前用于测定较低分子质量聚合物首选的方法，常用于固化前的热固性树脂、高分子大单体以及聚合物的高分子添加剂的分子量的测定。

一、实验目的

(1)了解蒸气压渗透法测定聚合物分子量的基本原理和气相渗透仪的工作原理。

(2)掌握用气相渗透仪测定聚合物数均分子量的方法。

二、实验原理

理想溶液的蒸气压下降符合拉乌尔定律，即

$$\frac{p_0 - p}{p} = x \tag{2-4-1}$$

式中：p_0 是纯溶剂的蒸气压；p 为溶液的蒸气压；x 是溶液中溶质的摩尔分数。

气相渗透法是利用间接测定溶液的蒸气压降低来测定溶质分子量的方法。在一恒温密闭的容器中充有某种溶剂的饱和蒸气，此时将一滴不挥发性溶质的溶液滴 1 和一滴纯溶剂 2 悬在饱和蒸气相中(见图 2-4-1)。由于溶液中溶剂的蒸气压比较低，就会有溶剂分子从饱和蒸气相凝聚到溶液滴上，并放出凝聚热，使溶液滴的温度升高。而纯溶剂的挥发速度与凝聚速度相同，温度不发生变化。当达到平衡时，溶液滴和溶剂滴之间的温度差 ΔT 与溶液中的溶质的摩尔分数 x 成正比，即

$$\Delta T = Ax \tag{2-4-2}$$

$$x = \frac{n_2}{n_1 + n_2} \tag{2-4-3}$$

式中：A 为常数；n_1、n_2 分别为溶剂和溶质的物质的量。

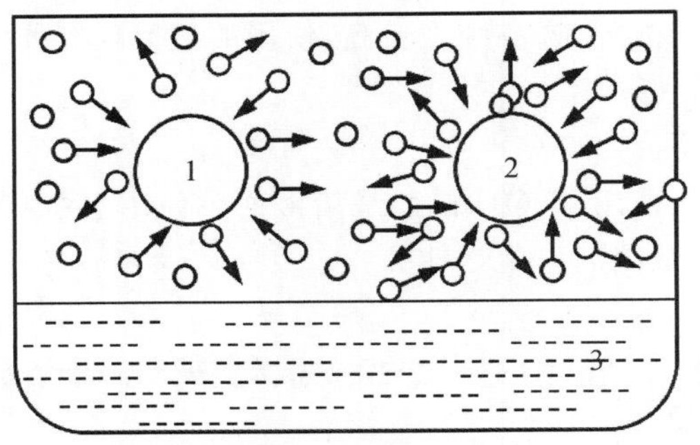

1—溶液滴；2—溶剂滴；3—溶剂

图 2-4-1 气相渗透原理示意图

对于高分子稀溶液，因为 $n_1 \gg n_2$，所以

$$x = \frac{n_2}{n_1} = \frac{\dfrac{W_2}{M_2}}{\dfrac{W_1}{M_1}} = \frac{W_2}{W_1} \cdot \frac{M_1}{M_2} = \frac{cM_1}{M_2} \tag{2-4-4}$$

$$\Delta T = A\frac{M_1}{M_2}c \tag{2-4-5}$$

式中：M_1、M_2 分别为溶剂和溶质的分子量；W_1、W_2 分别为溶剂和溶质的质量；c 为浓度，一般为每千克溶剂含溶质的质量，单位为(g/kg)。

VPO 法中气相渗透仪包括恒温室、热敏元件和电测系统，如图 2-4-2 所示。恒温室的恒温误差要求达到±0.001℃以内。热敏元件多采用两只匹配很好的热敏电阻，构成直流惠斯通电桥的两个相邻桥臂，另两只固定电阻组成另两个桥臂。当在其中一只热敏电阻上滴加一滴溶剂而在另一只热敏电阻上滴加一定浓度溶液时，由于溶剂的蒸气压差而导致两个液滴之间产生温差。溶液滴温度升高使其依附的热敏电阻(选用的为具有负温度系数的热敏电阻)阻值下降，因此电桥出现不平衡而在电路中产生不平衡信号 ΔG，其与热敏电阻之间的温差成正比，即

$$\Delta G=\frac{KcM_1}{M_2}=\frac{Kc}{M_2} \qquad (2-4-6)$$

式中：K 为仪器常数，其值与桥电压、溶剂、热敏电阻、温度等有关，可预先用"基准物"进行标定。由式(2-4-6)可以看出，如果已知 K 和 c 的值，则可通过测定 ΔG 求得 $\overline{M}_2$。对于聚合物溶液，由于熵变(ΔS)不是理想值，只有在极稀溶液中才接近理想溶液，通常为了校正高分子和溶剂之间的相互作用，需要测定几个不同浓度溶液的 ΔG 值，然后外推到 $c=0$，得到 $\left(\frac{\Delta G_i}{c_i}\right)_{c\to 0}$ 的值，从而计算聚合物的数均分子量($\overline{M}_n$)，即

$$\frac{\Delta G}{c}=K\left(\frac{1}{\overline{M}_n}+A_2c+\cdots\right) \qquad (2-4-7)$$

$$\left(\frac{\Delta G}{c}\right)_{c\to 0}=\frac{K}{\overline{M}_n} \qquad (2-4-8)$$

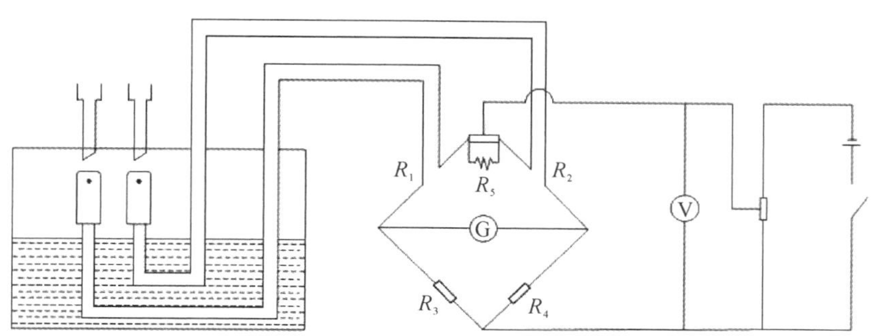

图 2-4-2　气相渗透仪工作原理结构图

三、实验仪器与药品

1. 实验仪器

气相渗透仪 1 台，秒表 1 块，检流计 1 个，容量瓶(10 mL)，移液管(5 mL)和注射器(1 mL)及针头等。

2. 实验药品

聚苯乙烯；溶剂(氯仿、甲苯等)，分析纯；联苯甲酰、三十二烷或八乙酰蔗糖，分析纯。

四、实验步骤

1. 溶液配制

溶液的浓度范围视所用的溶剂以及样品的分子量而定。在 10 mL 容量瓶中(瓶重 W_1),小心加入样品,准确称重得 W_2(有效数字三位),加入溶剂至刻度,称重得 M_3,那么溶液的原始浓度为

$$c=\frac{W_2-W_1}{W_3-W_2}\times 1\,000(\mathrm{g/kg}) \tag{2-4-9}$$

因为 VPO 实验中浓度产生的信号是彼此独立的,故不能采用逐步稀释或者加浓的办法,而要准备 3～5 个不同浓度的溶液。这一系列浓度的溶液,可用稀释法配得,用相对浓度 $c'_i=c_i/c$表示,可以配制 $c'_i=\frac{1}{5}$,$c'_i=\frac{2}{5}$,$c'_i=\frac{3}{5}$,$c'_i=\frac{4}{5}$等。

2. 仪器调整

(1)将仪器接到 220 V 交流稳压电源上,匹配电位器“R_s”调整到欲使用温度的最佳值,将“温度选择”开关调整至实验要求温度的指示位置。

(2)通过吸液管向气化室注入 30 mL 左右溶剂。

(3)检查线路,打开电源开关。

(4)将指温开关打到“调”位置,调整“指温调整”,使温度表的指针指在满刻度线上(80℃)。然后将指温开关拨向“测”位置,此时指针所示的值即为加热铝块内空气的温度。

(5)如果温度表指示的温度与实验温度不符,则按“逆”(加热,指示灯亮)或“顺”(停止加热)时针方向调整“控温细调”旋钮。当指示值达到所需的温度时,左右旋转“控温细调”旋扭,使其在最灵敏的点。调整准确后,恒温稳定 4 h。R_s 在不同温度下的最佳值见表 2-4-1。

表 2-4-1 R_s 在不同温度下的最佳值

测试温度/℃	25	35	50	70
R_s 指示值	5 154	4 630	4 625	4 620

(6)将检流计“G”工作键拨向“滴样”位置,接通电桥电源,调节“桥电压调节”旋钮,使电压表指示在欲使用温度对应的电压值上,桥路电压在测试前需稳定 0.5 h 以上。不同温度对应桥路电压见表 2-4-2。

表 2-4-2 桥路电压在不同温度下的最佳值

测试温度/℃	25	35	50	70
电压表指示值/V	0.76	0.56	0.44	0.31

3. 零点测定

仪器稳定后,接通检流计电源,调节机械零点,使光点指示在左端“60”处,然后将检流计的分流开关拨到“×1”挡,用 1 mL 注射器经进样口在两只热敏电阻上各注入 0.2 mL 溶剂后即开始计时。10 min 后将检流计拨到“工作”挡,使电桥和检流计接通。2 min 后记下稳定点值,再将检流计开关拨到“滴样”位置。第二次在两个滴样孔各注入 0.04 mL 溶剂,2 min 后将开

关拨到"工作"位置，经过 2 min 后记下稳定点值。按第二次滴样重复 3～4 次，取连续、重复稳定点的平均值为零点 G_0。零点确定以后，不允许再调节"调整"旋钮。零点的稳定与否对实验结果有较大影响，且实验过程中 G_0 可能会出现零点漂移。为提高数据的可靠性，可在实验过程中经常检查 G_0 的数值，一般要求每测两个浓度的溶液后，用纯溶剂校正一次 G_0 值。

4. 仪器常数（K）标定

仪器常数 K 和测试温度、溶剂种类、桥电压以及气化室的几何参数有关，而和溶质的化学性质、分子量大小无关。因此，可以通过某一已知分子量的标样来标定仪器常数 K，待 K 值确定后即可在相同条件下测定未知物的分子量。标样可以选用联苯甲酰（分子量为 210.2）、三十二烷（分子量为 450.85）、八乙酰蔗糖（分子量为 678.0）等易于醇化并有多种溶剂的有机化合物。标定方法是将某一种标样配制成一定浓度 c_i 的溶液，测试得到Δc_i，然后根据下式计算 K 值：

$$K = (\Delta c_i / c_i)\overline{M} \tag{2-4-10}$$

式中：$\overline{M}$ 为标样的分子量。

5. ΔG_i 值的测定

检流计放在"×0.01"挡，在两只热敏电阻上各加 3～5 滴（每滴约 0.01 mL）纯溶剂，按下秒表，3 min 后按下"工作键"，旋转"零点调节"电位器，将分流器拨向"×1"挡，并将检流计光点稳定在某位置上，此即为 G_0 值。读毕，拨回"滴样键"。实验过程中，G_0 可能会变，为了提高数据可靠性，一般要求每测两个溶液的浓度后，用纯溶剂校正一次 G_0 值。

G_0 值定好后，在仪器左侧滴样孔滴进 3～5 滴溶剂，右侧滴样孔滴进 3～5 滴溶液。3 min 后按下工作键，将分流器拨向"×1"挡。2 min 后，检流计光点稳定在某位置上，此即为 G_i 值，如此再滴液、再读数，重复三次，取三个数的平均值（注意：每次读取 G_i 的时间应该相同，对不同的溶液，时间长短不一定）。ΔG_i 按照下式计算：

$$\Delta G_i = G_i - G_0 \tag{2-4-11}$$

6. 溶液测试

按照步骤 5 分别测定 $0.2c$、$0.4c$、$0.6c$、$0.8c$ 和 c 等 5 个样品溶液的 ΔG_i。

五、实验结果记录与处理

（1）按照表 2－4－3 要求记录、计算并填写相关实验结果数据。

表 2－4－3　实验结果记录表

溶液编号	参　数				
	$c'_i/(\mathrm{g\cdot kg^{-1}})$	G_i	G_0	ΔG_i	$\Delta G_i/c'_i$
1	0.2				
2	0.4				
3	0.6				
4	0.8				
5	1				

注：表中 $c'_i = \frac{c_i}{c}$ 为溶液的相对浓度。

(2)分别以 $\Delta G_i/c'_i$ 对 c'_i 作图,得一直线后,外推到 $c'_i=0$,得 $\Delta G/c$ 值,如图 2-4-3 所示。

(3)根据式(2-4-8)计算出聚苯乙烯的数均分子量 $\overline{M}_n$。

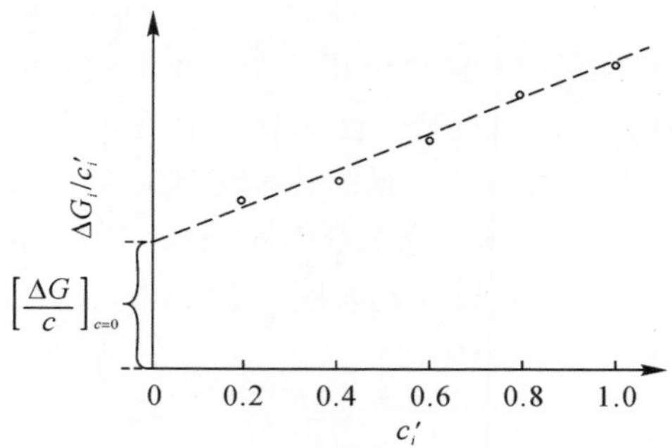

图 2-4-3 依据 $\Delta G_i/c'_i$ 对 c'_i 作图外推求 $\Delta G/c$ 值示意图

六、实验注意事项

(1)样品及配制用的溶剂必须经纯化和干燥处理,所用玻璃仪器必须洗净、烘干。

(2)标定 K 值用的样品必须是易于纯化、溶于多种溶剂和常温下本身蒸气压很小的物质。

(3)配制溶液时,须事先估计被测物的分子量大小,配制合适的浓度,以便充分利用检流计的满标尺,减少实验误差。

(4)滴样时,为了消除浓度差别带来的影响,每次换溶液时,第一次滴样量须多加 3~5 滴。

七、课后思考

(1)在 VPO 测定中,温度对测定的精确度有何影响?

(2)VPO 测定的灵敏度与所用溶剂的类型有何关系?

(3)VPO 测同其他测定聚合物分子量的方法相比有哪些优缺点?

(4)VPO 能否用于测定水溶性聚合物的分子量?

(5)哪些因素影响 VPO 仪器常数 K 值?

实验五 渗透压法测定聚合物的分子量

渗透压法又称膜渗透压法(Membrane OSmometer, MOS),它利用的是溶剂分子能通过但溶质分子不能通过半透膜而将高聚物溶液和溶剂隔离开后,溶剂分子会通过半透膜向溶液一边渗透,使溶液一边的压强增加而产生渗透压特点。利用渗透压对溶液的依数性可以测定聚合物的分子量,同时可以测得溶剂和聚合物的相互作用参数(第二维利系数)。因为聚合物分子量低于 2×10^4 g/mol 时对应的半透膜难于制备,而分子量大于百万级时溶质的物质的量太小,测量精度较差,所以渗透压法测定聚合物分子量的范围在 $2\times10^4\sim1\times10^6$ g/mol 之间,而这正是常用高分子材料的分子量范围,因此渗透压法是测定聚合物分子量经典和常用的方法之一。此外,膜渗透压法有严格的理论依据,是测定分子量的绝对方法,因此膜渗透压法在高分子表征中有重要的理论意义和实用价值。

半透膜是膜渗透压法的核心，要求半透膜具有细小的孔径，保证溶剂分子可以通过而溶质分子被隔离。半透膜上的微孔密度尽可能高，以保证溶剂分子有较大的透过速率，并且要求半透膜既耐溶剂又和溶剂(溶液)浸润。半透膜材料最常用的是纤维素和纤维素衍生物，一般工业生产的再生纤维素薄膜(俗称玻璃纸)就可以作为高分子溶液的半透膜。采用特殊工艺制备薄膜，可控制孔径和孔密度，改善半透膜的渗透效果，提高膜渗透压法的准确性和实验效率。纤维薄膜是在水中成型的，湿的纤维素薄膜是被水溶胀的，因此在有机溶剂中可防止细菌侵蚀，商品的再生纤维素半透膜是浸润在甲醛水溶液中的。

一、实验目的

(1)了解高分子溶液膜渗透压的原理。

(2)了解快速平衡膜渗透压计的实验技术。

(3)测定窄分布聚苯乙烯样品的分子量和第二维利系数。

二、实验原理

根据稀溶液理论，溶液中溶剂的化学位将低于纯溶液的化学位，两者化学位的差值取决于溶剂的蒸气压和温度，即

$$\Delta\mu_1 = \mu_1^0 - \mu_1 = RT\ln(p_1^0/p_1) \tag{2-5-1}$$

式中，μ_1^0 和 μ_1 分别是纯溶剂和溶液中溶剂的化学位，用 $\Delta\mu_1$ 代表两者的差值；R 为气体常数；T 为绝对温度；而 p_1^0 和 p_1 分别是纯溶剂和溶液中的蒸气压。

如图 2-5-1 所示，当溶液和纯溶剂用一层溶剂分子能够通过而溶质分子不能通过的半透膜隔开时，由半透膜两边溶剂化学位的不同驱动纯溶剂区中的溶剂分子通过半透膜向溶液区渗透。溶液区上部的液柱开始升高，半透膜两边液体的静压力发生变化，直至半透膜两边液体静压力的差值与溶剂化学位的差值对等，溶液剂分子的渗透达到平衡。此时两边液柱的压强差为 π，称为溶液的渗透压。根据热力学关系，有

$$\Delta\mu_1 = \overline{V}_1\pi = RT\ln(p_1^0/p_1) \tag{2-5-2}$$

式中：$\overline{V}_1$ 为溶剂的偏摩尔体积。根据拉乌尔定律，可得到渗透压 π 和溶液浓度 c(质量/体积)和溶质分子量 $\overline{M}$ 的关系，即

$$\pi = RTc/\overline{M} \tag{2-5-3}$$

式(2-5-3)称为 Van't Hoff 方程式，适用于理想稀溶液的渗透压关系。由于高分子溶液的非理想性，渗透压和浓度的比值 π/c 有浓度依赖性，维利提出了修正关系式

$$\frac{\pi}{c} = RT\left(\frac{1}{\overline{M}} + A_2c + A_3c^2 + \cdots\right) \tag{2-5-4}$$

式中：A_2、A_3 称为第二、第三维利系数，它们表示高分子与理想溶液的偏差。对于许多高分子溶液，当浓度很稀时，c 很小，A_3 或更高次的系数(c^2 以上的项)一般很小，可以忽略，式(2-5-4)可简化成

$$\frac{\pi}{c} = RT\left(\frac{1}{\overline{M}} + A_2c\right) \tag{2-5-5}$$

这样，以 $\frac{\pi}{c}$ 对 c 作图得一直线，外推至 $c=0$ 时的截距为 $\frac{RT}{\overline{M}}$，从而计算得到聚合物的分子

量 M。用高分子溶液理论可以阐明，第二维利系数 A_2 是高分子链段与链段之间以及高分子链段与溶剂分子之间相互作用的一种量度。当高分子溶液处于 Θ 状态时，溶液中各种相互作用和效应抵消，这时 $A_2=0$，溶液的渗透压关系符合 Van't Hoff 方程。而少数高分子溶液体系，第二维利系数较大，$\frac{\pi}{c}$ 与 c 失去线性关系，此时可用根号表达式来求 $\overline{M}$，即

$$\left(\frac{\pi}{c}\right)^{\frac{1}{2}}=\left(\frac{RT}{\overline{M}}\right)^{\frac{1}{2}}+(RT\overline{M})^{\frac{1}{2}}A_2c \tag{2-5-6}$$

以 $\left(\frac{\pi}{c}\right)^{\frac{1}{2}}$ 对 c 作图得一条直线，外推至 $c=0$ 时的截距为 $\left(\frac{RT}{\overline{M}}\right)^{\frac{1}{2}}$，从而求得 $\overline{M}$，通过计算斜率可得到 A_2。

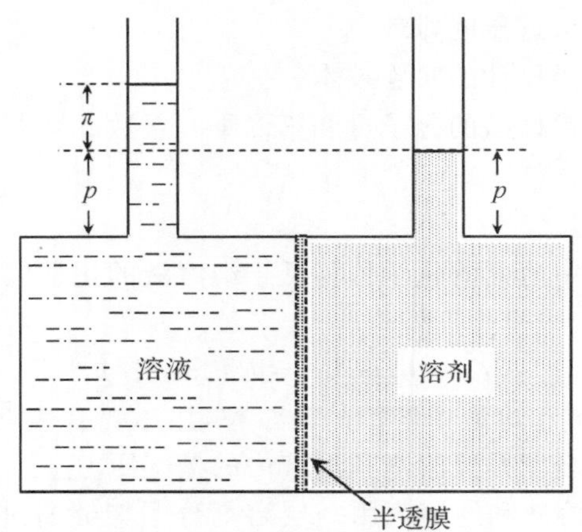

图 2-5-1　渗透压原理示意图

经典的膜渗透计的结构比较简单，都是通过溶剂实际渗透溶液池使液柱升高，用测高仪准确测定高度差来测定渗透压。但是由于半透膜的微孔密度不可能很高，达到溶剂分子传质过程的平衡需要很长的时间，一个浓度的样品往往需要几个小时甚至几天才能达到渗透平衡，测定一个样品要花费很大的精力。为提高实验效率，研究者提出了几种所谓快速平衡膜渗透计的设计，其设计思想的关键在于不使溶剂发生实质上的渗透，通过检测半透膜两边的压差，调节溶液或溶剂液柱的位置达到渗透平衡，或通过精密的压力传感器直接测定半透膜两边的压差。这类快速平衡膜渗透计测定一个浓度样品溶液只需要几分钟，大大缩短了实验时间，使膜渗透压法成为更为实用的研究手段。

在膜渗透法中要注意确保样品中不含分子量低的聚合物组分。这是因为分子量比较低的高分子，也会和溶剂分子一样通过半透膜，造成渗透压的测试结果出现偏差，且渗透压很难得到平衡。对于仪器本身也会产生较大麻烦，如需要重新清洗封闭的溶剂池。因此除非平均分子质量分布窄的聚合物样品，一般样品需经过分级或萃取处理，除去低分子量组分才能进行实验。

三、实验仪器与药品

1. 实验仪器

膜渗透计 1 台，其结构如图 2-5-2 所示，分析天平，恒温水槽，控温精度为±0.05℃；测

高仪，量程 50 cm，精度为 0.05 mm；秒表 1 块，精度为 0.1 s；10 mL 和 25 mL 容量瓶若干，10 mL和 5 mL 注射器及针头，2# 细菌漏斗等。

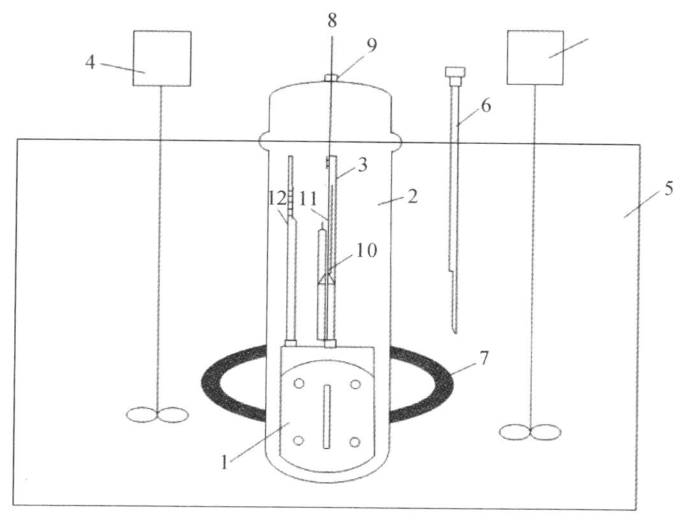

1—渗透池；2—溶剂瓶；3—汞杯；4—搅拌器；5—恒温水槽；6—温度计；7—热电偶；8—拉杆；9—塑料盖；10—注液毛细管；11—参比毛细管；12—测量毛细管

图 2-5-2 Bruss 膜渗透计结构示意图

需要注意的是半透膜需置于 20%异丙醇-1%甲醛水溶液中，在室温下保存。使用前依次用异丙醇、异丙醇/工作溶剂(1:1)、工作溶剂进行置换。每次置换需放置 4 h 以上，然后安装到渗透计中。而当用甲苯为溶剂时，则把半透膜置换到异丙醇/甲苯(1:1)中 10 min 后立即安装到渗透计中，然后将膜渗透计转入甲苯中。半透膜安装后必须检查是否有泄露的情况。

2. 实验药品

分子量分布窄的聚苯乙烯($\overline{M}<5\times10^5$)，甲苯(AR)。

四、实验步骤

1. 溶液配制

准确称量 0.3 g 左右的聚苯乙烯(PS)置于 25 mL 容量瓶中，加入实验温度下的 25 mL 甲苯，使 PS 完全溶解后，用 2# 细菌漏斗过滤，再用移液管将溶液稀释出 4～5 个不同浓度溶液。

2. 仪器的准备

用一个不锈钢丝的钩子将渗透计从外套管中勾出，小心地将小杯内水银倒入两只烧杯中(在搪瓷盘中进行，注意防护)。然后迅速把渗透计吊入装有甲苯的 150 mL 烧杯中，拔出不锈钢拉杆，用长针头注射器由小杯处插入粗毛细管，吸取渗透池中的液体。用少量甲苯洗涤注射器，再吸取甲苯注入渗透池，必要时可重复洗涤。然后插入不锈钢拉杆，接触液面形成一个小泡，加入汞封住。同时更换外套管的溶剂，再把渗透计吊回至外套管中，加盖置于恒温水槽平衡温度。

3. 测定溶剂动态平衡点

为消除渗透膜的不对称性及溶剂差异对渗透压的影响，在测定样品之前需要测定纯溶剂的动态平衡点(H_0)，操作步骤如下：

(1)用测高仪测量参比毛细管液面高度(h_0)。

(2)用拉杆调节渗透池毛细管液面至毛细管底部刚可观察到的位置,经温度平衡后,用测高仪和秒表测量液面高度 h_1 和液面从 h_1 上升 1 mm 的时间 t_1。然后用拉杆将液面提升8 mm 左右,测量对应的液面高度 h_2 和时间 t_2,重复测定几次,确定上升速率。

(3)用拉杆提升液面升高 30～50 mm,温度平衡后测量液面高度 h_3 和液面下降 1 mm 的时间 t_3。然后继续提升液面升高 8 mm 左右,测量对应的液面高度 h_4 和时间 t_4,重复测定几次,确定下降速率。

(4)根据上升速率和下降速率,计算并校正动态平衡点。

4. 测定溶液动态平衡点

溶液的平衡点测定从低浓度到高浓度进行,首先将渗透池内液体抽干净,然后取 2 mL 待测溶液洗涤渗透池并抽提干净。接着用注射器取 2.5 mL 溶液缓慢注入渗透池。插入拉杆使其接触面形成小气泡,用汞封好并加盖,按照测定溶剂动态平衡点中步骤(3)(4)操作,测定对应浓度的动态平衡点 H_i 的数据,测试 4～5 个浓度的溶液。

五、实验结果记录与处理

1. 计算线性流速$\dfrac{dh}{dt}$和动态平衡高度 H

分别按照下列两式计算线性流速$\dfrac{dh}{dt}$(mm/min)和动态平衡高度 H(cm)

$$\frac{dh}{dt} = 60\frac{\Delta h}{\Delta t} \tag{2-5-7}$$

$$H = h + 0.05 - h_0 \tag{2-5-8}$$

式中:$\Delta h = 1$ mm;t 的单位为 s。

2. 计算校正动态平衡点 H'

分别以纯溶剂及各浓度下溶液测量的 H 对线性流速$\dfrac{dh}{dt}$作图,由上升速率和下降速率各画一条直线,交于纵坐标上一点,即$\dfrac{dh}{dt}=0$ 处,求得纯溶剂的动态平衡点 H_0 及不同浓度溶液的动态平衡点 H_i,校正后的动态平衡点为

$$H'_i = H_i - H_0 \tag{2-5-9}$$

3. 计算渗透压

按照下式计算不同溶液的渗透压 π(Pa):

$$\pi = \rho H'_i \times 98.07 \tag{2-5-10}$$

式中:ρ 为溶液密度(g/cm^3)。

4. 计算分子量 $\overline{M}$ 和第二维利系数 A_2

由式(2-5-5)或式(2-5-6),由$\dfrac{\pi}{c}$对 c 或由$\left(\dfrac{\pi}{c}\right)^{1/2}$对 c 作图,求斜率和截距,计算样品分子量 $\overline{M}$ 和第二维利系数 A_2。

六、实验注意事项

渗透压法测定的聚合物分子量低于 2×10^4 g/mol 时难以测定;而分子量大于百万级时溶

质的物质的量太小，测量精度较差。

七、课后思考

(1)为什么渗透压法得到的是数均分子量？
(2)样品中小分子杂质或低分子量的高分子组分对测试有何影响？
(3)为什么测定样品前要先测纯溶剂的动态平衡点？
(4)溶剂对测试温度膜渗透压法有什么影响？
(5)如何知道该高分子溶剂体系的 Huggins 参数 χ？

实验六　凝胶渗透色谱法测定聚合物分子量及其分布

聚合物的分子量及其分子量分布是影响其加工工艺和使用性能的重要因素之一。聚合物的合成工艺决定其为由不同分子量的同系物组成的混合物，其分子量为统计平均值，分子量的多分散性可用分子量分布来表征。分子量分布是指聚合物试样中各级分的含量与分子量的关系。聚合物的许多物理机械性能和加工使用性能与其分子量的分布有着密切的关系，因此进行聚合物分子量分布的测定具有重要的意义。而且聚合物的分子量分布是由聚合过程或解聚过程的机理决定的，因此，研究聚合或解聚的机理，或者控制聚合和加工工艺，都需要测定聚合物的分子量及其分子量分布。

凝胶渗透色谱法(Gel Permeation Chromatography, GPC)也称体积排除色谱法(Size Exclusion Chromatography, SEC)，是利用高分子溶液通过填充有特种凝胶的色谱柱，把高分子聚合物按尺寸大小进行分离的方法，其本质是一种液相色谱。GPC 是目前测定聚合物的分子量及分子量分布最有效的方法，它也可以测定聚合物中小分子物质、聚合物支化度及共聚物组成、聚合物的分离和分级手段等，而且其具有测量准确、速度快、实验用样量少、自动化程度高等优点，已成为聚合物研究中必不可少的测试表征手段。

一、实验目的

(1)掌握凝胶渗透色谱法测定聚合物分子量及其分布的原理。
(2)初步掌握凝胶渗透色谱仪的操作技术。
(3)测定聚苯乙烯的分子量及其分布。

二、实验原理

从聚合反应的概率观点来看，组成聚合物的大分子的分子量不可能是均一的。因此，聚合物的分子量具有两个特点：一是分子量大，二是分子量具有多分散性。若要确切地描述聚合物试样的分子量，除应给出分子量的统计平均值外，还应给出聚合物试样的分子量分布。理想的状态是知道该试样的分子量分布曲线，有时为方便起见，也采用宽度指数和多分散系数 α 来描述聚合物试样分子量的多分散性，即

$$\alpha=\frac{\overline{M}_{\mathrm{w}}}{\overline{M}_n}=\frac{\overline{M}_Z}{\overline{M}_n} \tag{2-6-1}$$

这里，$\overline{M}_{\mathrm{w}}$，$\overline{M}_n$，$\overline{M}_Z$ 分别是聚合物的重均、数均和 Z 均分子量。对于绝大多数聚合物而言，

一般 $\overline{M}_n \leqslant \overline{M}_w \leqslant \overline{M}_Z$，只有分子量单分散的聚合物，才有 $\overline{M}_n = \overline{M}_w = \overline{M}_Z$；对于多分散的聚合物，一般有 $\overline{M}_n < \overline{M}_w < \overline{M}_Z$。通过对高分子稀溶液的相对黏度的测定，根据 Mark-Houwink 方程（$[\eta] = K\overline{M}^{\alpha}$）计算得到的分子量是黏均分子量（$\overline{M}_\eta$）。通常 $\overline{M}_\eta$ 介于 $\overline{M}_n$ 与 $\overline{M}_w$ 之间，因此，对于多分散聚合物，一般有 $\overline{M}_n < \overline{M}_\eta \leqslant \overline{M}_w < \overline{M}_Z$。

聚合物分子量分布的测定方法可分为以下 3 种：

(1)利用聚合物溶解度的分子量依赖性，将试样分成分子量不同的级分，从而得到试样的分子量分布，例如采用逐步沉淀分级法（详见实验九）和梯度淋洗分级法。

(2)利用高分子在溶液中的分子运动性质得出分子量分布，例如采用超速离心沉降法。

(3)利用高分子在溶液中的体积对分子量的依赖性得到分子量分布，例如采用凝胶渗透色谱法。

对凝胶渗透色谱的分离机理目前还没有取得一致的意见，但是在一般实验条件下，排除分离机理被认为是起主要作用的，即高分子溶液通过填充有特种多孔性填料的柱子时是按照大分子在溶液中流体力学体积的大小进行分离的。由于它可快速、自动测定聚合物的各级分分子量和各级分的分子量分布，并可用于制备分子量分布窄的聚合物试样，且在分离、纯化和分析低分子混合物方面也有着重要作用，因此，该技术自 20 世纪 60 年代出现后，便获得了飞速发展和广泛的应用。

通常可以用 $(\overline{h^2})^{3/2}$ 表示溶液中高分子的流体力学体积，根据 Flory 特性黏数理论，即 $[\eta] \propto \dfrac{(\overline{h^2})^{3/2}}{M}$，以及 MHS(Mark-Houwink-Sakurada)方程（$[\eta] \propto \overline{M}^{\alpha}$，$\alpha$ 一般在 0.5～1 之间），则有 $(\overline{h^2})^{3/2} \propto \overline{M^{\alpha+1}}$，显然分子量越大，分子在溶液中的流体力学体积就越大。

排除分离机理的理论认为 GPC 法对多分散高分子的分离主要是由大小不同的分子在多孔性填料中可以渗透的空间体积不同而实现的。GPC 色谱柱中的固定相为多孔性微球，一般为高交联度的聚苯乙烯、聚丙烯酰胺、葡萄糖和琼脂糖的凝胶及多孔性硅胶/玻璃等制备。色谱柱中的流动相（淋洗液）是聚合物的溶剂。

装填在色谱柱中的多孔性填料的表面和内部有各种大小不同的孔洞和通道，当被分离的试样随着淋洗液流入色谱柱后，溶质分子即向填料内部孔洞渗透。由于固定相多孔填料的微孔尺寸与高分子的体积相当，高分子的渗透概率取决于高分子的体积，即溶质高分子体积大小不同导致其在色谱柱中的体积排除效应即渗透能力存在差异。体积越小的溶质渗透概率越大，随着淋洗溶液的不断流入，其容易渗透进入固定相的微孔中，小体积高分子在色谱柱中流动的路程就越长。比填料的最大孔洞大的所有高分子只能位于填料颗粒之间的空隙中，随着溶剂冲洗而首先被淋洗出来，此时溶剂的淋出体积即保留体积（V_R）等于柱中填料的粒间体积（V_i）。此时对应高分子的分子量是该色谱柱的排阻极限，超过该分子量的聚合物无渗透能力，对于这类高分子溶质，色谱柱没有分离作用。相反可以进入填料所有孔的最小溶质高分子随溶剂冲洗将最后被淋洗出来，V_R 等于填料内部的孔洞体积（V_p）和填料粒间体积 V_i 的总和。此时对应高分子的分子量是该色谱柱的渗透极限，小于该分子量的聚合物能完全渗透进入色谱柱中多孔填料的最小孔洞，导致色谱柱对这类高分子也无分离能力。只有体积介于上述两极端情况之间的高分子，可以向填料的部分孔洞渗透，可渗透的孔洞体积取决于高分子体积，对于这些高分子，色谱柱才会显示出分离作用，即这类分子的保留体积应为

$$V_R = V_i + V_{pc} = V_i + \frac{V_{pc}}{V_p}V_p = V_i + KV_p \qquad (2-6-2)$$

式中：K 为该分子可渗入填料内部孔洞的体积 V_{pc} 与总孔洞体积 V_p 之比。

对于比最大孔洞还要大的高分子，$K=0$，$V_R=V_i$；对于能进入填料所有孔的最小高分子，$K=1$，$V_R=V_i+V_p$；对于尺寸介于上述两极端情况之间的高分子，$0<K<1$，$V_R=V_i+KV_p$。大小不同的高分子有不同的 K 值，相应的保留体积也就不同，从而这些高分子将按照其体积由大到小的次序被淋洗出来。所以当多分散高分子随着溶剂流经色谱柱时，就能按照分子量由大到小的次序进行分离。

为了测定聚合物的分子量分布，不仅要把聚合物按照分子量的大小分离，还要测定各级分的含量和分子量。各级分的含量就是淋出液的浓度，可以通过对与溶液浓度有线性关系的某些物理性质的检测来测定溶液的浓度，例如采用示差折光检测器、紫外吸收检测器、红外吸收检测器等。常用示差折光检测器测定淋出液的折光指数与纯溶剂折光指数之差 Δn，并用它来表征溶液的浓度，这是因为在稀溶液范围，Δn 与溶液浓度 Δc 成正比。分子量的测定有直接法和间接法两种。直接法是分子量检测器(黏度法或光散射法)在浓度检测器测定溶液浓度的同时直接测定溶液的分子量。间接法则是利用淋出体积与分子量的关系，根据标定曲线将测出的淋出体积换算成分子量。本实验采用间接法测定聚合物的分子量。GPC 结构示意图如图 2-6-1 所示。

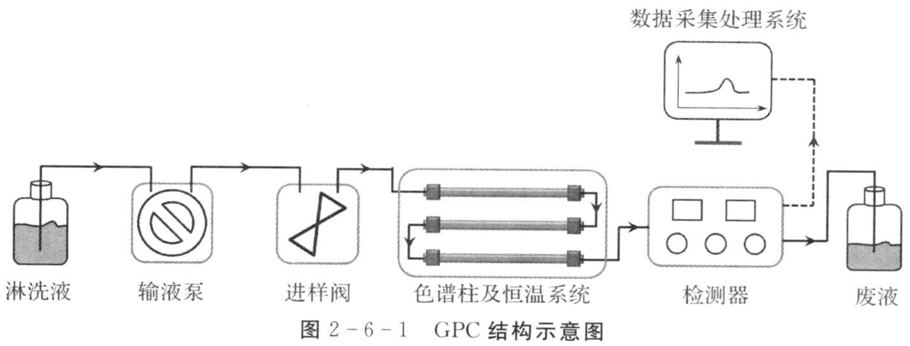

图 2-6-1　GPC 结构示意图

图 2-6-2 为 GPC 中示差折光检测器所检测信号与溶剂保留体积的关系图谱，纵坐标为洗提液与纯溶剂的折光指数的差值 Δn，在极稀溶液中，它正比于洗提液的相对浓度 Δc；横坐标为保留体积 V_R，它表征分子尺寸的大小，与分子量 $\overline{M}$ 有关。利用 V_R 与 $\overline{M}$ 之间的关系，将 GPC 谱图的横坐标 V_R 转换成分子量 $\overline{M}$ 或分子量的对数 $\lg\overline{M}$。

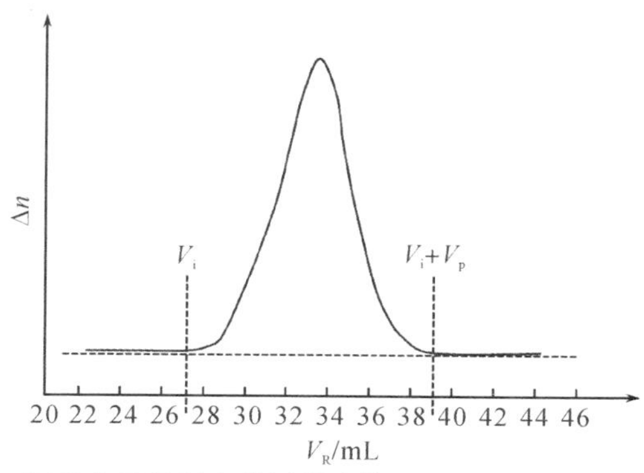

图 2-6-2　GPC 中示差折光检测器所检测信号与溶剂保留体积关系曲线

与其他色谱分析方法相同,实际的分离过程都不是理想的,即使对于相对分子量完全均一的聚合物,在 GPC 的谱图上也存在一个分布范围。柱效率和分离度能全面反映色谱柱性能的好坏,是两个很重要的参数。色谱柱的效率可借用“理论塔板数(N)”进行描述。通过一种分子量均一的物质,如邻二氯苯、苯、乙腈等,来测定 N。如图 2-6-2 所示,从图上可以求得从试样加入到出现峰顶位置的淋洗体积 V_R,以及在峰的两侧曲线拐点处做出切线与基线所截得的基线宽度,即为峰底宽 W,按照下式可计算 N:

$$N = 16\left(\frac{V_R}{W}\right)^2 \tag{2-6-3}$$

对于相同长度的色谱柱,N 值越大意味着其分离效率越高。

而 GPC 色谱柱性能好坏不能只看其分离效率,还要关注其分辨能力,一般用分离度(R)表示,有

$$R = \frac{2(V_2 - V_1)}{W_1 + W_2} \tag{2-6-4}$$

式中:V_1、V_2 分别为对应两个试样的峰值的淋洗体积;W_1、W_2 分别为两个峰底宽。显然,若两试样达到完全分离,则 $R \geqslant 1$;如果 $R<1$,则分离是不完全的。

表示 V_R 与 $\overline{M}$ 关系的曲线就是 GPC 的校正曲线。如图 2-6-3 所示,它是在相同的测试条件下测定一组(4~5 个)已知分子量的窄分布标准样品的 GPC 谱图[见图 2-6-3(a)],然后将各峰值位置的保留体积 V_R 和相应样品的 $\lg\overline{M}$ 作图而得到的[见图 2-6-3(b)]。对标样的要求是分子量为窄分布的,其分子量的数值必须准确、可靠,原则上应当是与待测样品同类的聚合物。以 $\lg\overline{M}$ 对 V_R 作图得到的标定线在填料的渗透极限范围内通常有直线关系,即

$$\lg\overline{M} = A - BV_R \tag{2-6-5}$$

有时也用自然对数表示,即

$$\ln\overline{M} = A' - B'V_R \tag{2-6-6}$$

式中:A,B 为常数,与仪器、凝胶和操作条件等有关系,其数值可由校正曲线得到。其中 B 是校正曲线的斜率,同柱效率有密切关系,B 值越小,色谱柱分辨率越高。另外,$A'=2.303A$,$B'=2.303B$。

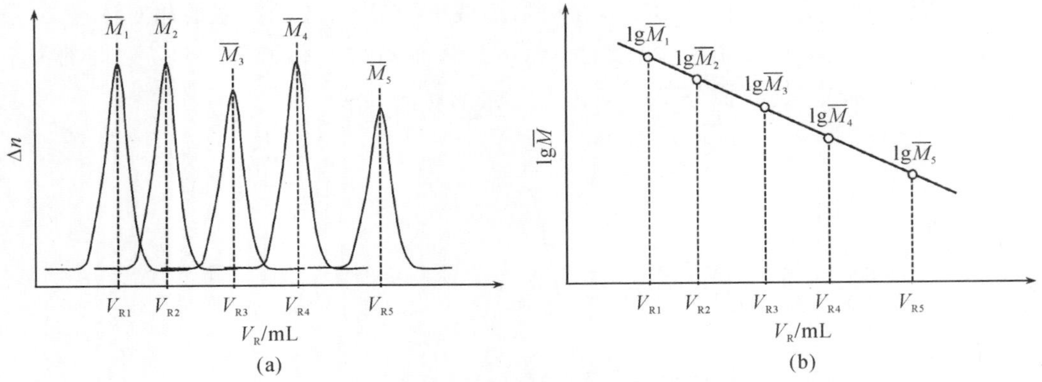

图 2-6-3 GPC 标样谱图及对应校正曲线

(a)各 GPC 标样谱图;(b)GPC 校正曲线

由于 GPC 的机理是按照分子尺寸的大小进行分离,因此与分子量存在间接关系。不同类

型的高分子，当分子量相同时，它们的分子尺寸不一定相同。因此在同一根柱子中采用相同的测试条件下，用不同类型的高分子标样所得到的标定曲线可能并不重合。因此，在测定每种聚合物的分子量分布时都要先用此种聚合物的窄分布标样得到适合于此种聚合物的标定线。这给测定工作带来极大的不便，而且聚合物的窄分布标样并不是很容易得到的。但是有一种普适标定曲线适用于在相同测试条件下不同结构、不同化学性质的聚合物试样，它是根据 GPC 的排斥分离原理由某种标样的标定曲线转换得到的。因为在相同的测试条件下，不同结构、不同化学性质的聚合物试样若具有相同的流体力学体积，则应有相同的保留体积。由 Flory 特性黏数理论，有$[\eta]\propto\frac{(\overline{h^2})^{3/2}}{\overline{M}}$，则$[\eta]\overline{M}\propto(\overline{h^2})^{3/2}$，$[\eta]\overline{M}$ 具有体积的量纲，因此$[\eta]\overline{M}$ 可以代表溶液中高分子的流体力学体积。不同类型的聚合物在相同条件下进行实验，以$[\eta]\overline{M}$ 对 V_R 作图，所得的校正曲线应该是重合的，通常 $\lg[\eta]\overline{M}$ 对 V_R 作图得到的图被称为普适标定曲线。普适标定曲线一般是通过测试窄的不同分子量分布的聚苯乙烯标准样获得的。为了处理数据的方便，还可将普适标定曲线转换为被测试样的标定曲线。通常知道标准样聚苯乙烯和被测试样在一定测试条件下的 MHS 方程中的 K、a 参数，就可求出某一保留体积下被测试样的分子量，即

$$[\eta]_1\overline{M}_1=[\eta]_2\overline{M}_2 \tag{2-6-7}$$

$$K_1\overline{M}_1^{a_1+1}=K_2\overline{M}_2^{a_2+1} \tag{2-6-8}$$

可得

$$\lg\overline{M}_2=\frac{a_1+1}{a_2+1}\lg\overline{M}_1+\frac{1}{a_2+1}\lg\frac{K_1}{K_2} \tag{2-6-9}$$

式中：$\overline{M}_1$、$\overline{M}_2$ 分别为标准试样聚苯乙烯分子量和被测试样分子量；K_1、K_2 和 a_1、a_2 分别为上述两种试样的参数。依此可测得被测试样的标定曲线。这样利用校正曲线或普适标定曲线将试样的 GPC 谱图中 V_R 换算成 $\lg\overline{M}$，即可得到以 $\lg\overline{M}$ 为自变量的未经归一化的分子量质量微分分布曲线，纵坐标 $W(\lg\overline{M})$按下式计算：

$$W(\lg\overline{M})=F(V_R)\left(\frac{-\mathrm{d}V_R}{\mathrm{d}\lg\overline{M}}\right) \tag{2-6-10}$$

式中：$\frac{-\mathrm{d}V_R}{\mathrm{d}\lg\overline{M}}$是标定线各处斜率的倒数，可用图解法或计算法求出。从未经归一化的质量微分分布曲线 $W(\lg\overline{M})$-$\lg\overline{M}$ 可得到归一化的质量微分分布曲线 $W_o(\lg\overline{M})$-$\lg\overline{M}$。如果要得到以 $\overline{M}$ 为自变量的未经归一化的质量微分分布曲线 $W(\overline{M})$-$\overline{M}$，则纵坐标 $W(\overline{M})$为

$$W(\overline{M})=W(\lg\overline{M})\frac{\mathrm{d}\lg\overline{M}}{\mathrm{d}\overline{M}}=\frac{W(\lg\overline{M})}{2.303\overline{M}} \tag{2-6-11}$$

而经过归一化的质量微分分布曲线 $W_o(\lg\overline{M})$-$\overline{M}$ 的纵坐标 $W_o(\overline{M})$为

$$\overline{W}(\overline{M})=\frac{\overline{W}(\lg\overline{M})}{2.303\overline{M}} \tag{2-6-12}$$

由 GPC 谱图还可以计算试样的分子量和多分散系数，方法主要有定义法（切割法）和函数适应法。

（1）定义法：将 GPC 谱图切割成 $n(n>20)$条，即在相等的保留体积间隔处读出相应的纵坐标 H_i，该值与此区间内淋出液的浓度 Δc 成正比。因此，此淋出液中的聚合物在总样品中所

占的质量分数为

$$W_i(V_R)=\frac{H_i}{\sum_i H_i} \tag{2-6-13}$$

再根据标定曲线或普适标定曲线读出对应于各保留体积间隔的分子量 $\overline{M}_i$。最后根据重均或数均分子量的定义计算出分子量和多分散系数，即

$$\overline{M}_w=\sum_i\left(\overline{M}_i\frac{H_i}{\sum_i H_i}\right) \tag{2-6-14}$$

$$\overline{M}_n=\left[\sum_i\left(\frac{1}{\overline{M}_i}\frac{H_i}{\sum_i(H_i)}\right)\right]^{-1} \tag{2-6-15}$$

$$\overline{M}_\eta=\left[\sum_i\left(\overline{M}_i^a\frac{H_i}{\sum_i(H_i)}\right)\right]^{\frac{1}{a}} \tag{2-6-16}$$

$$\frac{\overline{M}_w}{\overline{M}_n}=\left[\sum_i\left(\overline{M}_i\frac{H_i}{\sum_i H_i}\right)\right]\sum_i\left(\frac{1}{\overline{M}_i}\frac{H_i}{\sum_i H_i}\right) \tag{2-6-17}$$

因为在计算中假定了每一保留体积间隔内淋出的溶液中聚合物的分子量是均一的，实际计算时取点应该尽可能多，至少应有 20 个。如果所取间隔较大，在这一间隔内淋出的聚合物分子量就不可能均一，假定的与实际的偏差就较大。

(2)函数适应法：函数适应法是用某种分布函数去模拟 GPC 谱图，并由实验数据求出分布函数参数，再通过计算得到各种分子量和多分散系数。GPC 谱图一般接近于高斯分布函数，所以常用高斯函数适应法。以保留体积 V_R 为自变量的质量分布函数的高斯函数形式为

$$\overline{W}_R(V_R)=\frac{1}{\sigma\sqrt{2\pi}}\exp\left[-\frac{1}{2}\left(\frac{V_R-V_0}{\sigma}\right)^2\right] \tag{2-6-18}$$

式中：V_0 为 GPC 谱图中峰值所对应的淋洗体积；σ 为标准偏差，$\sigma=W/4$（W 为峰底宽）。式(2-6-18)应满足：

$$\int_0^\infty W(V_R)\mathrm{d}V=1,\int_0^{V_0}W(V_R)\mathrm{d}V=0.5$$

GPC 谱图标定线方程式为

$$\ln\overline{M}=A'-B'V_R \tag{2-6-19}$$

即

$$V_R=\frac{A'-\ln\overline{M}}{B'} \tag{2-6-20}$$

将式(2-6-20)代入式(2-6-18)可得到分子量的质量微分分布函数为

$$\overline{W}(\overline{M})=\frac{1}{\overline{M}\sigma'\sqrt{2\pi}}\exp\left[-\frac{1}{2}\left(\frac{\ln\overline{M}-\ln M_0}{\sigma'}\right)^2\right] \tag{2-6-21}$$

式中：$\sigma'=B'\sigma=2.303B\sigma$，$M_0$ 为峰值位置对应的分子量。

各种分子量为

$$\overline{M}_n=M_0\exp\left(\frac{-\sigma'^2}{2}\right) \tag{2-6-22}$$

$$\overline{M}_w=M_0\exp\left(\frac{\sigma'^2}{2}\right) \tag{2-6-23}$$

$$\overline{M}_Z = M_0 \exp\left(\frac{3\sigma'^2}{2}\right) \tag{2-6-24}$$

$$M_0 = (\overline{M}_w \cdot \overline{M}_n)^{\frac{1}{2}} \tag{2-6-25}$$

$$\frac{\overline{M}_w}{\overline{M}_n} = \frac{\overline{M}_Z}{\overline{M}_w} = \exp(\sigma'^2) \tag{2-6-26}$$

图 2-6-4 所示为窄分布标准聚苯乙烯样品的实测色谱图，图中纵坐标为 GPC 检测器的电压，横坐标为保留时间，由此可得到样品的重均分子量、数均分子量、黏均分子量和 Z 均分子量。经过软件积分处理，可以得到样品的分子量分布图（见图 2-6-5），从而计算得到不同分子量的分布和分子量的多分散系数。

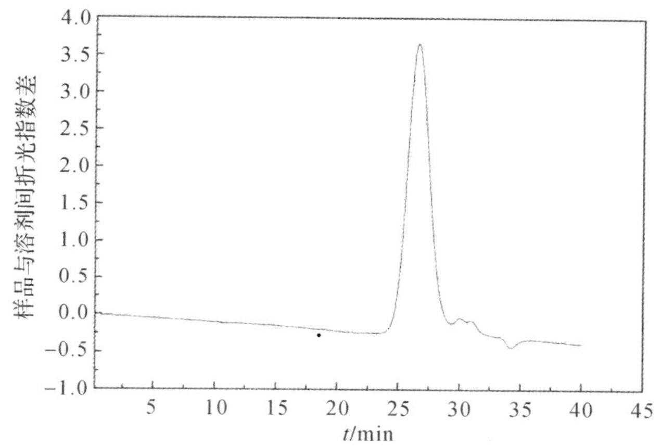

图 2-6-4　窄分布标准聚苯乙烯样品 GPC 谱图

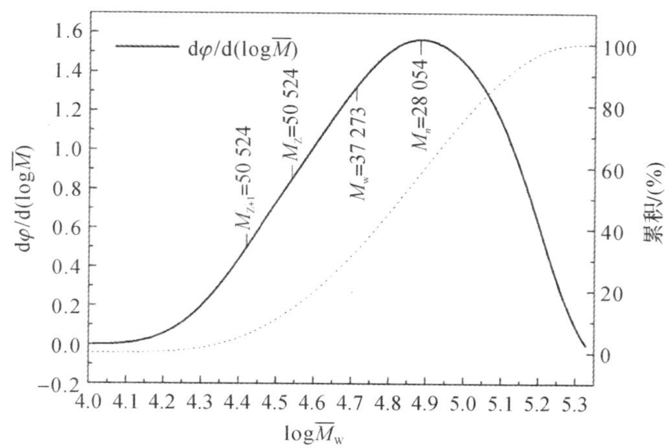

图 2-6-5　窄分布标准聚苯乙烯样品 GPC 色谱图积分处理图

注：①φ 表示质量分数。

三、实验仪器与药品

1. 实验仪器

凝胶渗透色谱仪如图 2-6-6 所示（其中包括泵系统、色谱柱、示差折光仪、级分收集器等）。容量瓶，样品瓶，微孔滤膜，微孔过滤器，注射器等。

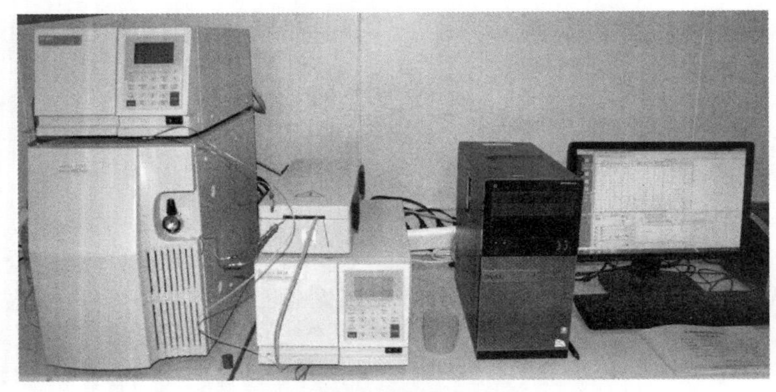

图 2-6-6 凝胶渗透色谱仪

(1)泵系统包括溶剂储存容器、脱气装置和柱塞泵,其作用是使淋洗液以恒定的流速注入色谱柱。泵系统的稳定性越好,色谱柱的分离效果越好,GPC 的测定结果就越准确。一般测试过程中要求溶剂流速误差应低于 0.1 mL/min。

(2)色谱柱也称分离系统,是 GPC 的核心部件,被测样品的分离效果主要取决于色谱柱的匹配性及其分离效果。每根色谱柱都有一定的分子量分离范围和渗透极限,有其使用的上限和下限。当高分子中的最小尺寸的分子比色谱柱的最大凝胶颗粒的尺寸还要大或其最大尺寸的分子比凝胶孔的最小孔径还要小时,色谱柱就失去了分离的作用。因此,在使用 GPC 法测定分子量时,必须选择与聚合物分子量范围相匹配的色谱柱。色谱柱有多种类型,根据凝胶填料的种类可分为有机相(交联 PS、交联聚乙酸乙烯酯、交联硅胶)和水相(交联葡聚糖、交联聚丙烯酰胺)两种。对填料的基本要求是填料不能与溶剂发生反应或被溶剂溶解。

(3)检测系统用于 GPC 的检测器有多波长紫外、示差折光、示差+紫外、质谱(MS)、FT-IR 等多种,该 GPC 仪配备的是示差折光检测器。示差折光检测仪是一种浓度监测仪,它是根据浓度不同折射率不同的原理制成的,通过不断检测样品流路和参比流路中的折射率的差值来检测样品的浓度。不同的物质具有不同的折射率,聚合物溶液的折射率为

$$n = c_1 n_1 + c_2 n_2 \qquad (2-6-27)$$

式中:c_1,c_2 分别为溶剂和溶质的物质的量浓度,$c_1 + c_2 = 1$;n_1,n_2 分别为溶剂和溶质的折射率。折射率差为

$$\Delta n = n - n_1 = c_2(n_2 - n_1) \qquad (2-6-28)$$

Δn 与 c_2 成正比,故 Δn 可以反映出溶质的浓度。

进行 GPC 测试时必须选择合适的溶剂,所选的溶剂必须能使聚合物试样完全溶解,使聚合物链打开成最放松的状态。而且应能浸润填充凝胶的色谱柱,而与色谱柱中凝胶不发生任何其他相互作用。另外,溶剂在注入色谱柱前,必须经微孔过滤器过滤。

2. 实验药品

聚苯乙烯,色谱级四氢呋喃。

四、实验步骤

1. 样品制备

(1)干燥:样品必须经过完全干燥,除掉水分、溶剂及其他杂质。

(2)溶解时间：必须给予充分的溶解时间使聚合物完全溶解在溶剂中，并使分子链尽量舒展。分子质量越大，溶解的时间应越长。

(3)浓度：一般在0.05%～0.3%（质量分数）之间，分子量大的样品浓度低些，分子量小的样品浓度稍微高些。在配置溶液时，为了增加样品的溶解度，可以轻微搅动样品溶液，但不能剧烈摇动，或用超声波处理，以免分子链发生断裂。

2. 测试操作

(1)开启稳压电源，等仪器稳定后进样 。

(2)配制 10 mL 的 0.05%～0.3%(质量分数)的聚苯乙烯/四氢呋喃溶液，用聚四氟乙烯过滤膜把溶液过滤到 4 mL 的专用样品瓶中，待用。

(3)进样前，在主机面板上设置分析时间、进样量、流速等测试条件，并打开输液泵，将流速调至 1 mL/min。

(4)开启示差折光仪，开启数据处理机，输入标定曲线等必要的参数。

(5)将溶液注入体系，测试。在测试过程中，要注意仪器工作是否正常，如正常，45 min 后可直接从处理机上得到谱图。

五、实验数据记录与处理

1. 实验数据记录

(1)GPC 的标定(校准曲线)。

1)实验条件：

标样：____________________；　　浓度：____________________；

淋洗液：____________________；　　流速：____________________；

色谱柱：____________________；　　柱温度：____________________；

进样量：____________________。

2)标准样实验数据记录表见表 2-6-1。

表 2-6-1　标准样实验数据记录表

标准样编号	平均相对分子量/$\overline{M}$	淋洗体积 V_R
1		
2		
3		
4		
5		

由以上数据作 $\lg\overline{M}-V_R$ 的关系曲线，得到 GPC 的校准曲线。

(2)试样测定。

1)实验条件：

标样：____________________；　　浓度：____________________；

淋洗液：____________________；　　流速：____________________；

色谱柱：＿＿＿＿＿＿＿＿＿＿；　柱温度：＿＿＿＿＿＿＿＿＿＿；

进样量：＿＿＿＿＿＿＿＿＿＿。

2)实验数据记录见表 2－6－2.

表 2－6－2　实验数据记录表

分割区编号	V_{Ri}	H_i	$\overline{M}_i$	$H_i\overline{M}_i$	$H_i/\overline{M}_i$
1					
2					
3					
4					
5					
6					
7					
8					
9					
10					
11					
12					
13					
14					
15					

2. 数据处理

根据式(2－6－14)～式(2－6－17)分别计算试样的重均分子量、数均分子量、黏均分子量和分子量的多分散系数。

六、实验注意事项

(1)如果试样溶液的黏度远大于淋洗液黏度，将引起保留体积漂移和色谱图变形，所以必须在很低浓度下操作。此外，样品的分子量很高时，必须在几个浓度下测定再外推到零。

(2)淋洗液中的空气在高压下会不可逆地损害色谱柱中的填料，严重降低塔板数。操作中必须防止因样品引起温度突然变化而产生的膨胀或收缩，或因停泵等原因使空气进去色谱柱。

(3)温度的波动容易引起溶液的黏度变化，使其在色谱柱中的流速波动，同时对检测系统的准确性产生影响，因此必须精确控制色谱柱及检测系统的温度。

(4)保证溶剂的相溶性，避免使用对不锈钢色谱柱有腐蚀性的溶剂。

七、课后思考

(1)在测定聚合物分子量分布和制备级分样品时，体积排除色谱法与分级法相比，各有什么优缺点？

(2)GPC 法是测定聚合物分子量的绝对方法吗？为什么？

(3)在 GPC 法测定聚合物分子量实验中，为什么样品浓度可以不必准确配制？

(4)聚合物分子量分布对制品的性能有什么影响？对聚合物加工条件的选择有什么影响？

(5)讨论进样量、色谱柱的流动速率对实验结果的影响。

(6)温度、溶剂的优劣对聚合物色谱图有何影响？

实验七　溶胀平衡法测定交联聚合物的交联密度

聚合物大分子链间各种联结起来的作用称为交联，包括化学交联(由共价键联结)和物理交联(如结晶或分子链的缠结等)，交联度的测定只是对化学交联而言。一般认为借助于提高结晶度、增加交联和增加高分子链刚性三个主要原则，从结构上可改进作为结构材料的聚合物材料的强度、耐热性和抗腐蚀等性能。其中，分子链的化学交联限制了链的运动，早已被用来提高聚合物的强度和抗蚀性。在橡胶一类的聚合物中加入硫等交联剂，使分子链间生成较强的化学键，因此硫化橡胶有足够好的强度和弹性。交联是化学反应，产生化学交联的原因有很多。若单体中含有三官能度以上的物质，合成中就会生成交联的聚合物。在硫化、老化、热、机械和辐射等作用下，聚合物也会产生交联键。有时，我们不希望聚合物产生交联键，因为交联会降低甚至完全消除聚合物的流动性、可塑性和溶解能力。当温度升高时交联过程显著加速，随着交联键数目的增加，聚合物变硬(如橡胶逐渐变硬)，最后成为硬度和软化点很高、完全不溶解也不溶胀的材料。同样，交联本就是热固性塑料的共同特点，而热固性塑料一般要比热塑性塑料耐高温。增加分子链的极性吸引和离子吸引也可以归入交联这个范畴。通过交联的方法，已得到硬质橡胶、不饱和聚酯、交联环氧树脂、聚氨基甲酸酯以及由甲醛与尿素、三聚氰胺或苯酚反应所得到的树脂与塑料。少量的交联为弹性体所必需的，但对交联程度必须加以控制，因交联密度(简称“交联度”)的改变会对橡胶的性能产生很大的影响。显然，对聚合物交联程度问题的研究，无论在理论上或在生产实际中，均有重大的意义。

因为交联是改善橡胶性能的一种非常重要的方法，交联密度的大小与橡胶制品的性能直接相关，因此在对橡胶进行加工时，控制硫化条件、保持适当的交联度就成为实际加工过程中关键的步骤。欲了解橡胶交联密度与制品性能的关系，就必须测定橡胶的交联密度。本实验采用溶胀平衡法来测定天然橡胶的交联密度，该方法可同时测得橡胶的溶度参数。

一、实验目的

(1)掌握溶胀平衡法测定橡胶交联密度的基本原理；

(2)掌握用溶胀平衡的体积法和质量法测定橡胶溶胀度的实验技术；

(3)了解用溶胀平衡法测定橡胶溶度参数的原理和实验技术；

(4)了解溶胀平衡法测定聚合物-溶剂相互作用参数的原理和实验技术。

二、实验原理

未硫化的生胶材料质软、易形变、外力去除后仍保留较大的不可逆形变。橡胶经过硫化交联方可在保留高弹性的同时具备一定强度。硫化橡胶弹性模量较大、材料较硬，能够很好地避免不可逆形变。但是，随着交联度的增加，链段活动性降低，橡胶变硬，产生的高弹形变也随着交联度的增加而减小。因此，对橡胶进行加工时，一方面要进行硫化，使线型分子链交联，提高强度，减少使用时的蠕变。另一方面需要控制硫化条件，保持适当的交联度。欲了解橡胶交联度与制品性能的关系，首先需要测定橡胶的交联度。对于交联聚合物，与交联度直接相关的交联点间分子量 $\overline{M}_c$(亦可用交联点间密度表示)是个重要的结构参数，$\overline{M}_c$ 的大小对交联聚合物的物理力学性能具有很大的影响。溶胀平衡法是间接测定交联聚合物的交联度与溶度参数的一种简单、易行的方法。本实验采用溶胀平衡法来测定天然橡胶的交联度，同时可近似测得其溶度参数及橡胶-溶剂的相互作用参数。

1.聚合物的溶度参数

小分子化合物的溶度参数，可由测得的汽化热，根据定义直接计算出来，而高聚物不能汽化，其溶度参数也就不能由汽化热直接测出，只能用间接的方法测定。溶胀平衡法是测定聚合物溶度参数的常用方法之一。

交联聚合物在溶剂中不能溶解，但是能发生一定程度的溶胀。当把交联聚合物浸泡于溶剂中时，溶剂分子不断扩散和渗透进入聚合物中。交联导致聚合物不能被溶剂所分散，而只是吸收一定量的溶剂，发生有限的溶胀，其形成溶胀的条件与线型分子形成溶液的条件相同。本质上，被溶剂溶胀后的交联聚合物是其自身的浓溶液，但具有一定的形状、大小和界面。因此，聚合物溶胀可看作是广义的渗透压。由于交联点之间的分子链段仍然较长，具有相当的柔性，溶剂分子容易渗入聚合物内，引起三维分子链网络的伸展，使其体积膨胀。但是交联点之间分子链的伸展引起了它的构象熵的降低，进而分子网络将同时产生弹性收缩力，使分子网络收缩，阻止溶剂分子进入分子网。当溶胀与收缩趋于互相平衡时，即渗透压力等于分子网的收缩应力时，体系就达到了溶胀平衡状态，溶胀体的体积不再变化。实际上，交联聚合物的溶胀体既是聚合物的浓溶液又是高弹性固体。因此，三维网络结构的弹性回缩力，可以看作是一种作用于溶胀聚合物的力，它使在聚合物溶胀体内的溶剂的化学位升高，直到达到与纯溶剂的化学位相同为止。因此，溶胀的程度与交联度有关。交联高聚物在溶胀平衡时的体积与溶胀前的体积之比为溶胀度 Q。

根据热力学原理，交联聚合物在溶剂中溶胀的必要条件是混合自由能 $\Delta G<0$，而

$$\Delta G_m = \Delta H_m - T\Delta S_m \tag{2-7-1}$$

式中：ΔH_m 和 ΔS_m 为混合过程中的焓变和熵变；T 为体系的温度。因混合过程的 ΔS_m 为正值，故 $T\Delta S_m$ 必为正值。显然，要满足 $\Delta G<0$，必须使 $\Delta H_m<T\Delta S_m$。对于非极性聚合物与非极性溶剂的混合，若不存在氢键，则 ΔH_m 总是正值，假定混合过程中没有体积变化，则 ΔH_m 服从关系式：

$$\Delta H_m = \varphi_1\varphi_2(\delta_1-\delta_2)^2 V \tag{2-7-2}$$

式中：φ_1 和 φ_2 分别为溶胀体中溶剂和聚合物的体积分数；δ_1 和 δ_2 分别为溶剂和聚合物的溶度参数；V 是溶胀体的总体积。

由式(2－7－2)可见，δ_1 和 δ_2 越接近，ΔH_m 值越小，越能满足 $\Delta G<0$。当 $\delta_1=\delta_2$ 时，$\Delta H_m=0$，此时交联网的溶胀度达到最大值。

若将某一交联度的聚合物置于一系列溶度参数不同的溶剂中，让它在恒定温度下充分溶胀，然后测定其溶胀度 Q，由于聚合物的溶度参数与各溶剂的溶度参数之差不等，交联聚合物在各种溶剂中的溶胀程度也不同，因此在溶度参数不同的各种溶剂中，交联聚合物应具有不同的 Q 值。如果将交联聚合物在一系列不同溶剂中的溶胀度 Q 对相应溶剂的溶度参数 δ_1 作图，Q 必出现极大值。根据上述原理，只有当溶剂的溶度参数 δ_1 与交联聚合物的溶度参数 δ_2 相等时，溶胀性能最好，即 Q 值最大。因此，Q 极大值所对应的溶度参数即可近似作为聚合物的溶度参数。

2. 交联聚合物的交联度

交联高聚物在溶剂中的平衡溶胀比与温度、压力、交联度及溶质、溶剂的性质有关，聚合物的交联度通常用相邻两个交联点之间的分子链的分子量 $\overline{M}_c$ 来表示。从溶液的似晶格模型理论和橡胶弹性的统计理论出发，可推导出溶胀度与 $\overline{M}_c$ 之间的定量关系为

$$\overline{M}_c=-\frac{\rho_2 V_{\overline{M}}\varphi_2^{\frac{1}{3}}}{\ln(1-\varphi_2)+\varphi_2\chi_1\varphi_2^2} \tag{2-7-3}$$

式(2－7－3)就是橡胶的溶胀平衡方程。式中：ρ_2 是聚合物溶胀前的密度；V_M 是溶剂的摩尔体积；χ_1 是高聚物-溶剂之间的相互作用参数；φ_2 是溶胀体中聚合物的体积分数，也就是平衡溶胀度的倒数，即

$$\varphi_2=Q^{-1} \tag{2-7-4}$$

对于交联度不高的聚合物，$\overline{M}_c$ 较大，在良溶剂中 Q 可以大于 10，φ_2 很小，将式(2－7－3)中的 $\ln(1-\varphi_2)$ 展开，略去高次项可得如下的近似式：

$$Q^{\frac{5}{3}}=\frac{\overline{M}_c}{\rho_2 V_M}\left(\frac{1}{2}-\chi_1\right) \tag{2-7-5}$$

如果 χ_1 已知，则由交联聚合物的平衡溶胀比 Q 可求得交联点之间的平均相对分子质量 $\overline{M}_c$；反之，如果 $\overline{M}_c$ 已知，则可从平衡溶胀比求得参数 χ_1。

Q 值可根据交联高聚物溶胀前、后的体积或质量求得，而溶胀度可采用体积法或质量法测定。体积法用即溶胀计跟踪、测定溶胀过程中溶胀样品的体积，隔一段时间测定一次，直至所测样品的体积不再增加，表明溶胀已达到平衡。质量法即跟踪溶胀过程，对溶胀体称重，直至溶胀体两次质量之差不超过 0.01 g 为止，此时可认为体系已达溶胀平衡。溶胀度 Q 按下式计算：

$$Q=\frac{V_1+V_2}{V_2}=\frac{\left(\dfrac{W_1}{\rho_1}+\dfrac{W_2}{\rho_2}\right)}{\dfrac{W_2}{\rho_2}} \tag{2-7-6}$$

式中：V_1、V_2 分别为溶胀体中溶剂和聚合物的体积；W_1、W_2 分别为溶剂和聚合物的质量。体积法所测量的物理量是体积，其数据处理依据是线型高分子溶液格子理论模型。在这种处理中，假定了稀释自由能不受交联的影响，并假定溶胀后的体积是试样体积和吸收溶剂体积之和，在计算中需要应用到聚合物-溶剂体系相互作用参数 χ_1。但实际上，它随交联度增大而增大，在不良溶剂中尤为突出。这些简化，带来了测定结果的近似性。

另外，随着聚合物交联度的增加，链段长度减小，分子网络的柔性减小，聚合物的溶胀度相应减小，实验误差也就相应增加。而当高度交联的聚合物与溶剂接触时，由于交联点之间的分子链段很短，不再具有柔性，溶剂分子很难钻入这种刚硬的分子网络中，因此高度交联的聚合物在溶剂中甚至不能发生溶胀。相反，如果交联度太低，分子网中存在的自由末端对溶胀没有贡献，与理论偏差较大，而且交联度太低的聚合物包含有可以溶于溶剂的部分，在溶剂中溶胀后形成强度很低的溶胶，给测定带来很多不便，也会引起较大的实验误差。因此溶胀平衡法只适合于测定中度交联聚合物的交联度。

三、实验仪器与材料

1. 实验仪器

分析天平、称量瓶、镊子、溶胀计、恒温槽。

2. 实验材料

天然橡胶、正庚烷、环己烷、四氯化碳、苯、正庚醇。

四、实验步骤

1. 体积法

(1)溶胀计内液体的选择。溶胀计如图 2-7-1 所示，天然橡胶试样在液体中所排开液体的体积即为物体自身的体积。试样溶胀前、后的体积可以用容量法直接测定。较粗的、垂直的 A 管为主管，直径约 2.0 cm；B 支管为毛细管，直径约为 2～3 mm，管径与水平夹角约 7°(上附有标尺)。若 A 管内液面从 a 升到 b 刻度，此时 B 管内对应液面变化为 a′升到 b′刻度，这样可大大提高测量的灵敏度。测定时所用液体一般选用不会与待测试样发生化学及物理作用(如化学反应、溶解等)的溶剂，并要求经济、易得，挥发性小，毒性小。本实验采用蒸馏水，为了减少液体表面张力，更好地使待测固体样品表面湿润，可在管中加入几滴酒精。

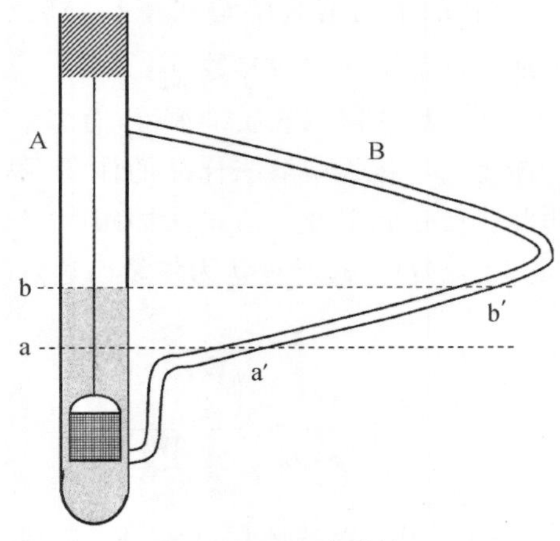

图 2-7-1　溶胀计

(2)溶胀计体积换算因子的测量。为了确定主管内体积的增加与毛细管内液面移动距离的对应值 A，可以用已知密度的金属镍小球若干个，称量并求出其体积 V(mL)，然后放入膨胀计中读取毛细管内液面移动距离 L(mm)。这样便求得体积换算因子 $A=V/L$(mm/mL)。

(3)溶胀前橡胶试样体积的测定。将5块待测橡胶样品编号后，分别放入金属小篓内，赶尽毛细管内气泡，放入溶胀计，读取毛细管内液面移动的距离(即此时毛细管液面读数与未放入样品前毛细管液面读数之差)，再乘以 A 值所得的乘积即为主管内体积增量，也就是橡胶试样的体积。

将已测出体积的试样放入对应编号的5个大试管(试管较粗，确保能方便地取出溶胀后的样品)内，在这5个大试管内分别倒入5种溶剂(苯、环己烷、四氯化碳、正庚烷和正庚醇，溶剂量约至试管1/3处)。将装有橡胶试样及溶剂的试管用塞子塞紧并置于恒温槽内，在恒温(25℃)下溶胀。

(4)溶胀后试样体积的测定。先用滤纸轻轻将溶胀橡胶试样表面附着的多余溶剂吸干，然后用同样的方法测出溶胀试样的体积。溶胀前试样体积为 V_1，溶胀后测得其体积为 V_2，则 $\Delta V=(V_2-V_1)$ 为试样体积的增量，即试样所吸入溶剂的体积。这样每隔一段时间测定一次试样体积，一般开始间隔短些(可以2h一次)，后来可适当延长些(一般以半天为宜)，直至试样体积不再增加，达到溶胀平衡。

2. 质量法

(1)使用分析天平称量5只称量瓶质量，然后分别放入一块橡胶试样，再称重，记录质量，并求得各试样的质量(干胶重)。

(2)将称重后的试样分别置于5只溶胀计内，编号后分别加入15～20 mL 苯、环己烷、四氯化碳、正庚烷、正庚醇，盖紧管塞后，放入(25±0.1)℃的恒温槽内，让其恒温溶胀10天。

(3)10天后，取出溶胀体，迅速用滤纸吸干表面多余的溶剂，立即放入称量瓶中，盖上磨口盖后称量，然后放回原溶胀管内使之继续溶胀。

(4)每隔3 h，用同样方法再称一次溶胀体质量，直至溶胀体两次称重结果之差不超过0.01 g为止，认为此时已达溶胀平衡。

五、实验数据记录与处理

1. 实验条件：

温度：______________________；

样品：______________________；

密度：______________________；

溶剂：______________________；

密度：______________________；

溶剂的摩尔体积：______________________；

高分子-溶剂分子相互作用参数：______________________。

2. 体积法

(1)体积换算因子的计算：

镍球的质量：______________________(g)；

镍球的体积 V：______________________(mL)；

毛细管液面移动的距离 L：______________________(mm)；

体积换算因子 A：______________________(mL/mm)。

(2)记录样品在各溶剂中不同溶胀阶段的体积(见表2-7-1)。

表 2-7-1　样品在各溶剂中不同溶胀阶段的体积记录表

			测量时间					
			溶胀前	1	2	3	…	溶胀平衡
溶剂	苯	L/mm						
		V/mL						
		ΔV/mL						
	环己烷	L/mm						
		V/mL						
		ΔV/mL						
	四氯化碳	L/mm						
		V/mL						
		ΔV/mL						
	正庚烷	L/mm						
		V/mL						
		ΔV/mL						
	正庚醇	L/mm						
		V/mL						
		ΔV/mL						

(3)以天然橡胶-苯体系为例，计算达到溶胀平衡时聚合物在溶胀体中的体积 V_2、体积分数 φ_2 和溶胀度 Q，根据式(2-7-5)计算出橡胶交联点间平均分子量 $\overline{M}_c$。(已知天然橡胶-苯体系温度为 25℃时，苯的摩尔体积 $V_M = 89.4\ cm^3/mol$，两者间相互作用参数 $\chi_1 = 0.437$，天然橡胶密度$=0.973\,4\ g/cm^3$)

(4)查出不同溶剂的溶度参数 δ_1(见附表 10 和附表 11)，做 $Q-\delta$ 图，确定 Q 的极大值点，找出极大值 Q 所对应的溶度参数，它就是橡胶试样溶度参数 δ_2 的近似值。

(5)由计算出的 $\overline{M}_c$ 值，根据式(2-7-5)可计算出橡胶与其他几种溶剂之间的相互作用参数 χ_1。

3. 质量法

(1)记录试样在不同溶剂中不同溶胀阶段的质量和溶胀体中溶剂的质量(见表 2-7-2)。

表 2-7-2　试样和溶剂的质量记录表

			测量时间					
			溶胀前	1	2	3	…	溶胀平衡
溶剂	苯	溶胀体质量/g						
		溶剂质量/g						
	环己烷	溶胀体质量/g						
		溶剂质量/g						
	四氯化碳	溶剂质量/g						
		溶胀体质量/g						
	正庚烷	溶剂质量/g						
		溶胀体质量/g						
	正庚醇	溶剂质量/g						
		溶胀体质量/g						

(2)根据式(2-7-6)计算橡胶的溶胀度 Q,根据式(2-7-5)计算出橡胶交联点间平均分子量 $\overline{M}_c$。

(3)查出不同溶剂的溶度参数 δ_1(见附表 10 和附表 11),做 $Q-\delta$ 图,确定 Q 的极大值点,找出极大值 Q 所对应的溶度参数,它就是橡胶试样溶度参数 δ_2 的近似值。

(4)由计算出的 $\overline{M}_c$ 值,根据式(2-7-5)可计算出橡胶与其他几种溶剂之间的相互作用参数 χ_1。

六、实验注意事项

若在交联聚合物的网络中存在未交联物质,这些物质可以溶解,使溶液的浓度改变而造成误差,因此应对样品溶液中是否有可溶性聚合物进行试验。

七、课后思考

(1)讨论溶胀度与哪些因素有关。

(2)简述溶胀法测定交联聚合物的交联度的优点和局限性。

(3)简述线型结构聚合物、网状结构聚合物以及体型结构聚合物在适当的溶剂中,它们的溶胀情况有何不同?

实验八　浊点滴定法测定聚合物的溶度参数

聚合物的溶度参数是表示物质混合能与相互溶解关系的参数,与物质的内聚能有关。对于可汽化的小分子物质来说,其内聚能就是汽化能,可用实验测出摩尔汽化热来表示其摩尔内聚能，得到其溶度参数。对于聚合物来说，由于其大分子间内聚能很大，远超其大分子主链中化学键键能，在温度达到汽化点前，化学键就已断裂导致聚合物裂解，因此其溶度参数不能由以上小分子溶解度获取方法来直接测定，而通常使用间接方法。目前用于测定聚合物溶度参数的实验方法有黏度法、交联后的溶胀平衡法、浊点滴定法和反相色谱法等，也可通过构成聚合物结构单元的化学基团的摩尔吸引常数来估算。聚合物的溶度参数常用来判断聚合物在某种溶剂中的溶解性，因此对于聚合物溶剂的选择具有重要的参考价值。

一、实验目的

(1)了解溶度参数的基本概念及使用意义；

(2)学习用浊点滴定法测定聚合的溶度参数；

(3)掌握如何由摩尔吸引常数估算聚合物的溶度参数。

二、实验原理

高分子溶液是热力学平衡体系，因此可用热力学方法进行研究。聚合物溶解过程是溶质分子和溶剂分子相互混合的过程。在恒温恒压条件下，这种过程能自发进行的条件是混合自由能 $\Delta G_M < 0$，即

$$\Delta G_M = \Delta H_M - T\Delta S_M < 0 \tag{2-8-1}$$

式中：T 是溶解时的温度；ΔS_M 和 ΔH_M 分别为混合熵和混合热。由于在聚合物溶解过程中大分子排列趋于混乱，因此其溶解混合过程的熵是增加的，即 $\Delta S_M > 0$。由式(2-8-1)可以看出，要满足 $\Delta G_M < 0$，则必须使 $|\Delta H_M| < |T\Delta S_M|$。$\Delta H_M$ 可由 Satchard - Hil - debrand 方程进行表征，即

$$\Delta H_M = \frac{n_s V_s n_p V_p}{n_s V_s + n_p V_p}\left[\left(\frac{\Delta E_s}{V_s}\right)^{\frac{1}{2}} - \left(\frac{\Delta E_p}{V_p}\right)^{\frac{1}{2}}\right]^2 \tag{2-8-2}$$

式中：n_s，n_p 分别为溶剂和聚合物的物质的量；V_s，V_p 分别为溶剂和聚合物的摩尔体积；ΔE_s，ΔE_p 分别为溶剂和聚合物的摩尔内聚能。而 $\Delta E_s/V_s$，$\Delta E_p/V_p$ 分别为溶剂和聚合物的内聚能密度，溶解度参数 δ 定义为内聚能密度的平方根，即 $\delta_s = \left(\frac{\Delta E_s}{V_s}\right)^{\frac{1}{2}}$ 为溶剂的溶解度参数，$\delta_p = \left(\frac{\Delta E_p}{V_p}\right)^{\frac{1}{2}}$ 为聚合物的溶解度参数，则有

$$\Delta H_M = \frac{n_s V_s n_p V_p}{n_s V_s + n_p V_p}(\delta_s - \delta_p)^2 \tag{2-8-3}$$

由式(2-8-3)可知，ΔH_M 总为正值，聚合物与溶剂的溶解度参数越接近，其值越小，也越接近自发溶解的条件。也就是说，聚合物与溶解互溶的可能性随它们的溶解度参数的趋近而变大，反之，δ_p 和 δ_s 相差越大，越不利于聚合物溶解。因为 δ_p 与聚合物的溶解性密切相关，所以人们称之为溶度参数。

1. 浊点滴定法

浊点滴定法是在二元互溶体系中，如果聚合物的溶度参数 δ_p 在两个互溶的溶剂的 δ_s 值的范围内，就可调节这两个互溶混合溶剂的溶度参数 δ_{sm}，使 δ_{sm} 与 δ_p 接近。如果把两种互溶溶剂按照一定的比例配制成混合溶剂，该混合溶剂的溶度参数可近似由下式表示：

$$\delta_{sm}=\varphi_1\delta_1+\varphi_2\delta_2 \qquad (2-8-4)$$

式中：φ_1，φ_2 分别表示溶液中组分1和组合2的体积分数。浊点滴定法是将待测聚合物先溶于某一溶剂中，然后用沉淀剂（与前一溶剂互溶）来滴定，直至溶液开始出现浑浊，即可得到浑浊点时混合溶剂的溶度参数 δ_{sm}。聚合物溶于二元互溶溶剂体系中，体系的溶度参数应有一个范围。本实验选用两种不同溶度参数的沉淀剂滴定聚合物溶液，这样可得到聚合物混合溶剂的溶度参数的上限和下限，取其平均值就是聚合物的溶度参数 δ_p 值，即

$$\delta_p=\frac{1}{2}(\delta_{mh}+\delta_{mL}) \qquad (2-8-5)$$

式中：δ_{mh}，δ_{ml}分别为高、低溶度参数的沉淀剂滴定聚合物溶液处于浑浊点时混合溶剂的溶度参数。

混合溶剂的溶度参数 δ_{sm}参照的近似计算公式为

$$\delta_{sm}=\sum\varphi_i\delta_i \qquad (2-8-6)$$

式中：φ_i，δ_i 分别为组分 i 的体积分数和溶度参数。而式（2-8-4）只有当溶度参数为 δ_{mh}、δ_{ml}的两种溶剂的平均摩尔体积相等（即 $V_{mh}=V_{ml}$）时才适用，多数情况下 V_{mh}与 V_{ml}不相等，此时，可用下式计算：

$$\delta_p=\frac{\delta_{ml}\sqrt{V_{ml}}+\delta_{mh}\sqrt{V_{mh}}}{\sqrt{V_{ml}}+\sqrt{V_{mh}}} \qquad (2-8-7)$$

混合溶剂的平均摩尔体积 V_m 由两个组分的体积分数和摩尔体积计算，即

$$V_m=\frac{V_1V_2}{\varphi_1V_2+\varphi_2V_1} \qquad (2-8-8)$$

式中：V_1 与 V_2 和 φ_1 与 φ_2 分别为溶剂和沉淀剂的摩尔体积和体积分数。

2. 估算法

聚合物溶度参数的估算法是利用原子、基团或分子链的贡献可加和性原理，即聚合物的溶度参数还可由结构单元中各原子或基团的摩尔吸引常数（F_i）直接计算得到。P. A. Small 把组合量$(\Delta E\Delta V)^{\frac{1}{2}}=F$ 称为摩尔吸引常数，并论证得到结构单元的摩尔吸引常数具有加和性，进一步论证得到聚合物溶解度参数和摩尔吸引常数有如下关系：

$$\delta_p=\left(\frac{\Delta E_2}{V_2}\right)^{\frac{1}{2}}=\frac{\sum F_i}{V}=\frac{\rho\sum F_i}{M_r} \qquad (2-8-9)$$

式中：ρ 为聚合物密度；M_r 为结构单元相对分子量。因此，已知结构单元中所有基团的摩尔吸引常数，即可由式（2-8-9）计算聚合物的溶度参数。

三、实验仪器与材料

1. 实验仪器

10 mL 自动滴定管2支，25 mL 锥形瓶5只，5 mL 和10 mL 移液管各2只，25 mL 容量瓶和50 mL 烧杯各2个。

2. 实验材料

聚苯乙烯、氯仿、正己烷、甲醇。

四、实验步骤

（1）选择溶剂和沉淀剂。首先确定聚苯乙烯的溶度参数 δ_p 的范围，取少量聚苯乙烯样品，

以不同溶度参数的溶剂对样品做溶解试验。如果常温下聚苯乙烯不溶解，对聚苯乙烯和溶剂进行加热，然后将热溶液冷却至室温，以不析出沉淀即认定为可溶，依次选出溶剂和沉淀剂。

(2)配制溶液。称取 0.2 g 聚苯乙烯，溶于 25 mL 选定溶剂(氯仿)。

(3)用溶度参数大于溶剂溶度参数的非溶剂来确定聚苯乙烯溶度参数的上限。用移液管吸取 5 mL 溶液至锥形瓶中，用甲醇滴定。非溶剂加入速度控制在 0.05～20 mL/min，注意在滴定时要不断摇晃以均匀混合溶质和溶剂。直至用肉眼观察沉淀不再消失为滴定终点，记录滴定消耗的甲醇体积。

(4)将聚苯乙烯溶液分别稀释为初始浓度的 2/3、1/2 和 1/4，总量为 10 mL，分别放入锥形瓶，然后按照步骤(3)滴定，直至出现浑浊点，记录甲醇的消耗体积。

(5)用溶度参数小于溶剂溶度参数的沉淀剂来确定聚苯乙烯溶度参数的下限。用移液管吸取 5 mL 溶液滴入锥形瓶中，用正己烷重复上述滴定步骤至出现浊点，记录消耗正己烷的体积。

五、实验数据记录与处理

1. 实验数据记录

记录实验数据到表 2-8-1 中。

表 2-8-1　浊点滴定法实验记录表

溶　液	溶度参数	浓　度	体　积	δ_{mh}	δ_{ml}	δ_p
氯仿	δ_1					
甲醇	δ_2	1				
		2/3				
		1/2				
		1/4				
正己烷	δ_3					

2. 数据处理

首先根据实验结果分别计算混合溶剂的溶度参数 δ_{mh}、δ_{ml} 和聚苯乙烯的溶度参数 δ_p。然后利用摩尔吸引常数计算聚合物的溶度参数。

六、实验注意事项

(1)聚合物样品和溶剂保持干燥，否则将影响滴定观察和滴定结果。

(2)锥形瓶放置溶液后应由橡胶塞或密封胶带密封，以免溶剂挥发。

(3)滴定时注意观察，切勿滴定太快。

(4)溶液用量读取务必准确。

七、课后思考

(1)对比实验测定与利用摩尔吸引常数计算的聚合物溶度参数值的偏差，分析原因。

(2)聚合物溶解度参数的浊点滴定法测定中,聚合物溶液的浓度对其溶解度参数的测定有何影响?为什么?

(3)浊点滴定法测定聚合物溶度参数是根据什么原则选用溶剂和沉淀剂的?若溶剂和聚合物溶解度参数相近,能否判定两者互溶?可举例说明。

实验九　聚合物的逐步沉淀分级

聚合物的分子量一般比较大,而且其分子量具有多分散性,实际上聚合物是具有不同分子量的同系物的混合物。由于聚合物的性能具有显著的分子量依赖性,所以在研究聚合物的加工工艺、物理机械性能、聚合历程和聚合最佳工艺条件时,往往需要知道其平均分子量及分子量分布。为此,首先要把聚合物样品分成许多分子量分布较窄的级分,然后对各级分进行分子量测定。把聚合物样品分成许多分子量分布较窄的级分的过程称为聚合物的分级。其中沉淀分级是利用聚合物溶解度的分子量依赖性,把试样中平均分子量相同或相近的部分从混合物中依次沉淀分离出来,从而得到平均分子量不同的级分的方法。沉淀分级方法仪器设备简单,操作方法易掌握,能适应各种情况的要求和一次性制备较大量的分级样品。聚合物分级后经过适当的数据处理,还可得到原始样品的分子量分布信息。这里就要求在分级过程中分级效率要高、试样的损失也要尽量少,但对级分的量无太大要求,满足每一级分的分子量测定用即可。虽然沉淀分级是一个操作时间冗长、需要特别仔细操作的耗时实验,但由于它是获取分子量窄分布聚合物的有效方法,在高分子科学研究中具有不可替代的作用。

一、实验目的

(1)了解聚合物溶液相分离的原理;

(2)掌握聚合物沉淀分级法的基本原理和操作方法,并用此方法对聚甲基丙烯酸甲酯进行分级,制备系列窄分布聚合物标准样品;

(3)掌握聚合物沉淀分级的数据处理方法。

二、实验原理

无定形聚合物溶解过程与部分互溶的两种液体相混合相似,由于分子间内聚能的大小与分子运动的速率均依赖于分子量,所以聚合物-溶剂体系的临界共溶温度随分子量的增加而升高,即要在较高的热运动下才能克服内聚能而使较大的分子均匀分散在溶剂中。在恒温下向聚合物溶液中加入沉淀剂(可溶于该溶剂的非溶剂),溶剂对聚合物的溶剂化作用被削弱,从而相对增加了大分子链间的内聚能,产生相分离。同样,利用逐步降温的方法逐渐减小溶剂分子与大分子链间的相互作用,当这种作用不足以克服高分子间的内聚能时,大分子链也会发生凝聚,从而形成沉淀,从溶液中分离出来。因为大分子间的内聚能取决于其分子量,分子量越大其内聚能越大,所以,逐步加入沉淀剂或逐步降温时,分子量大的大分子由于分子间的内聚能大,将首先从溶液中分离出来,然后其余大分子按照分子量由大到小的次序从溶液中逐渐分离出。

聚合物凝聚态是许多高分子依靠分子间的相互作用力(内聚能)凝聚在一起而形成的,存在于高分子间每个作用点的作用力尽管与化学键的键能相比要小很多,但是由于大分子的分子量大，每一个大分子链与相邻大分子链间的次价力作用点的数目依然巨大，因此总作用强度远远超过大分子主链上化学键的键能。要使相互吸引而凝聚在一起的大分子在溶剂中溶解，必须把各个大分子链分开，变成稀溶液中孤立的大分子。溶解与凝聚是相反的过程。溶剂溶解大分子的过程实际是：聚合物先吸收溶剂体积膨胀，溶剂的强溶剂化作用使大分子链间次价力作用点分离，大分子链单元的距离不断被拉大；然后溶剂的强溶剂化作用使大分子链间呈现相互排斥力；最终大分子被拆开而溶解。当溶剂的溶解性变差时，溶剂分子与大分子链单元间的相互作用减弱，大分子线团的扩张程度变小，甚至不扩张，大分子间的内聚能相对增强。同一大分子链单元间相互作用使大分子收缩，不同大分子链单元间相互作用使不同大分子相互吸引凝聚，导致溶液产生相分离。

高分子溶液是热力学平衡体系，因此可用热力学方法进行研究。聚合物溶解过程是溶质分子和溶剂分子相互混合的过程。在恒温、恒压条件下，这种过程能自发进行的条件是混合自由能 $\Delta G_M<0$，即

$$\Delta G_M = \Delta H_M - T\Delta S_M < 0 \tag{2-9-1}$$

式中：T 是溶解时的温度；ΔS_M 和 ΔH_M 分别为混合熵和混合热。由于在聚合物溶解过程中大分子排列趋于混乱，因此其溶解混合过程的熵是增加的，即 $\Delta S_M>0$。要满足 $\Delta G_M<0$，则必须使 $|\Delta H_M|<|T\Delta S_M|$，因此 ΔH_M 越小越好。Flory－Huggins 晶格模型理论为

$$\Delta H_M = \chi_1 kTN_1\varphi_2 \tag{2-9-2}$$

式中：χ_1 为高分子-溶剂分子相互作用参数，反映高分子与溶剂分子混合过程中相互作用能的变化；$\chi_1 kT$ 的物理意义是一个溶剂分子放到高分子中去所发生的能量变化，因此 χ_1 的数值可作为溶剂优劣的半定量依据，可以看出，χ_1 值愈小，溶剂的溶解性愈好；φ_2 为高分子在溶液中占据的体积分数。

高分子溶液的相分离行为与低分子液体混合物相似。在一定条件下溶液分成两相：一相为高分子含量高的凝液相，称为浓相；另一相为浓度较低的溶液相，称为稀相。溶解平衡时，溶剂分子和高分子在浓相和稀相中的化学位分别两两相等，即

$$\Delta\mu'_1 = \Delta\mu''_1 \tag{2-9-3}$$

$$\Delta\mu'_2 = \Delta\mu''_2 \tag{2-9-4}$$

其中，下标 1、2 分别表示溶液中溶剂和高分子；上标“′”“″”分别表示稀相和浓相；$\Delta\mu'_1$、$\Delta\mu''_1$ 分别为稀相和浓相中溶剂的偏摩尔混合自由能；$\Delta\mu'_2$、$\Delta\mu''_2$ 分别为稀相和浓相中高分子的偏摩尔混合自由能。晶格模型理论给出了相应的表达式，即

$$\Delta\mu_1 = RT\left[\ln\varphi_1 + \left(1-\frac{1}{\overline{X}_n}\right)\varphi_2 + \chi_1\varphi_2{}^2\right] \tag{2-9-5}$$

式中：$\overline{X}_n$ 为高分子的聚合度；φ_1、φ_2 分别为溶剂和高分子在溶液中占据的体积分数。显然 $\Delta\mu_1$ 与 $\overline{X}_n$、χ_1 和 φ_2 有关。高分子溶液相分离的临界条件为

$$\left(\frac{\partial\Delta\mu_1}{\partial\varphi_2}\right)_{T,P} = 0 \tag{2-9-6}$$

$$\left(\frac{\partial^2\Delta\mu_1}{\partial\varphi_2}\right)_{T,P} = 0 \tag{2-9-7}$$

将式(2－9－6)和式(2－9－7)代入式(2－9－5)，可得

$$\chi_1^* = \frac{1}{2}\left[1+\frac{1}{\sqrt{\overline{X}_n}}\right]^2 \tag{2-9-8}$$

$$\varphi_2^* = \frac{1}{1+\sqrt{\overline{X}_n}} \tag{2-9-9}$$

式中：χ_1^*、φ_2^* 为出现相分离时的高分子与溶剂分子相互作用参数和溶液中高分子的体积分数。可见，χ_1^* 随聚合度 $\overline{X}_n$（或分子量）的增加而减小，即高分子的分子量愈大，χ_1^* 值愈小。溶液中加沉淀剂分离的基本原理是：利用 χ_1^* 的分子量依赖性，向高分子溶液中逐步加入沉淀剂，改变了高分子-混合溶剂的 χ_1^* 值，使其逐渐增大，高分子的溶剂化程度逐渐减小。同时，大分子的分子量增加，其大分子间的内聚能也增大，因此当高分子与溶液分子间的相互作用不足以克服大分子间的内聚能时，大分子链将发生凝聚，进一步形成沉淀从溶液中分离出来。所以分子量大的大分子首先从溶液中分离出来，分子量小的组分需要在较高沉淀剂浓度下才能被分离。虽然理论上是分子量大的部分在稀相中含量少，分子量小的部分在稀相中含量较多，而由于实际上分子量小的部分是分子量大的部分的良溶剂，并且因局部沉淀或吸附等原因，大分子析出时也会附带部分小分子量的聚合物，因此，各种分子量的大分子在两相中皆存在，只是浓度不同。

在沉淀分级的方法中，图 2-9-1 所示为聚合物沉降分级效率图，虚线代表理想分级情况，此时分子量大于 M_x 的都在浓相，分子量小于 M_x 都在稀相。但实际分子量小于 M_x 的分子在浓相中依然存在，通过降低体系的浓度，减少浓相与稀相的体积比（R），可减小聚合物 $\overline{M}_x$ 在浓相中的质量分数，从而提高分级效率。这里需要注意溶液不能太稀，因为溶液太稀，将导致溶液的体积很大，操作难度增加。通常溶液的起始浓度控制在 1%（1 g/100 mL）左右。所以只通过一次沉淀分级不可能得到分子量均一的级分，而且第一、第二级分的分级效率通常比较低，常具有较宽的分子量分布。可能的原因有：①开始分级时溶液浓度最大；②起初聚合物沉淀时要携带很多低分子量的组分，第一组分的制备较难控制，往往沉淀量大，分级效率偏低；③分子量越高，临界共溶温度或混合溶剂中沉淀点的分子量依赖性越小。但要提高分级效率，增加一次分级中的级分数作用甚微，关键要进行再分级。

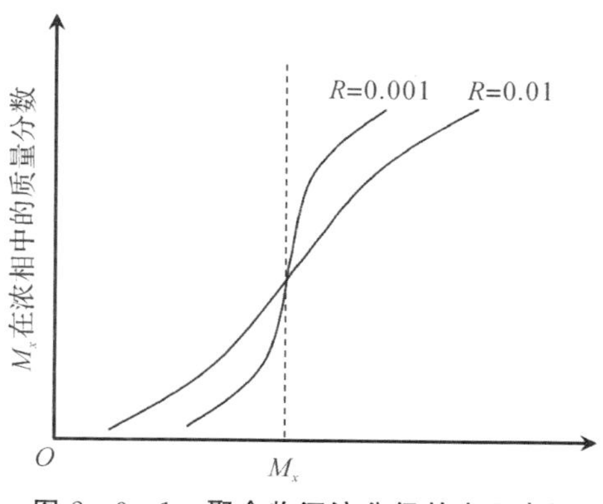

图 2-9-1　聚合物沉淀分级效率示意图

沉淀分级的操作方法除加沉淀剂、降低温度外，还可以采用溶剂挥发。将聚合物溶液溶于一定组成的溶剂/沉淀剂混合液中，其中溶剂较沉淀剂易于挥发。溶剂因挥发而逐渐减少，沉淀剂含量相对增加，混合溶剂性能逐渐减弱，这样在一定的温度下，聚合物依分子量由大到小的次序逐步沉淀出来而得到各个级分。一般为提高分级效果，还可以采用重沉淀分级、三角形分级或倒沉淀分级等方法。

重沉淀分级过程示意图如图 2-9-2 所示，就是将逐步沉淀所得第一次沉淀重新溶解于溶剂中，加入沉淀剂得到重沉淀分级的第一级分；将它的母液与第一步的母液合并，加入沉淀剂得到第二次沉淀，再重新溶解于溶剂中，加入沉淀剂得到重沉淀分级的第二级分；将母液与第二次沉淀时的母液合并，依次类推得到其他各级分。

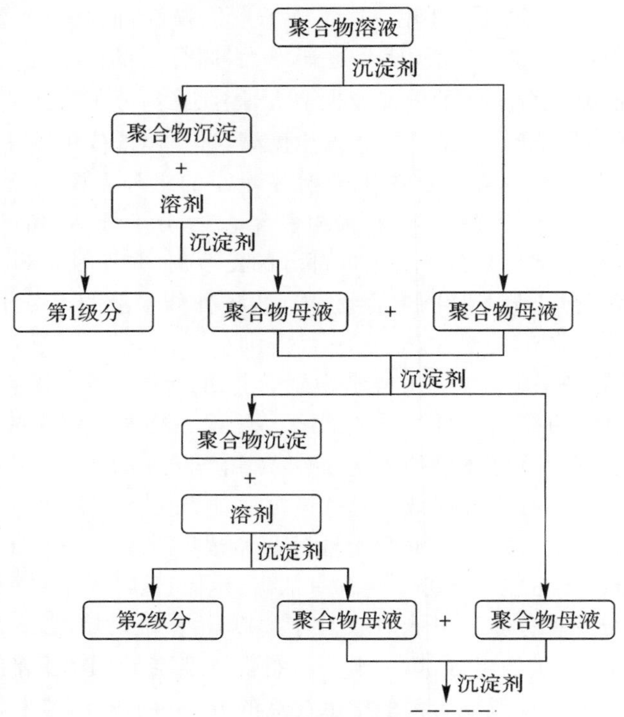

图 2-9-2　重沉淀分级过程示意图

三角形分级过程示意图如图 2-9-3 所示，它是在原试样的溶液中加入沉淀剂使产生的沉淀为原试样的一半左右，这是第一次分级，得到两个级分。每一级分再分为两个级分，把第一次分级所得沉淀再经分级时的沉淀作为第一级分，把第一次分级所得沉淀再经分级时的母液与第一次分级所得母液在经分级时的沉淀合并为一个级分，即第二级分。第一次分级所得母液再经分级时的母液中所有聚合物作为第三级分，这是第二次分级。这样得到三个级分。依次类推，分级 n 次可以得到 $n+1$ 个级分。这种分级方法的分级效果好。

倒沉淀分级与一般沉淀分级所得级分的分子量序列相反，是按照分子量由小到大的次序将大分子从溶液中逐步分离出来的。实际操作是先在溶液中加入沉淀剂使大部分聚合物沉淀出来，把留在溶液中的聚合物分离后作为第一级分，在将沉淀重新溶解，加入大量沉淀剂，把留在母液中的聚合物分离后作为第二级分，依照同样的方法操作就可以得到其他级分。

此外，也可以采用溶解分级的方法，它也是沉淀分级的逆过程，利用逐步提高溶剂能力或逐步升高温度的方法来提取聚合物。

本实验采用加入沉淀剂的逐步分级方法，即在恒定温度下向高分子溶液中逐步加入能与溶剂互溶的沉淀剂，使溶剂与沉淀剂形成的混合溶剂对高分子的溶解能力逐步减小，直到不足以克服高分子间的内聚力时，高分子凝聚到一起，发生溶液分相。随着沉淀剂的不断加入，高分子按照分子量由大到小不断被析出、分级。高分子溶液通过沉淀分级产生相分离时，析出的沉淀可能是粉末状、棉絮状、凝液状和部分结晶的微粒，这根据溶剂和沉淀剂的性质与分级条件而异。因此，需要选择合适的溶剂和沉淀剂。选择溶剂和沉淀剂时应以析出凝液相为最佳，因为只有凝液相时的分子链才容易扩散，才能使相分离达到热力学平衡。此外，溶剂和沉淀剂需要有合适的沸点，这样既有利于样品的干燥，也能避免分级过程中溶剂的挥发。

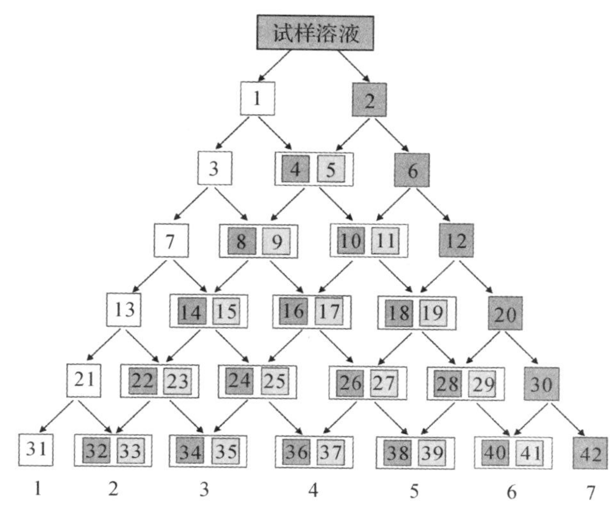

图 2-9-3　三角形分级过程示意图

三、实验仪器与材料

1. 实验仪器

恒温水浴仪器一套（包括恒温水槽、搅拌器、加热器、控温器等）、三口烧瓶（3 L）、搅拌器、50 mL 滴液漏斗、量筒、锥形瓶、2[#] 砂芯漏斗、吸滤瓶、水浴锅等。

2. 实验材料

聚甲基丙烯酸甲酯（PMMA）、丙酮、甲醇、蒸馏水。

四、实验步骤

1. 试样溶解

称取 15 g 的 PMMA 置于锥形瓶中，加入 500 mL 丙酮，由于聚合物的溶解过程须经过溶胀阶段，速度缓慢，可置于 50℃ 水浴中使其加速溶解。直到 PMMA 完全溶解后，用砂芯漏斗将溶液过滤到三口烧瓶中，锥形瓶中残留液用丙酮清洗，清洗液倒入三口烧瓶，再往三口烧瓶中滴加丙酮至溶液总体积为 1 500 mL，将溶液轻摇、充分混合均匀。

2. 滴加沉淀剂

将三口烧瓶固定于 25℃ 恒温水槽中，在三口烧瓶上分别加装搅拌器和滴液漏斗。开动搅拌器，调节至适宜的搅拌速度，防止溶液飞溅。由滴管缓慢滴加蒸馏水，控制搅拌速度和滴液速度以避免产生沉淀。在滴加 200 mL 左右蒸馏水后，接近沉淀点，改用丙酮和水的混合液（体积比 1∶1），并降低混合液滴加速度，当溶液出现微弱浑浊时停止加沉淀剂。将三口烧瓶取出，放到 50℃ 水浴中摇晃使沉淀重新溶解，澄清后再将三口烧瓶放回 25℃ 恒温水槽中静止。

3. 制取第一级分

将第 2 步得到的溶液静置 24～48 h 后，出现明晰的沉淀分层，沉淀在瓶底沉积成较紧密的固体，将上层轻液倾倒至另一个三口烧瓶中作为母液。往留有沉淀的三口烧瓶中加入适量丙酮，使沉淀溶解，将沉淀溶解后形成的溶液倒入大量蒸馏水中，不断搅拌，形成棉絮状沉淀。用砂芯漏斗过滤得沉淀物，经蒸馏水洗涤，将滤液并入母液，把得到的沉淀晾干后放入 50℃真空烘箱中干燥至恒重，称量质量，得到第一级分。

4. 制取其他组分

将盛有母液的三口烧瓶放入 25℃恒温水槽中，重复以上的滴加沉淀剂和制取级分的操作步骤，这样依次得到分子量由大到小的各个级分。分级过程中由于沉淀剂的不断加入，溶液体积越来越大，溶液越来越稀，而溶液中高分子的分子量越来越小，到制备最后一个级分时，即使加入大量沉淀剂也很难将其沉淀下来。此时须通过减压蒸馏除去部分溶剂，使溶液的体积减小，浓度提高，再加入大量的蒸馏水，使级分沉淀，经过滤、洗涤、干燥等得到最小分子量的级分。

五、实验数据记录与处理

1. 各级分质量分数和分级损失计算

将各个级分称重记录，并测定它们的特性黏数，计算黏均分子量。原始样品的特性黏数$[\eta]$按照下式计算：

$$[\eta] = \sum_i W_i [\eta]_i \tag{2-9-10}$$

式中：W_i 为各级分的质量分数；$[\eta]_i$ 为各级分的特性黏数。将各级分质量之和与原试样质量比较，按照下式计算分级损耗 W_{CL}：

$$W_{CL} = \frac{m_0 - \sum_{i=1}^{n} m_i}{m_0} \tag{2-9-11}$$

式中：m_0 为原试样质量；m_i 为各级分质量。

2. 测出各个级分的质量及其重均分子量或者黏均分子量

以各级分的重量分数对分子量作图可以得到阶梯形的分级曲线。由于沉淀分级法中分级级分的数量有限，分子量分布曲线不连续，所以只能得到阶梯形曲线。从阶梯形分布曲线得到分子量分布曲线一般采用习惯法（见图 2－9－4）和中点连线近似法（又称董履和函数法）两种，具体如下：

(1)习惯法。习惯法基于两个基本假定：一是每一级分的分子量分布对称于它的平均分子量；二是相邻级分的分子量分布没有交叠。依据以上假设，将阶梯形曲线各个梯级高度的中点（阶梯形分级曲线垂直线部分的中点）连接成为光滑曲线，即得到积分分布曲线（累积质量分布曲线）。曲线上各点表示整个试样中分子量 $\overline{M} \leqslant \overline{M}_i$ 的分子的质量分数，其可由下式得到：

$$I(\overline{M}_i) = \frac{W_i}{2} + \sum_{j=1}^{j=i-1} W_j \tag{2-9-12}$$

由该曲线上各点的斜率可得到聚合物分子量的重量微分分布曲线。

作积分分布曲线时应顺势平滑，曲线不一定严格经过全部垂直线段部分的中点，但应使被画在积分曲线上方的阶梯形曲线下的面积与画在积分曲线下方的非阶梯形曲线下的面积在左右邻近处基本相等，积分曲线应该从 $W_x=0$ 到 $W_x=1$。

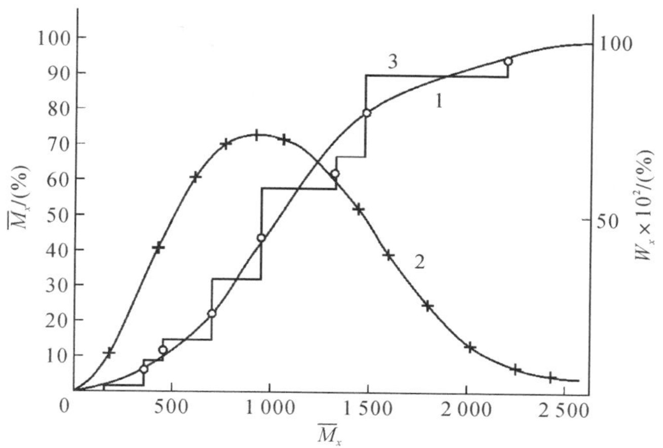

图 2-9-4　习惯法作聚合物级分分布曲线

在实际分级中，由于级分仍有相当宽的分子量分布，而且各级分的分子量分布会有一定的相互交叠，所以习惯法处理得到的结果不甚理想，得到的曲线只可大概反映聚合物中分子量分布的宽度、分布的对称性和分子量范围。

(2)中点连线近似法(董履和函数法)。该方法也基于两个基本假定：一是各级分的分子量分布符合董履和函数，即

$$I(\overline{M}) = 1 - e^{-y\overline{M}^z} \tag{2-9-13}$$

$$W(\overline{M}) = yz\overline{M}^{z-1}e^{-y\overline{M}^z} \tag{2-9-14}$$

二是假定在各级分累积重量分数 $I(\overline{M})=0.5$ 处的分子量为此级分的重均或黏均分子量，即

$$\overline{M}_{\frac{1}{2}} = \overline{M}_w = y^{-\frac{1}{z}}\Gamma\left(1+\frac{1}{z}\right) \tag{2-9-15}$$

$$y\overline{M}^z_{\frac{1}{2}} = y\overline{M}^z_w = \left[\Gamma\left(1+\frac{1}{z}\right)\right]^z \tag{2-9-16}$$

由式(2-9-15)可求出 z 值，把测得的 $\overline{M}_w$ 带入式(2-9-16)计算出 y 值。将各个级分的分子量分布函数加和即得待测试样的分子量分布函数或曲线。

由于从董履和函数计算的每一级分的累积分布曲线接近对应于级分平均分子量的一条直线，因此通过每一级分的 $\overline{M}$ 轴上的 $\frac{1}{2}\overline{M}_i$ 与级分的累积重量分数 $I(\overline{M})=0.5$ 处连线，将其近似作为级分的分子量累积重量分布曲线，然后将各级分分布曲线加和求得原聚合物试样的分子量分布曲线。由于该方法考虑到相邻级分的分子量重叠，因此能得到比习惯法更好的结果。

六、实验注意事项

(1)对结晶性聚合物，需在其熔点以上进行分级，或者选择合适的分级体系，使其浓相成为凝液相，以避免结晶的影响。

(2)滴加沉淀剂时一定要缓慢,特别在后期滴加时,须时刻注意观察溶液的沉淀情况,当溶液出现乳白色沉淀时,立即停止滴加沉淀剂。

(3)聚合物的沉淀分级是一个操作时间冗长、需要特别仔细对待的实验。如需得到5个级分的样品,大概需要一周时间。目前聚合物的相对分子量及其分布可以采用凝胶渗透色谱仪进行精确测试,窄分布的高分子也可以采用活性聚合的方法制备。尽管如此,沉淀分级仍是制备窄分布聚合物的一种通用、有效的方法。

(4)溶液浑浊的程度需要分几个级分确定,若级分数少,可加入较多的沉淀剂。为确定沉淀剂的用量,可通过前期实验确定(配制和正式实验相同浓度的溶液,取出相同体积的溶液置于一系列试管中,分别加入不同量的沉淀剂,观察其溶液状态)。

七、课后思考

(1)沉淀剂的加入速度及环境温度对分级有无影响?如有,则是如何影响的?

(2)应用分级的方法测定聚合物的分子量分布时,能否直接用实验所得的各个级分的质量分数对每个级分的平均分子量作图得到该聚合物的分子量分布曲线?

(3)在进行结晶聚合物的逐步沉淀分级时,在沉淀剂比例小的混合溶剂中或较高温度下析出的级分一定是分子量大的大分子吗?

(4)为什么在滴加沉淀剂使溶液出现微弱浑浊后要加热使溶液重新溶解后再降温(原温度)静置?

实验十　红外光谱法测定聚乙烯结晶度、支化度

一、实验目的

(1)了解红外吸收光谱分析技术的基本原理;

(2)学习使用红外吸收光谱法研究聚合物结构。

二、实验原理

当红外光照射物质时,该物质的分子会吸收一定频率的光能,并转变成分子的振动能量和转动能量,用红外光谱仪记录下红外光能量变化,所得到的吸收谱图就是该物质的红外光谱图(详细知识参阅本实验后的课辅资料部分)。各种物质的分子组成和结构不同,吸收红外光的频率和大小就不同,即各种物质的红外光谱图不同,所以红外光谱图被广泛应用于分析物质组成和结构。红外光谱法在高聚物分析中的应用很多,如官能团分析,链的主要成分确定,端基分析,聚合、氧化、降解等化学反应过程分析,分解产物分析,构象、支化度、规整度、结晶度、晶型分析,共聚物组成及分布序列测定,以及取向度分析和力学性能分析等。原则上,只要微观结构上发生变化或在光谱上能反映特殊谱线的物质都可应用红外光谱法进行分析。本实验用红外光谱法分析聚乙烯的结晶度和支化度。如图2-10-1所示,聚乙烯的晶带和非晶带分别在731 cm^{-1}和1 303cm^{-1}处出现吸收峰,支链上的甲基、乙基分别在1 380 cm^{-1}、720 cm^{-1}处出现吸收峰,通过测量得到这些峰的吸光度,然后按所给出的关系式就能计算聚乙烯的结晶度和支化度。

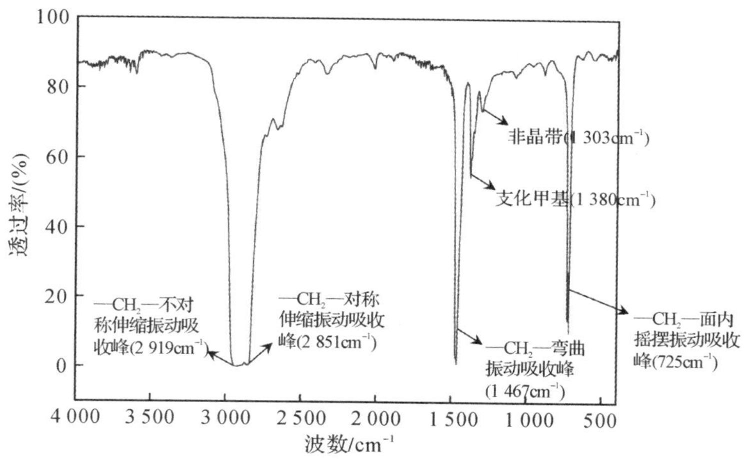

图 2-10-1　聚乙烯红外光谱图及其特征吸收峰

三、实验仪器与材料

1. 实验仪器

傅里叶红外光谱仪(Fourier Transform Infrared Spectroscopy，FT-IR)于 20 世纪 70 年代研制成功，其主要由光学检测和计算机两大系统组成，核心部件为迈克尔干涉仪。本实验用 WQF-510A 型傅里叶变换红外光谱仪，如图 2-10-2 所示。

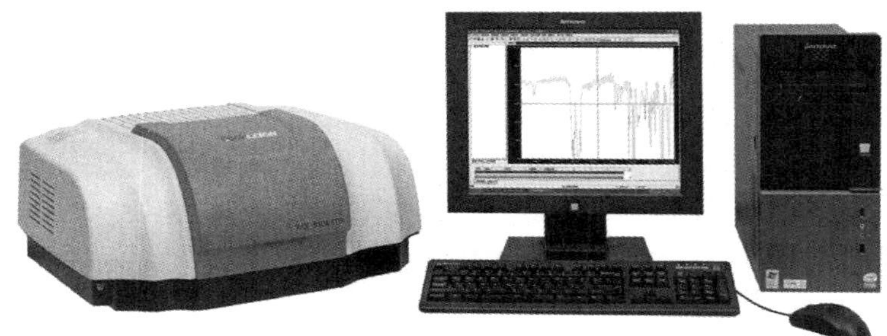

图 2-10-2　WQF-510A 型傅里叶变换红外光谱仪

傅里叶变换红外光谱仪是一种干涉型红外光谱仪，干涉型红外光谱仪的原理如图 2-10-3 所示，干涉仪由光源、动镜(M_1)、定镜(M_2)、分束器和检测器等组成。由光源发出的未经调制的光射向分束器(分束器是一块半反射、半透射的膜片)，照射到分束器上的光一部分透射射向动镜，一部分被反射射向定镜。射向定镜的光束由定镜反射回来透过分束器，射向动镜的光束由动镜反射回来，再由分束器反射出去。当两束光通过样品到达检测器时，由于光程差而产生干涉，得到一个光强度周期变化的余弦信号。单色光源只产生一种余弦信号，复色光源产生对应单色光频率的不同余弦信号。这些信号强度相互叠加组合，得到一个迅速衰减的、中央具有极大值的对称干涉图。通过样品到达检测器的干涉光的强度将作为两束光的光程差的函数被记录下来，经过计算机傅里叶变换处理，得到红外吸收光谱。

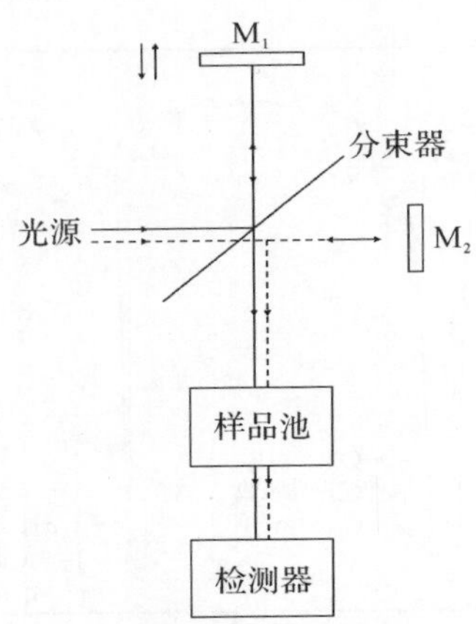

图 2-10-3　**傅里叶变换红外光谱仪原理**

FT-IR 红外光谱扫描过程包含分子振动的全部信息，每帧扫描时间短，可用于动态过程和瞬间变化的研究。另外，计算机的多次累加能大大提高信噪比，与气相色谱联用可解决微量分析的问题。因此，红外光谱法具有分辨率高、测量范围宽(10^4～10 cm^{-1})的优点。

2. 实验材料

本实验采用红外光谱法测定聚乙烯薄膜的红外吸收光谱图。将已清洁、干燥的聚乙烯薄膜切成 35 mm×50 mm 的小块备用。固体、气体、液体试样均可用于红外吸收光谱法分析，不同样品的制备方法可参考本实验后的课辅资料。

四、实验步骤

1. 红外吸收谱图采集

(1)打开红外光谱仪软件，设定测试参数(扫描频率、扫描次数和数据保存路径等)。

(2)进行仪器背景扫描，即在未放置试样的情况下开启红外吸收光谱仪采集程序(溴化钾压片法测试红外光谱时需压制不含样品的溴化钾片进行背景扫描)。

(3)将测试样品固定在样品架上，再将其安装在样品室的试样架上，开始图谱扫描和采集。

(4)对红外吸收图谱进行一定的处理，如基线拉平、曲线平滑和移动等。

(5)取出试样，用千分尺测量其厚度(单位：cm)，要在不同的位置方向上测三次取其平均值。

(6)进行谱图分析和计算。

2. 聚乙烯结晶度计算

如前所述，731 cm^{-1}和 1 303 cm^{-1}吸收峰分别代表结晶区吸收峰和非结晶区吸收峰，而吸收峰的吸光度与密度有线性关系，聚合物的结晶度与密度也有很好的线性关系。所以只要测出聚乙烯样品的红外吸收光谱，算出特定谱带的吸光度，用公式就可算出样品的结晶度。

用基线法作图求出特定吸收峰的吸光度，其方法如下。

(1)作一直线和吸收峰的两肩相切，如图 2-10-4 中 LK 线，通过该吸收峰的顶点 N 作一垂线(吸收峰波数的重线)与 LK 交于 M 点，以通过 M 点的水平线为基线，由基线法求得峰顶 N 处的吸光度，按照下式计算：

$$A = \log_{10} \frac{T_0}{T} \tag{2-10-1}$$

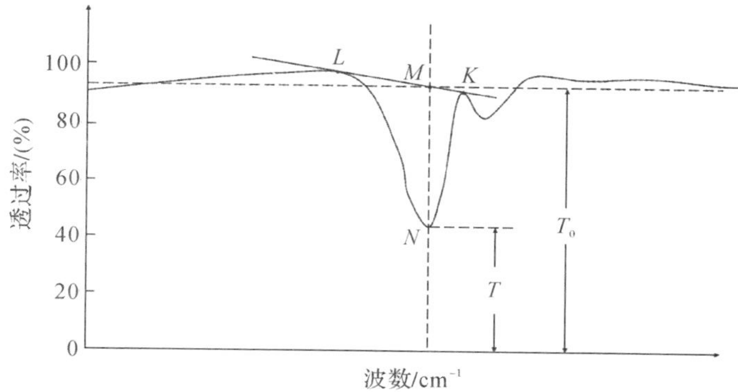

图 2-10-4　基线作图求红外吸收带的吸光度

（2）本实验用非晶区吸收峰来求结晶度，其基线做法如下：

将红外吸收谱图上聚乙烯非晶带吸收峰 1 303 cm^{-1} 的两峰肩位置 1 398 cm^{-1} 和 1 200 cm^{-1} 的基点用直线连起来，求出 T_0 和 T，计算出非晶态吸光度 $A_{1\,303}$。

（3）按照下式计算聚乙烯结晶度：

$$结晶度 = \left(100 - 5.61\,\frac{A_{1\,303}}{t}\right) \times 100\% \tag{2-10-2}$$

式中：$A_{1\,303}$ 为聚乙烯非晶态吸光度；t 为薄膜厚度(cm)。

3. 聚乙烯支化度计算

（1）用基线法求出聚乙烯支化甲基吸收带的 $A_{1\,380}$。基线作图方法是将红外吸收谱图上支化甲基的 1 380 cm^{-1} 吸收峰的两峰肩 1 398 cm^{-1} 和 1 330 cm^{-1} 的基点用直线连起来，按照前述相同方法求出 T_0、T，算出 $A_{1\,380}$。

（2）按照下式计算聚乙烯的支化度：

$$n_{甲} = \frac{A_{1\,220}}{0.691td} - 7.81 \tag{2-10-3}$$

式中：$n_{甲}$ 为甲基支化度（ n 个/1 000 碳原子）；t 为薄膜厚度(cm)；d 为薄膜密度 (g/cm^3)；$A_{1\,380}$ 为聚乙烯中支化甲基吸光度。

这里需要注意如果有其他基团的支化，其支化度按同样方法计算，聚合物的总支化度等于各支化度之和。本实验只求甲基支化度。

五、实验注意事项

（1）实验前切记将试样和溴化钾分别进行烘干处理。

（2）制样过程注意试样与溴化钾的配比，切忌试样含量过高或压片厚度过大。

（3）正式实验前注意先采集仪器的本底，然后进行试样的红外图谱扫描。

（4）仪器工作过程切记不要随意开启试样室，不要晃动红外光谱仪。

六、课后思考

（1）用自己的话描述实验过程和仪器（包括原理和操作方法）。

（2）列出实验数据和计算结果。

（3）讨论高聚物结晶度、支化度大小对其性能的影响。

(4)试鉴别下列四种高聚物的红外吸收光谱,将答案分别填入直线上。

聚乙烯(PE)、尼龙-6(PA)、聚对苯二甲酸乙二醇酯(PET)、聚苯乙烯(PS)、聚酰亚胺(PI)。

图 2-10-5 为________的红外吸收光谱图。

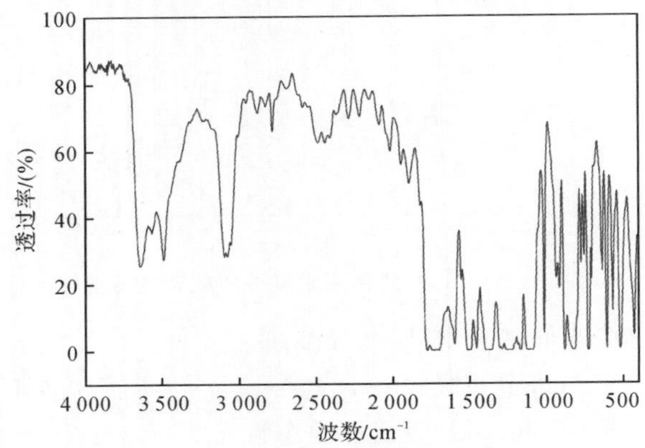

图 2-10-5 红外吸收光谱图(一)

图 2-10-6 为________的红外吸收光谱图。

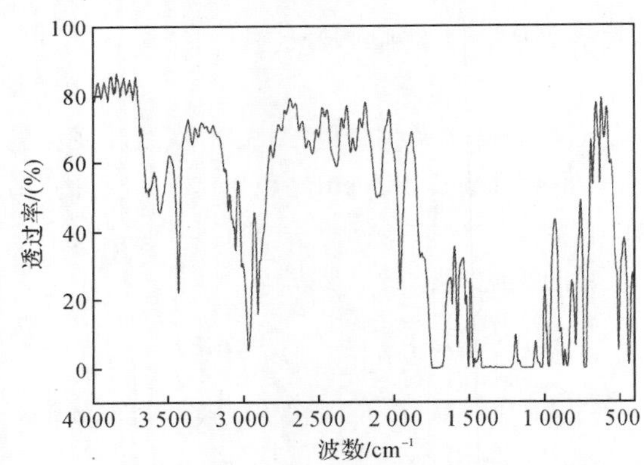

图 2-10-6 红外吸收光谱图(二)

图 2-10-7 为________的红外吸收光谱图。

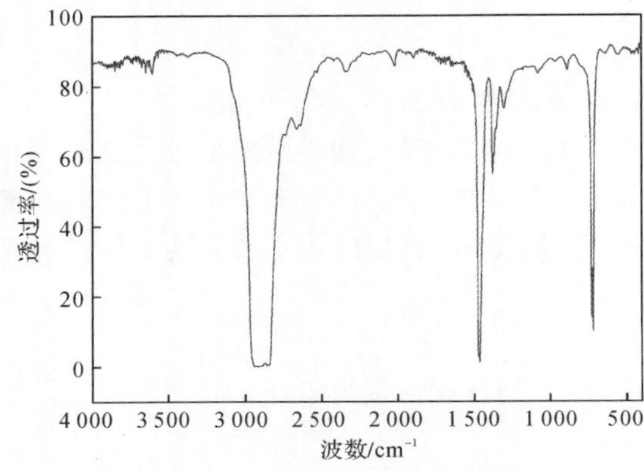

图 2-10-7 红外吸收光谱图(三)

图 2－10－8 为________的红外吸收光谱图。

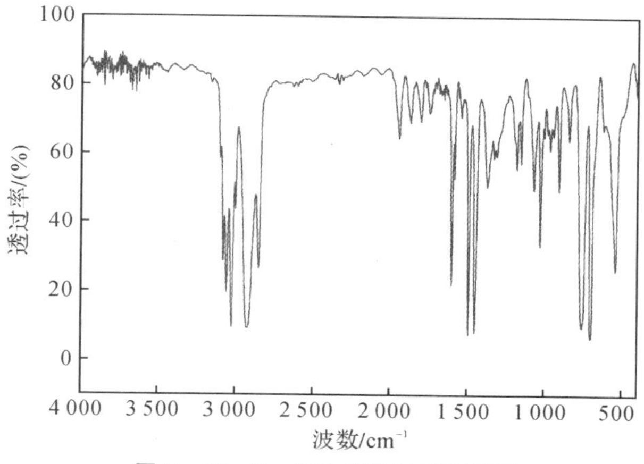

图 2－10－8　红外吸收光谱图(四)

课辅资料

红外吸收光谱[①]

一、红外光谱基础知识

(一)红外光谱简介及基本原理

红外吸收光谱应用于科学研究最早开始于 20 世纪 20 年代，但受仪器制造技术的限制，直到 1947 年世界上第一台实用的双光束自动记录红外分光光度计才得到应用，之后红外光谱分析技术逐步被推广使用。随着计算机技术和傅里叶变换技术的发展，20 世纪 70 年代，速度更快、分辨率更高的傅里叶变换红外光谱被进一步开发。红外光谱仪与气/液相色谱仪或与差示扫描量热仪等设备联用技术的研究成功，极大提高了物质化学结构分析的效率和准确性，拓展了其在科学研究领域的应用范围。目前红外吸收光谱法已成为物质化学结构分析最常用的技术之一。

红外光是介于可见光和微波之间的电磁波，其波长范围为 0.8～1 000 μm，其中包括近红外波(波长范围：0.8～2.5μm)、中红外波(波长范围：2.5～25 μm)和远红外波(波长范围：25～1 000 μm)。其中，当用一束具有连续波长的中红外光照射物质时，当红外光辐射能($E=hv$，h 为普朗克常量；v 为红外光频率)等于振动基态(V_0)的能级(E_1)与第一振动激发态(V_1)的能级(E_2)之间的能量差(ΔE)时，该物质能够吸收一定波长的红外光谱的能量，并将吸收的能量转变为分子的振动能和转动能，从而引起分子振动和转动的能级跃迁。通过红外光谱仪记录不同波长红外光照射物质后的透光率或吸光度的曲线，即得到该物质的红外吸收光谱图(Infrared Spectra，IR)。其通常以波长(μm)或波数(cm^{-1})为横坐标，透过率[$T(\%)$]或吸光度(A)为纵坐标。而一般能够激发物质内分子发生能级跃迁的为中红外波，也就是说，一般所讲物质的红外光谱为中红外波吸收光谱，其横坐标范围一般在 2.5～25 μm 或 4 000～

① 资料来源：孟令芝，龚淑玲，何永炳．有机波谱分析[M]．3 版．武汉：武汉大学出版社，2009．

400 cm^{-1}。T 愈低，A 愈强，谱带强度就愈强。一般谱带强度分为很强、强、中、弱和宽等级别。

（二）振动自由度与选律

（1）振动自由度：分子振动时，分子中各原子之间的相对位置称为该分子的振动自由度。一个原子在空间的位置可用 x，y，z 三个坐标表示，其有 3 个自由度。n 个原子组成的分子有 $3n$ 个自由度，其中有 3 个自由度是平移运动，有 3 个自由度是旋转运动；线型分子只有 2 个自由度（因只有一种转动方式，原子的空间位置不发生改变）。因此，非线型分子的振动自由度为 $3n-6$，对应 $3n-6$ 个基本振动方式。线型分子的振动自由度为 $3n-5$，对应 $3n-5$ 个基本振动方式。这些基本振动称简正（normal）振动，简正振动不涉及分子质心的运动及分子的转动。例如苯分子由 12 个原子组成，振动自由度为 36－6＝30 个，有 30 种基本振动方式。理论上在红外光谱中，应该观察到 30 个振动谱带，而实际观测谱带数远小于理论值。这是由于在谱带体系中，能级的跃迁是量子化的，而且要服从一定的规律。

（2）IR 选律：光谱是由分子的振动能级发生跃迁产生的，实验结果和量子理论证明这种能级跃迁要服从一定的选律。在红外光的辐射下，只有偶极矩（$\Delta\mu$）发生变化的振动，即在振动过程中 $\Delta\mu \neq 0$ 时，才会产生红外吸收，这样的振动称为红外“活性”振动。其振动能级间的能量差（ΔE）与某一波长红外光能量相等，那么该吸收带在红外光谱中是可见的。一般极性分子或极性键在振动时有偶极矩变化，因此此类振动有红外吸收。相反，在吸收红外光能量的振动过程中，偶极矩不发生改变（$\Delta\mu=0$）的振动称为红外“非活性”振动，这种振动不吸收红外光，在红外吸收光谱中观测不到。如非极性的同核双原子分子 N_2、O_2 等，在振动过程中偶极矩并不发生变化，它们的振动不产生红外吸收谱带。有些分子既有红外“活性”振动，又有红外“非活性”振动。如 CO_2 的对称伸缩振动为“非活性”振动，其反对称伸缩振动为“活性”振动（2 349 cm^{-1}处）。

将分子振动当作谐振动处理时，其选律为 $\Delta V=\pm 1$。实际上，分子振动为非谐振动，非谐振动的选律不再局限于 $\Delta V=\pm 1$，它可以为任意整数值。因此，在红外谱带中不仅可以观测到较强的基频带（$V_0 \rightarrow V_1$，较强），也可以观测到较弱的泛频带（$V_0 \rightarrow V_2$，一级泛频带，弱；$V_0 \rightarrow V_2$，二级泛频带，极弱）。

（三）分子振动方式与谱带

1. 伸缩振动

伸缩振动指成键原子沿着价键的方向来回地相对运动。在振动过程中，键角不发生变化。伸缩振动可分为对称伸缩振动和反对称伸缩振动，分别用 v_s 和 v_{as} 表示。例如两个相同原子和一个中心原子相连的—CH_2—，其伸缩振动如图 1 所示。

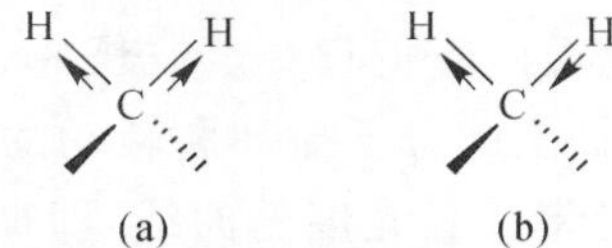

图 1　成键原子的对称伸缩振动和反对称伸缩振动

（a）对称伸缩振动；（b）反对称伸缩振动

2. 弯曲振动

弯曲振动分为面内弯曲振动和面外弯曲振动两种，用 δ 表示。如果弯曲振动完全位于分子平面内，称面内弯曲振动；如果弯曲振动的方向垂直于分子平面，称面外弯曲振动。剪式振动和平面摇摆振动为面内弯曲振动，非平面摇摆振动和卷曲振动为面外弯曲振动。仍以—CH_2—为例，其弯曲振动如图 2 所示。

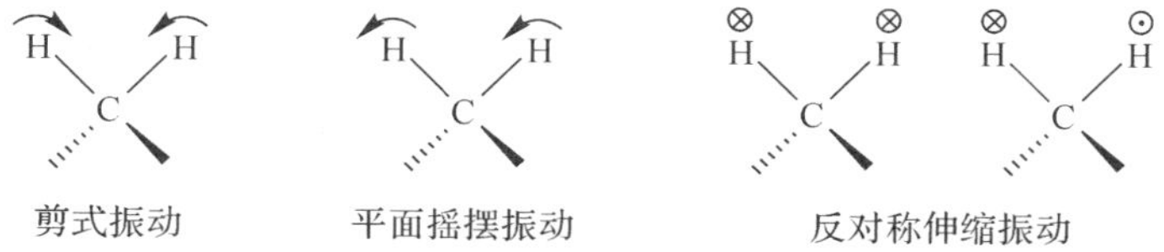

剪式振动　　平面摇摆振动　　反对称伸缩振动

（⊗表示运动方向垂直于纸面向里； ⊙表示运动方向垂直于纸面向外）

图 2 成键原子的弯曲振动

同一种键型，其反对称伸缩振动频率大于对称伸缩振动的频率，远大于弯曲振动的频率，面内弯曲振动的频率大于面外弯曲振动的频率。以上是红外光谱中最为常见的几种振动吸收形式，此外还有以下几种振动方式和吸收频带。

（1）倍频带（over tone）：指 $V_0 \rightarrow V_2$ 的振动吸收带，出现在强的基频带频率的大约两倍处，一般都是弱吸收带。如羰基的伸缩振动频率在 1 715 cm^{-1} 处，其倍频带出现在约 3 400 cm^{-1} 处。

（2）合频带（combination tone）：是弱吸收带，出现在两个或多个基频频率之和或之差附近。倍频带和合频带统称为泛频带，其跃迁概率小，强度弱，通常难以检出。

（3）振动耦合（vibrational coupling）：当分子中两个或两个以上相同的基团与同一个原子连接时，其振动吸收带常发生裂分，形成双峰，这种现象称为振动耦合。一般有伸缩振动耦合、弯曲振动耦合、伸缩与弯曲振动耦合三类。

（4）费米共振（Fermi resonance）：当强度很弱的倍频带或组频带位于某一强基频吸收带附近时，弱的倍频带或组频带和基频带之间发生耦合，产生费米共振。这种现象在不饱和内脂、醛和苯酰卤等化合物中的红外分析中应该注意。

二、红外光谱仪及红外测试技术

（一）红外光谱仪结构及工作原理

实验中对傅里叶红外光谱仪的结构与原理已做讲解，这里主要对早期色散型红外光谱仪结构及其工作原理做简单介绍。以色散型红外双光束红外光谱仪为例，其主要包括红外光源、单色器、检测器、放大器和记录仪五大部分，如图 3 所示。①红外光源：理想的光源是能连续发射高强度红外光的物体，如能特斯（Nernst）灯和硅碳棒（Globar），其发光面积大，寿命长，工作前不需要预热。自光源发射的红外光经过两个凹面镜反射后，产生两束强度相等的收敛光，分别通过样品池和参比池到达可旋转的反射镜，再使测试光和参比光交替通过入射狭缝进入单色器。②单色器：单色器指从入射狭缝到出射狭缝部分，是色散型红外光谱仪的心脏，其作用是把复色红外光分为单色光，色散元件为棱镜或光栅。自动变换的棱镜组合是早期使用的主要色散元件，如溴化钾、氯化钠和氟化锂棱镜组合，其可测 5 000～400 cm^{-1} 范围的红外谱带，对使用环境的湿度要求比较高。光栅基于光的衍射原理进行分光，将复色光分开成依次排列的单色光。光栅为色散元件，其具有分辨率高，对环境湿度要求低的特点，也是目前色散型红外光谱仪使用最多的色散元件。③检测器、放大器和记录仪：检测器的主要作用是将其检测到的红外光信号转换为电信号，放大器是对检测器的电信号进行多级放大，然后由记录仪对电信号进行记录、收集。

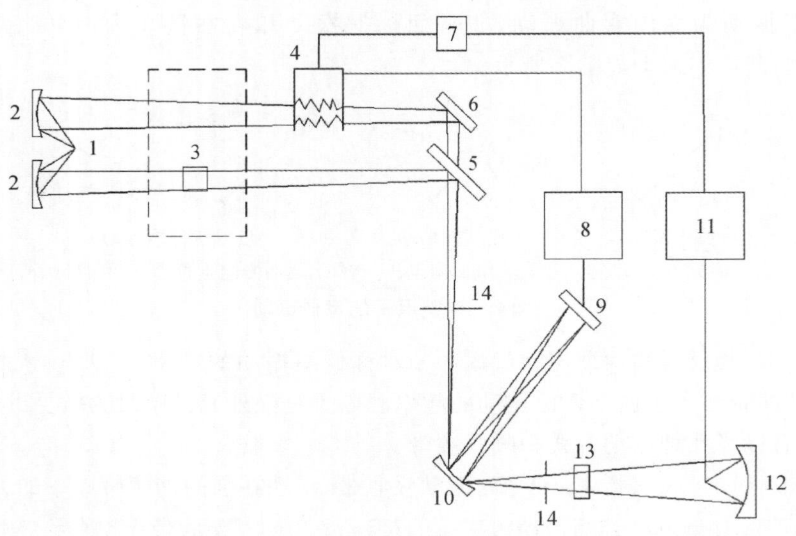

1—光源；2、10、12—反射镜；3—样品；4—测试光栏；5—旋转镜；6—平面镜；
7—伺服马达；8—记录仪；9—光栅；11—放大器；13—滤光片；14—狭缝

图 3　双光束红外光谱仪结构简图

(二)红外测试技术

1.样品池

红外光谱测试所用样品池窗片一定要对红外光无阻隔、无吸收，一般是由溴化钾(KBr)等晶体制成，不能使用普通玻璃或石英等。对于含水量多的样品或水溶液样品，需要使用耐腐蚀的 CaF_2，或 AgCl 窗片。

2.红外样品制备

不同物态的样品均可采用红外光谱测试，不同物态的样品制备有所区别。①气体：气体样品测试需要使用气体池。先将气体池气体抽空，然后充入待测气体，密闭后进行测试即可。②液体：低沸点样品可以在液体池中测试；高沸点样品一般采用液膜法测试。将少量液体样品涂于两 KBr 片之间，夹紧 KBr 即形成均匀液膜，也可直接将少量液体样品涂覆于 KBr 片上进行测试。③固体：固体样品一般用稀溶液法(1%～5%)测试，该方法得到的红外光谱具有分辨率高的优点。糊状法是将固体样品和介质在研钵中研磨均匀后夹在两 KBr 片间，样品制成均匀薄层后测试，但该方法需要排除介质的干扰吸收带。因此，一般固体红外测试采用压片法，将固体样品(1～2 mg)与 KBr 粉末(100～200 mg)混合、研磨成均匀粉末，然后将少量粉末转移至压片模具，通过压机加压，压制出透明薄片，最后进行红外光谱测试。压片法适用于热固性聚合物，对于难以研磨的热塑性聚合物，可以采用熔融成膜、溶液成膜或模压成膜法制备红外测试样品。

3.红外光谱波数校正

利用红外光谱对分子结构进行分析时，主要根据样品在红外光谱图中吸收峰位置进行推断，因此要求仪器的波数必须准确、重现性好。对于红外光谱波数的校正一般采用测试已知气体的振动和转动吸收峰的位置，再与文献值比较的方法。另外，采用聚苯乙烯薄膜校正也是常用的方法。

三、影响红外吸收峰的因素

利用红外光谱进行分子结构分析时，主要关注的是吸收峰的位置、形状和相对吸收强度。这是因为通过峰位置和宽度可以对分子结构进行定性分析，通过峰的强度可以对分子中某结构进行一定的定量分析。同时，分子中化学键的振动不是孤立的，它受分子中其他相邻化学键的影响，有时还会受溶剂和测试条件等外部因素的影响，所以，同一基团吸收峰位置和强度不是固定的，总在一定范围内波动。因此，明晰影响吸收峰位置和峰强度变化的因素和原因，有助于利用红外光谱对分子结构进行解析。

(一)内部结构因素

内部因素是指分子结构因素。掌握分子结构因素对振动频率的影响规律，将对红外光谱解析有很大帮助。

1. 键力常数 K 和原子质量的影响

谐振子的振动频率 ν 是弹簧力常数 f 和小球质量 m 的函数。根据 Hooke 和 Newton 定律可导出下式：

$$\nu = \frac{1}{2\pi}\sqrt{\frac{f}{m}} \tag{1}$$

将分子中成键原子的振动近似为谐振动，并用经典力学方法计算，成键双原子间的振动频率 ν 为

$$\nu = \frac{1}{2\pi}\sqrt{\frac{K}{\mu}} \tag{2}$$

式中：K 为化学键力常数(N/cm)；μ 为成键的两原子折合质量(g)；$\mu = m_1 m_2/(m_1 + m_2)$。分子振动波数 $\bar{\nu}$ 表示为

$$\bar{\nu} = \frac{1}{2\pi c}\sqrt{\frac{K}{\mu}} \tag{3}$$

式中：c 为光速，m/s。若 μ 表示以两原子(摩尔质量 M_1，M_2)的折合质量，阿伏伽德罗常数为 $N_A = 6.023 \times 10^{23}\ \text{mol}^{-1}$，则可导出

$$\bar{\nu} = 1\ 307\sqrt{\frac{K}{\dfrac{M_1 M_2}{M_1 + M_2}}} = 1\ 307\sqrt{\frac{K}{\mu}} \tag{4}$$

可以看出，双原子分子的振动频率取决于化学键的力常数和原子的质量，即分子中化学键的振动频率是分子固有的性质，也是红外吸收光谱法测定化合物结构的理论依据。通过以上公式可知：相对原子质量大时，振动频率低。因为氢原子相对质量最小，含氢原子的化学键的伸缩振动频率都出现在高频区。但是，按照经典力学模型将成键基团的伸缩振动孤立计算是一种简化近似计算，其只能对较强振动光谱的吸收峰予以合理解释，对一些弱吸收峰则无法给出正确描述。主要原因在于未考虑微观粒子的波动性，而进一步对吸收峰的频率进行计算，必须引入量子力学的概念。

2. 电子效应

电子效应通过成键电子起作用，包括诱导效应和共轭效应两种。这两种效应都是引起分子中成键电子云分布发生变化的因素。在同一分子中，诱导效应和共轭效应往往同时存在，在

讨论其对吸收频率的影响时，一般由效应较强的决定。

(1)诱导效应(induction effect，I效应)。取代基具有不同的电负性，通过静电诱导效应引起分子中电子云分布的变化，从而改变化学键的力常数，使化学键和基团的特征频率发生位移，这种现象称为诱导效应。其沿分子中化学键(σ键、π键)传递，与分子的几何形态无关。以－I表示亲电子诱导效应，＋I表示供电子诱导效应。取代基的供电子或吸电子性质是决定吸收峰在某一频率范围内准确位置的重要因素。比如：与电负性强取代基相连的极性共价键，如—CO—X，X基的强－I效应与羰基氧原子争夺电子，使羰基极性减小，从而使C═O的双键性增强，导致其键力常数增大。因此，随着X基的电负性增大，诱导效应增强，C═O的伸缩振动向高频率(高波数)方向移动。带孤对电子的烷氧基(OR)既存在吸电子诱导效应(－I)，又存在着p-π共轭，－I影响较大，因此酯羰基的伸缩振动频率高于酮、醛，低于酰卤。

(2)共轭效应(conjugation offect，C效应)。由分子中形成共轭体系所引起的效应称为共轭效应。共轭效应引起C═O的双键极性增强，双键性降低，伸缩振动频率向低频(低波数)位移。较大共轭效应的苯基与C═O相连，π—π共轭使苯甲醛的吸收谱带降低40 cm^{-1}左右。在对二甲氨基苯甲醛分子中，对位推电子基二甲氨基的存在，使共轭效应增强，C═O的极性增强，双键性下降，其C═O的吸收峰较苯甲醛向低波数位移30 cm^{-1}左右，存在于共轭体系中的C≡N、C═O键的伸缩振动频率也向低波数方向移动。

3. 空间效应

空间效应包括偶极场效应、环张力效应和空间位阻效应。

(1)偶极场效应是电子云密度发生变化导致的一种场效应。在不同基团构成的分子立体结构中，某些基团在空间中距离较近时，其中的原子或原子团的静电场通过空间产生相互作用，使相应原子的电子云密度发生改变，从而引起其极性变化，使相应的振动谱带发生位移。

(2)环张力效应。环张力引起sp^3杂化的σ键角和sp^2杂化的键角改变，导致相应的振动谱带位移。环张力对含有双键的振动吸收峰影响较大，其中尤以对环外双键影响明显。一般随环张力的增大(环烷碳原子数减少)，环外双键的振动频率向高频率(波数)移动。如环酯、环酮类化合物中羰基的伸缩振动吸收峰随环张力增大，明显向高频位移。但对于环内双键，由于环中张力使环内各键削弱，故环内双键的伸缩振动频率下降。因为随碳环缩小，环内键角减小，所以成环σ键的p电子成分增加，键长增大，振动谱带向低频位移。而环外双键随碳环的环内键角减小，环外σ键的p电子成分减少，s成分增大，键长变短，振动谱带向高频位移。

(3)空间位阻效应。空间位阻效应是指分子中存在某种基团，因空间位阻而影响分子中正常的共轭效应或杂化状态时导致吸收谱带的位移。共轭效应的存在可使振动频率往低频方向移动，空间位阻效应的存在往往限制共轭效应作用而使相应的吸收谱带向高频位移。

4. 氢键

当同一分子相邻基团或不同分子基团中含有质子给予体X—H和质子接受体Y时，且质子的s轨道可以和Y的p轨道或π轨道发生有效重叠时，便会形成氢键相互作用。X、Y都是电负性大的原子，且Y含有未成对电子。在有机化合物中，通常的质子给予体是羟基、羧基、氨基、酚基或酰胺基团等，通常的质子受体是氧、氮、卤素和硫等原子，此外烯烃等不饱和基团也可为质子受体。

氢键的形成导致X—H的键长增加，从而使键力常数降低，使伸缩振动频率向低波数位移，且吸收强度变大，峰变宽。但其弯曲振动频率向高频移动。氢键的形成对质子给予体的影响较大，但仍可使质子受体的键力常数减小，吸收谱带向低频发生少量位移。

（1）分子内氢键分子内氢键可以使质子给予体的吸收峰大幅度向低频区位移。如图 4 所示，前者 α-羟基蒽醌中的羟基和羰基容易形成分子内氢键，后者 β-羟基蒽醌容易形成分子间氢键，分子内氢键的形成使羟基和羰基的红外吸收频率都向低频位移，质子给予体羟基位移更显著。对于可发生分子内互变异构的化合物，若能形成分子内氢键，吸收峰亦将产生位移，在红外光谱上能够出现各种异构体的峰带。

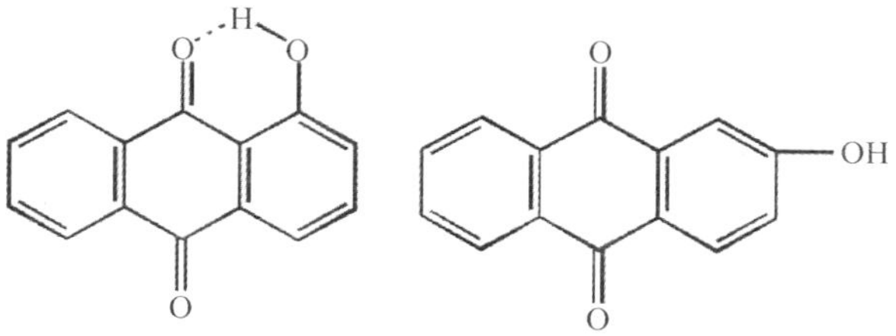

$\nu_{C=O}$（缔合）1 622 cm^{-1}　　$\nu_{C=O}$（游离）1 676 cm^{-1}

$\nu_{C=O}$（游离）1 675 cm^{-1}　　$\nu_{C=O}$（游离）1 673 cm^{-1}

ν_{O-H}（缔合）2 843 cm^{-1}　　ν_{O-H}（游离）3 615～3 606 cm^{-1}

图 4　α-羟基蒽醌和 β-羟基蒽醌羟基和羰基的红外吸收谱带位置

（2）分子间氢键分子间氢键是同种或不同种化合物间形成两个或两个以上分子间的缔合，多为二聚体或多聚体。具体的化合物样品是否形成分子间氢键或者缔合的程度如何，则与该化合物的样品浓度密切相关。对于易于生成分子间氢键的醇、酚和羧酸类化合物，当化合物溶液的浓度由低到高增加时，依次可以测得羟基以游离态（3 620 cm^{-1}）、游离和二聚体（3 485 cm^{-1}）混合体、二聚体及多聚体（3 350 cm^{-1}）等形式存在的红外吸收谱带。而且，浓度不同，谱带的相对强度也会有差别。

5. 振动耦合和费米共振

振动耦合和费米共振都会使红外吸收谱带偏离其基频值。比如乙酸酐的两个 C═O 的红外吸收频率应该相同，但由于伸缩振动和反伸缩振动发生耦合，其吸收谱带裂分为两个峰（1 750 cm^{-1}，1 828 cm^{-1}）。苯的 3 个基频峰的频率为 1 485 cm^{-1}，1 585 cm^{-1}和 3 070 cm^{-1}，两个频率的合频峰为 3 070 cm^{-1}，恰与一个基频相同，于是两者发生费米共振，在 3 099 cm^{-1}和 3 045 cm^{-1}处出现两个强度近似的吸收峰。醛类化合物的醛基 C—H 键的弯曲振动在 1 390 cm^{-1}附近，其倍频吸收和醛基 C—H 键的伸缩振动区域 2 850～2 700 cm^{-1}接近，两者发生费米共振，在该区域出现两个中等强度的吸收峰（在 2 720 cm^{-1}和 2 830 cm^{-1}附近）。

（二）外部因素

同一种化合物，在不同的测试条件下，由于物理或者化学状态的不同，其红外吸收频率和强度会有不同程度的改变，这成为干扰正常红外光谱解析的因素之一。

一般气态化合物分子间距较大，除小分子酸以外，分子基本上以游离态存在，不受其他分子的影响，可观测到分子的振动-转动吸收光谱的详细结构。液态分子间作用较强，可能会形成分子间氢键，使相应的红外吸收谱带向低频位移。对于易形成分子间氢键的液态化合物，其红外吸收谱带主要受浓度影响。固态化合物分子间距较小，分子间相互作用强，一些吸收谱带向低频位移严重。同一种样品，结晶形态不同，其红外光吸收谱带的位置也不同。而且，由于结晶性固态分子的取向是一定的，且不存在转动异构体，往往会造成一些吸收谱带消失。

溶剂对溶液法测定化合物的红外光谱带也有一定的影响。由于溶剂的种类不同,同一物质和不同溶剂间的相互作用不同,一般极性基团的伸缩振动频率会随溶剂的极性增大向低频位移。

(三)影响吸收峰强度的因素

红外吸收峰强度主要由振动过程中偶极矩的变化和振动能级跃迁的概率决定。振动偶极矩变化愈大,或振动能级跃迁的概率愈大,吸收峰强度就愈大。影响振动偶极矩变化的因素主要有:①原子的电负性。化学键两端原子的电负性差愈大,极性越强,其振动时偶极矩变化愈大,在伸缩振动时引起的红外吸收谱就愈强。②化学键振动形式。分子中化学键的振动形式对分子的电荷分布也有影响,会导致吸收峰强度有所差异。一般伸缩振动(v)强于弯曲振动(δ);反对称伸缩振动(v_{as})强于对称伸缩振动(v_s)。③分子的对称性。分子的结构对称性好,瞬间偶极矩变化就小,吸收峰变弱。④氢键的形成。氢键的形成使偶极矩发生明显改变,即吸收峰的强度增加,峰带变宽。⑤与偶极矩大的基团共轭效应。C═C 与 C═O 共轭后,两者的吸收峰强度都增强。⑥费米共振效应。费米共振可使弱的倍频峰或组频峰的吸收强度大大强化。

四、有机化合物红外特征吸收峰

理论上,物质吸收红外光的频率可以通过数学计算的方法得到,但是,随着分子中原子数增加,结构复杂性增强,不同因素的影响会使分子中化学键或不同基团的吸收频率发生较大变化,使精确计算物质的红外光吸收频率变得十分困难。因此,对不同物质的红外吸收光谱与结构的关系通常通过经验手段进行解析。对于各类有机化合物而言,在红外光谱中有许多谱带的频率、强度和形状与其分子结构密切相关,其特定的功能基团具有特有的红外吸收谱带(吸收峰),这些吸收峰称特征吸收峰。在了解并掌握这些特征吸收峰的基础上,就可以根据红外光谱图,明晰某些功能基团的存在,从而判断化合物的类型,为红外光谱的解析和化合物结构的分析提供基础。本小节将详细解析各类有机化合物的特征吸收峰。

为了图谱解析和结构推导的方便,习惯上把红外光谱图按波数范围分为四大谱带区(或者五大峰区)。每一个峰区都对应于某些特征的振动吸收。如图 5 所示为红外光谱常见分区。

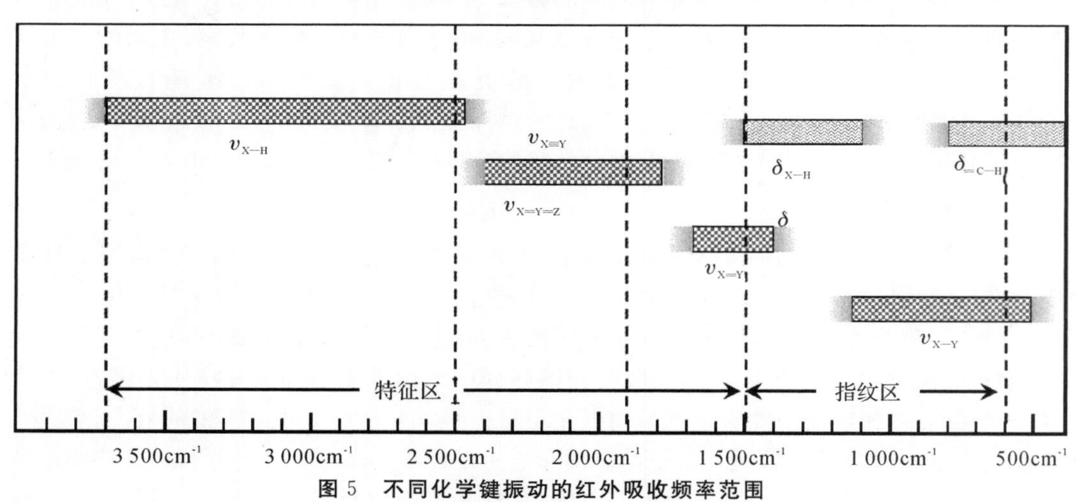

图 5 不同化学键振动的红外吸收频率范围

(一)第一峰区(3 700～2 500 cm^{-1})

第一峰区为X—H伸缩振动吸收频率范围。X代表O,N,C,对应于醇、酚、羧酸、胺、亚胺、炔烃、烯烃、芳烃及饱和烃类的O—H,N—H和C—H伸缩振动。

1. O—H伸缩振动

(1)醇与酚:醇、酚以游离态存在时,羟基伸缩振动吸收峰在3 650～3 590 cm^{-1}内有中等强度(以m标识)吸收峰。随浓度的增加,及分子间氢键的出现,醇、酚会以二聚体或多聚体存在,羟基伸缩振动吸收峰向低浓度位移,出现多个吸收峰。多聚体的醇或酚O—H伸缩振动约在3 350 cm^{-1}处出现强且宽的吸收峰(以s, b标识)。羟基伸缩振动吸收峰因分子内或分子间氢键的存在而明显向低波数位移,且吸收峰变宽,强度增加。分子内氢键的出现会使羟基的伸缩振动吸收峰向低波数位移的程度更显著。伯醇、仲醇和叔醇的区别在于C—O伸缩振动频率的差异,醇与酚的区别在于后者存在苯基的特征吸收峰和位于高波数的C—O伸缩振动吸收峰。需要注意的是如果样品中含有水或分子中结晶水,红外光谱中会出现O—H伸缩振动及弯曲振动吸收峰,会对化合物中醇、酚的判断产生干扰。

(2)羧酸:羧酸在固态、液态、极性溶剂和大于0.01 mol的非极性溶剂中,通常以二聚体的形式存在。二聚体羧酸O—H伸缩振动较醇、酚位于更低的吸收频率,通常在3 300～2 500 cm^{-1}内,中心约3 000 cm^{-1},吸收峰宽。羧酸与醇、酚的区别在于前者有C=O吸收峰。

2. N—H伸缩振动

胺、酰胺及铵盐类均有N—H红外吸收峰,胺或酰胺中其伸缩振动出现在3 500～3 150 cm^{-1}内,吸收峰强度弱或为中等强度,比O—H振动吸收峰弱、尖。

(1)胺类:伯胺的伸缩振动和反伸缩振动出现两个吸收峰,约在3 500 cm^{-1}和3 400 cm^{-1}处,对应于NH_2的对称和反对称伸缩振动,可能在较低频率出现第3个吸收峰,此为缔合状态N—H伸缩振动。仲胺约在3 400 cm^{-1}处出现一吸收峰,叔胺无该吸收峰。

(2)酰胺类:除极稀溶液中游离态酰胺(约3 500～3 400 cm^{-1})外,一般酰胺以缔合状态存在。伯酰胺于3 350 cm^{-1}和3 150 cm^{-1}附近出现双峰。吸收峰强度较游离态增大。仲酰胺于3 200 cm^{-1}附近出现一吸收峰。叔酰胺在此范围内无吸收峰。

(3)铵盐:胺成盐时,分子中氨基转化为铵离子,N—H伸缩振动较N—H的吸收频率大幅度降低,在3 200～2 200 cm^{-1}内出现强、宽吸收峰。一般伯铵盐离子的N—H吸收峰有2～3个,仲胺盐有两个吸收峰(在3 000～2 200cm^{-1}内一个强、宽峰,在2 600～2 500 cm^{-1}内一个多重吸收峰),叔铵盐有一个宽吸收峰(在2 750～2 200 cm^{-1}内)。氨基酸通常以铵盐的形式存在,与伯铵盐的振动吸收峰近似。

3. C—H伸缩振动

烃类化合物的C—H伸缩振动吸收峰在3 300～2 700 cm^{-1}内,不饱和烃的C—H伸缩振动吸收峰在高频区,饱和烃的C—H伸缩振动吸收峰在低频区。通常≡C—H、=C—H及芳烃的C—H伸缩振动吸收峰大于3 000 cm^{-1},饱和烃的C—H伸缩振动吸收峰小于3 000 cm^{-1}。

(1)炔烃:≡C—H的吸收峰在3 300 cm^{-1}处,与缔合态O—H和N—H伸缩振动吸收谱重叠,因此此类解析易受此两种基团吸收峰的干扰。无干扰时,可以从吸收峰的强度和形状进行识别。≡C—H的吸收峰比缔合态的O—H弱,但比缔合态的N—H吸收峰强,吸收峰尖锐。

(2)烯烃：烯烃的C—H伸缩振动吸收峰位于3 100～3 000 cm^{-1}内。

(3)芳烃：芳烃的C—H伸缩振动吸收峰位于3 100～3 000 cm^{-1}内，常有多个吸收峰，主要是芳环C—H伸缩振动和芳环骨架振动倍频带的共同作用结果。对于环张力较大的三元环体系，环上饱和C—H伸缩振动吸收峰位于3 100～2 990 cm^{-1}内。因此，判断有无烯烃和苯环存在时，需要注意三元环和卤代烃C—H伸缩振动吸收峰的干扰。

(4)饱和烃基：—CH_3、—CH_2—、 >CH—等饱和烃的C—H伸缩振动吸收峰位于3 000～2 700 cm^{-1}内。 >CH —的吸收峰较前两者弱很多，常被前两者的吸收峰掩盖，因此无实际解析价值。

(5)醛基：醛基中C—H伸缩振动吸收峰位于2 850～2 720 cm^{-1}内，这归因于醛基中C—H伸缩振动和弯曲振动(约1 390 cm^{-1})的倍频间费米共振的存在，表现为双吸收峰，为醛基特征吸收峰。含有甲胺基、甲氧基和脂肪仲胺或叔胺基的CH_2基化合物的红外光谱有时在醛基C—H吸收峰范围内出现，对醛基的判断产生干扰。

另外巯基化合物中S—H伸缩振动吸收峰位于2 600～2 500 cm^{-1}内，吸收峰尖锐，易于识别。

(二)第二峰区(2 500～1 900 cm^{-1})

叁键、累积双键及B—H，P—H，I—H，As—H，Si—H等键的伸缩振动吸收谱带位于此峰区。吸收峰为中等强度吸收或弱吸收，此峰区干扰小，谱带容易识别。

1. C≡C伸缩振动

炔烃的C≡C伸缩振动吸收峰位于2 280～2 100 cm^{-1}内。对硝基苯基丙炔酸的C≡C吸收峰为2 229 cm^{-1}，因与苯基和羰基共轭，谱带强度增大，是C≡C键极化的结果。1-己炔的C≡C吸收峰约为2 120 cm^{-1}，该吸收谱带较弱。乙炔及全对称双取代炔C≡C伸缩振动在红外光谱中观测不到，在Raman光谱中可观测到，位于2 300～2 190 cm^{-1}范围内，强吸收带。非对称双取代炔C≡C伸缩振动在红外光谱中可观测到，但谱带较末端炔基的伸缩谱带更弱。多炔化合物的C≡C伸缩振动谱带数目可能超出叁键的数目，这是振动偶合所致。

2. C≡N伸缩振动

氰基化合物中C≡N伸缩振动吸收峰在2 250～2 240 cm^{-1}内，C≡N键极性较C≡C键强，其吸收峰强度也较后者强。C≡N与苯环或双键共轭，吸收峰向低波数位移20～30 cm^{-1}。

3. 重氮盐及累积双键的伸缩振动

重氮盐中重氮基的伸缩振动在2 290～2 240 cm^{-1}范围内，吸收峰较强。累积双键类化合物，如丙二烯类、烯酮类，异氰酸酯类、叠氮化合物等，都有振动偶合谱带。反对称伸缩振动偶合带出现在2 300～2 100 cm^{-1}范围内，对称伸缩振动偶合带一般出现在指纹区，强度弱，干扰大，无鉴定价值。

空气中二氧化碳(O=C=O)在此峰区出现吸收带。当仪器样品光路与参比光路不平衡时，在2 350 cm^{-1}附近出现CO_2弱吸收带。芳环C—H面外弯曲振动的泛频带(倍频及合频带)出现在此峰区的低波数端，2 000～1 670 cm^{-1}范围内，谱带较弱、较宽。

4. X—H (X为B，P，Se，Si)键的伸缩振动

B，P，Se，Si与氢键合，其X—H键的伸缩振动吸收峰在此峰区，谱带为强吸收或中强吸收。有机硼化物中B—H伸缩振动吸收峰在2 640～2 350 cm^{-1}内。有机膦化物中P—H伸

缩振动吸收峰在 2 450～2 280 cm^{-1} 内。有机硒化物中 Se—H 伸缩振动吸收峰在 2 300～2 280 cm^{-1} 内。有机硅化物中 Si—H 的伸缩振动吸收峰在 2 360～2 100 cm^{-1} 内。

某些金属羰基配合物中羰基的伸缩振动吸收也位于 2 200～1 700 cm^{-1} 内。如 $Ni(CO)_4$ 和 $Fe(CO)_5$，约在 2 030 cm^{-1} 处有强、宽吸收峰，表明碳氧键只具有叁键特征。而在 $Fe_2(CO)_9$ 的红外光谱图中，除了在 2 030 cm^{-1} 处的强、宽带峰，在 1 830 cm^{-1} 附近还出现另一强、宽吸收峰，这是分子中具有桥式羰基的标志。

(三)第三峰区(1 900～1 500 cm^{-1})

双键(C＝O，C＝C，C＝N，N＝O 等)的伸缩振动吸收峰位于该峰区，该峰区的吸收谱对判断双键的存在及其类型极有帮助。另外，N—H 的弯曲振动也位于此峰区。

1. C＝O 伸缩振动

C＝O 的伸缩振动位于此峰区的高吸收频段，均为强吸收带。受各种因素的影响，不同类型的羰基化合物 C＝O 的伸缩振动吸收峰位置不同。

(1)酰卤：酰卤中 C＝O 的伸缩振动吸收峰位于高波数端，在 1 802 cm^{-1} 处，无杂峰干扰。

(2)酸酐：酸酐中两个羰基振动耦合产生双峰，开链酸酐伸缩振动吸收峰位于约 1 830 cm^{-1} 和 1 760 cm^{-1} 处，其中高波数吸收峰强度较大。环酸酐低波数的吸收峰强度较大，且由于环张力效应，C＝O 的伸缩振动吸收峰向高波数有一定位移。

(3)酯：脂肪酸酯的 C＝O 的伸缩振动吸收峰约在 1 735 cm^{-1} 处，α，β-不饱和酸酯或苯甲酸酯由于 π-π 共轭，C＝O 键极性强，双键强度降低，其吸收峰低波数位移约 20 cm^{-1}。不饱和酯中 O 原子 p-π 共轭分散，诱导为主，其 C＝O 的伸缩振动吸收峰向高波数位移，约在 1 745～1 760 cm^{-1} 范围内。

(4)羧酸：羧酸通常以二聚体的形式存在，其 C＝O 伸缩振动吸收峰约在 1 720 cm^{-1} 处。游离态羧酸的 C＝O 的伸缩振动吸收峰常以肩峰出现。若在第一峰区约 3 000 cm^{-1} 处出现强、宽吸收，结合该吸收峰可确定羧基的存在。

(5)醛：醛基在 2 850～2 720 cm^{-1} 内有中等或弱的 1～2 个吸收峰，结合此峰区 C＝O 的伸缩振动吸收峰，可判断醛基的存在。

(6)酮：酮类化合物的 C＝O 的伸缩振动吸收峰是其唯一特征吸收峰。C＝O 与 C＝C 共轭，C＝O 的伸缩振动吸收向低波数位移，C＝C 的伸缩振动吸收强度增大。

(7)酰胺：C＝O 的伸缩振动吸收峰在 1 690～1 630 cm^{-1} 内，缔合态及叔酰胺的 C＝O 的伸缩振动吸收峰约在 1 650 cm^{-1} 处。通常把酰胺的特征谱带分为 3 个带，分别称为酰胺Ⅰ带、Ⅱ带和Ⅲ带。伯酰胺的 C＝O 的伸缩振动吸收峰约在 1 690 cm^{-1} 处，为酰胺Ⅰ带。氢键的缔合导致该谱带移至 1 650～1 640 cm^{-1} 范围内。酰胺Ⅱ带主要是 N—H 弯曲振动(如—NH_2 剪式振动)，混有 C—N 伸缩振动。固态—$CONH_2$ 在 1 650～1 640 cm^{-1} 范围内出现 2 条谱带，分别为酰胺Ⅰ带和Ⅱ带。降低浓度可能观测到游离和缔合态产生的 4 条谱带。仲酰胺的Ⅱ带约在1 530 cm^{-1}(游离态)及 1 550 cm^{-1}(缔合态)处。酰胺Ⅲ带主要是 C—N 伸缩振动吸收峰，混有 N—H 弯曲振动吸收，位于第四峰区，游离态约为 1 260 cm^{-1}，缔合态约为 1 300 cm^{-1}。内酯、环酮、内酰胺的 C＝O 伸缩振动吸收随环张力增大向高波数位移。

2. C＝C 伸缩振动

C＝C 伸缩振动吸收峰位于 1 680～1 610 cm^{-1} 内，与 C＝O 的伸缩振动吸收峰位置相比，

C═C 的伸缩振动吸收频率较低，吸收强度也弱很多。双键与氧相连时，吸收强度显著增大。双键与 C═O 共轭，C═C 的伸缩振动吸收峰向低波数位移，强度增大。随着双键上烷基取代基增多，其吸收强度减弱。对称共轭二烯，如 1,3-丁二烯、2,3-二甲基丁二烯，只在 1 600 cm^{-1}处出现一个吸收峰而看不到对称的振动偶合吸收峰。在异戊二烯的红外光谱上可观测到两个吸收峰，在 1 640 cm^{-1}处出现一个很弱的对称振动偶合吸收峰，不对称振动偶合吸收峰出现在 1 598 cm^{-1}处，为强吸收峰。三个 C═C 键的共轭多烯在约 1 600 cm^{-1}和 1 650 cm^{-1}处也出现两个吸收峰，高波数一般为弱吸收带。再延长共轭，该区的吸收光谱变得复杂，往往形成一个宽的吸收谱带。

3. 芳环骨架振动

苯环、吡啶环及其他杂芳环的骨架伸缩振动位于 1 600～1 450 cm^{-1}内，约于 1 600 cm^{-1}，1 580 cm^{-1}，1 500 cm^{-1}，1 450 cm^{-1}附近出现 3～4 个吸收峰。1 450 cm^{-1}附近的吸收谱带因与饱和 C—H 弯曲振动吸收峰重叠，无特征，所以，常用此范围的 2～3 条吸收峰来判断芳环及杂芳环的存在。1 600 cm^{-1}附近处吸收峰较弱，随取代基极性增大，该吸收峰强度增大。1 580 cm^{-1}附近处吸收强度变化较大，烷基取代苯中该吸收峰弱或观测不出。当不饱和取代基或带孤对电子的取代基与苯环共轭时，该吸收峰强度增大，甚至比 1 600 cm^{-1}附近的吸收峰要强。1 500 cm^{-1}附近的吸收峰一般强度较大，随取代基极性增大，吸收峰强度增大。若苯环与强吸电子基团相连，则该吸收谱带强度明显减弱，甚至观测不到。

4. 硝基、亚硝基化合物

硝基、亚硝基化合物的 N═O 伸缩振动位于此吸收峰区，均为强吸收带。硝基化合物有两条强吸收带，为硝基的反对称伸缩振动和对称伸缩振动。脂肪族硝基化合物的 N═O 反对称伸缩振动吸收峰位于 1 580～1 540 cm^{-1}内，其对称伸缩振动吸收峰位于 1 380～1 340 cm^{-1}内。芳香族硝基化合物的 N═O 反对称伸缩振动吸收峰位于 1 550～1 500 cm^{-1}内，其对称伸缩振动吸收峰位于 1 360～1 290 cm^{-1}内。

亚硝基的 N═O 伸缩振动吸收峰位于 1 600～1 500 cm^{-1}内。对亚硝基苯甲酸乙酯的谱带因被芳环骨架振动掩盖而不显示。

另外，羰基负离子(COO^-)在此吸收峰区出现强吸收带。胺类化合物中，—NH_2 弯曲振动位于 1 640～1 560 cm^{-1}内，为 s 或 m 吸收峰。C—N 伸缩振动位于 1 680～1 640 cm^{-1}内，π-π 共轭导致低频位移显著。

(四)第四峰区(1 500～600 cm^{-1})

X—C(X≠C)键的伸缩振动及各类弯曲振动(NH_2 面内弯曲振动除外)位于此峰区。不同结构的同类化合物的红外吸收光谱的差异，在此峰区会显示出来。此峰区为指纹区，该区的吸收带对化合物结构的确定极有帮助，只是吸收峰多、杂，干扰大，较难识别其归属。

1. C—H 弯曲振动

(1)烷烃：—CH_3 的反对称弯曲振动吸收约在 1 450 cm^{-1}附近，吸收峰强度中等，对称弯曲振动吸收约在 1 380 cm^{-1}附近，吸收峰强度弱。—$CH(CH_3)_2$ 振动耦合使对称弯曲振动裂分为强度相近的两条吸收峰，约在 1 380 cm^{-1}和 1 370 cm^{-1}附近。—$C(CH_3)_3$ 振动耦合使对称弯曲振动裂分为强度差别较大的两条吸收峰，约在 1 390 cm^{-1}和 1 370 cm^{-1}附近，低吸收峰强度高。CH_2 剪式振动约为 1 450 cm^{-1}，与 CH_3 的反对称弯曲振动吸收峰重叠。与不同基团相连时，CH_3、CH_2 弯曲振动吸收位置有所不同，与氧、氮原子相连时，1 450 cm^{-1}处的吸收峰无明显变化，1 380 cm^{-1}处吸收峰向高波数位移。与 CO、S、Si 相连时，CH_3、CH_2 弯曲振动吸收峰位置向低波数位移，且其吸收峰形状会发生一定变化。

(2)烯烃：烯烃的 C—H 面内弯曲振动吸收峰位于 1 420～1 300 cm^{-1}内，吸收峰强度中等或偏弱，干扰大，该特征峰被掩盖。烯烃的面外弯曲振动吸收峰位于 1 000～670 cm^{-1}内，吸收峰强度高或中等，容易识别，因为取代基往往对＝C—H 面外弯曲振动吸收峰有一定的影响，可用于判断烯烃的取代情况。如 ROCH＝CH_2 的面外弯曲振动吸收峰位于 962 cm^{-1}和 810 cm^{-1}处，均较 RCH＝CH_2 的面外弯曲振动吸收峰向低波数位移。CH_2＝CHCOOR 的面外弯曲振动吸收峰位于 990 cm^{-1}和 960 cm^{-1}处，＝CH_2 的面外弯曲振动吸收峰向高波数位移，其面内弯曲振动吸收峰位于 1 400 cm^{-1}附近。

(3)芳烃：苯环的 C—H 面内弯曲振动吸收峰位于 1 250～950 cm^{-1}内，因常出现多个吸收峰，被称为“苯指区”，但其受干扰大，所以应用价值小。苯环的 C—H 面外弯曲振动吸收峰位于 900～650 cm^{-1}内，有 1～2 个强吸收峰。芳烃类吸收峰位置和数目与苯环取代情况有关，因此，利用此范围内的吸收峰可判断苯环上取代基的相对位置。芳环上 C—H 面外弯曲振动的组合频带吸收峰位于 2 000～1 660 cm^{-1}内，为一弱吸收峰，其形状与苯环的取代情况有关，可用作判断苯环取代情况的辅助手段。

当硝基与苯环相连时，在 850 cm^{-1}和 750 cm^{-1}附近出现吸收峰，分别为 C—N 的伸缩振动吸收峰和 C—N—O 的弯曲振动吸收峰。由于两者处于苯环的 C—H 面外弯曲振动吸收峰区间，因此，容易对苯环的 C—H 面外弯曲振动吸收峰产生干扰。

2. C—O 伸缩振动

含氧化合物(醇、酚、醚、酸酐、羧酸、酯等)的 C—O 键伸缩振动吸收峰位于 1 300～1 000 cm^{-1}内。除醚类化合物外，含氧化合物在其他峰区都有特征吸收峰，如 O—H 伸缩振动吸收峰位于第一峰区，C＝O 伸缩振动吸收峰位于第二峰区。此峰区的 C—O 或 C—O—C 伸缩振动吸收峰为其相关吸收峰。醚类化合物的 C—O—C 伸缩振动吸收峰是醚键存在的唯一吸收峰。

(1)酚、醇：C—O 伸缩振动吸收峰位于 1 250～1 000 cm^{-1}内，均为强吸收峰，伯醇和 α-不饱和仲醇在约 1 050 cm^{-1}处；仲醇及 α-不饱和叔醇在约 1 100 cm^{-1}处；叔醇在约1 150 cm^{-1}；酚类在约为 1 200 cm^{-1}处。结合第一峰区的 O—H 伸缩振动吸收峰，可判断化合物为醇类或酚类。

(2)醚：C—O—C 的伸缩振动吸收峰位于 1 250～1 050 cm^{-1}内，有反对称伸缩振动和对称伸缩振动吸收峰两个。对称类醚，如正丙基醚的对称伸缩振动吸收峰在 1 130 cm^{-1}附近，二苯醚的对称伸缩振动吸收峰在 1230 cm^{-1}附近，观察不到反对称伸缩振动吸收峰。对于非对称类醚，如苯基醚、烯基醚，由于 p－π 共轭，C—O 伸缩振动吸收强度增大，C—O—C 的反伸缩振动吸收峰向高频高波数位移，在 1 250 cm^{-1}附近，对称伸缩振动位于低波数端的 1 050 cm^{-1}附近。环醚的吸收峰位于 1 260～780 cm^{-1}内，有两个以上的吸收峰。环张力增大导致 C—O—C 的反伸缩振动吸收峰向高波数位移，对称弯曲振动吸收峰向高波数位移。缩醛和缩酮(C—O—C—O—C)分子中的两个 C—O—C 振动耦合，在 1 200～1 050 cm^{-1}内出现一组 4～5 个吸收峰。

(3)酯：酯中 C—O—C 的反对称和对称伸缩振动吸收峰位于 1 300～1 050 cm^{-1}内，出现 2～3 个吸收峰，均为强吸收峰。通常两吸收峰的波数差约为 130～170 cm^{-1}。如亚硝基苯甲酸乙酯中C—O—C的反对称和对称伸缩振动吸收峰分别为1 280 cm^{-1}和1 108 cm^{-1}，相差172 cm^{-1}。

(4)酸酐：酸酐分子中C—O—C的伸缩振动吸收峰位于1 300～1 050 cm^{-1}内，吸收峰强且宽。开链酸酐位于低波数端的1 175～1 045 cm^{-1}内。环酸酐由于环张力效应向高波数位移，约位于1 310～1 210 cm^{-1}内。

3.其他化学键的振动吸收峰

(1)C—C：C—C的伸缩振动吸收峰在此峰区一般较弱，无鉴定价值。只有酮类化合物在1 300～1 100 cm^{-1}内出现一个或多个C—CO—C的伸缩振动和弯曲振动吸收峰。一般脂肪酮的吸收峰位于低波数端，芳酮的吸收峰位于高波数端。

(2)C—N：C—N的伸缩振动吸收峰在1 350～1 100 cm^{-1}内，与不饱和碳或芳环碳相连的C—N伸缩振动吸收峰位于1 350～1 250 cm^{-1}内，强度较C—O的伸缩振动吸收峰弱。但硝基苯中由于强吸电子基的影响，C—N伸缩振动吸收峰向低波数位移明显，吸收强度增大。酰胺类在此峰区出现酰胺Ⅲ吸收峰，主要是C—N的伸缩振动吸收。

(3)NO_2：NO_2对称伸缩振动吸收峰约在1 400～1 300 cm^{-1}内，脂肪族硝基化合物约在1 380～1 340 cm^{-1}内，芳香族硝基化合物在1 360～1 284 cm^{-1}内。

(4)COOH、COO^-：羧酸二聚体约在1 420 cm^{-1}处和1 300～1 200 cm^{-1}内出现两个强吸收峰，分别为O—H的面内弯曲振动和C—O的伸缩振动耦合产生的吸收峰。O—H的面外弯曲振动吸收峰在920 cm^{-1}附近。COO^-对称伸缩振动吸收峰在1 400 cm^{-1}附近。长链$[CH_2]_n$的反式构象的CH_2的面外摇摆振动吸收峰在1 350～1 192 cm^{-1}内出现，为一系列等间隔吸收峰。

(5)NH_2：NH_2的面内弯曲振动吸收峰约在1 650～1 500 cm^{-1}内，面外弯曲振动吸收峰约在900～650 cm^{-1}内，为较宽的中等强度吸收峰。

(6)硅化物：Si—O—Si的伸缩振动吸收峰约在1 100～1 000 cm^{-1}内，Si—O—C的伸缩振动吸收峰约在1 100～900 cm^{-1}内，Si—C的伸缩振动吸收峰约在890～690 cm^{-1}内，Si—H的伸缩振动吸收峰约在950～800 cm^{-1}内，以上均为强吸收峰。

(7)硼化物：B—O的伸缩振动吸收峰约在1 500～1 300 cm^{-1}内，为中等或强吸收峰；B—C的伸缩振动吸收峰约在1 435 cm^{-1}附近，C—B—C的伸缩振动吸收峰约在1 265 cm^{-1}附近，为强吸收峰。

(8)碳卤键：C—F的伸缩振动吸收峰约在1 400～1 000 cm^{-1}内，为中等或强吸收峰；C—Cl的伸缩振动吸收峰约在800～600 cm^{-1}内，为强吸收峰；C—Br的伸缩振动吸收峰约在600～500 cm^{-1}内，为强吸收峰；C—I的伸缩振动吸收峰约在500 cm^{-1}附近，为强吸收峰。

常见主要基团的红外特征吸收峰位置见表1。

表1 常见主要基团的红外特征吸收峰

基 团	振动类型	波数/cm^{-1}	波长/μm	强 度	备 注
烷烃类	C—H反伸缩	2 972～2 880	3.37～3.47	中、强	
	C—H反伸缩	2 882～2 843	3.49～3.52	中、强	
	C—H面内弯	1 490～1 350	6.71～7.41	中、强	
	C—C伸缩	1 250～1 140	8.00～8.77		

续　表

基　团	振动类型	波数/cm^{-1}	波长/μm	强　度	备　注
烯烃类	C—H 伸缩	3 100～3 000	3.23～3.33	中、弱	C=C=C 为 2 000～1 925 cm^{-1}
	C=C 伸缩	1 695～1 630	5.90～6.13		
	C—H 面内弯	1 430～1 290	7.00～7.75	中	
	C—H 面外弯	1 010～650	9.90～15.4	强	
	单取代	995～985	10.05～10.15	强	
	双取代	910～905	10.99～11.05	强	
	顺式	730～650	13.70～15.38	强	
	反式	980～965	10.20～10.36	强	
炔烃	C—H 伸缩	约 3 300	约 3.03	中	
	C≡C 伸缩	2 270～2 100	4.41～4.76	中	
	C—H 面内弯	1 260～1 245	7.94～8.03		
	C—H 面外弯	645～615	15.50～16.25	强	
取代苯类	C—H 伸缩	3 100～3 000		变	3～4 个峰
	泛频峰	2 000～1 667	3.23～3.33		
	骨架振动		5.00～6.00		
		1 600±20			
		1 500±25	6.25±0.08		
		1 580±10	6.67±0.10		
		1 450±20	6.33±0.04		
	C—H 面内弯	1 250～1 000	6.90±0.10	弱	
	C—H 面外弯	910～665	8.00～10.00	强	确定取代位置
单取代	C—H 面外弯	770～730	10.9～15.03	极强	五个相邻氢
邻双取代	C—H 面外弯	770～730	12.99～13.70	极强	四个相邻氢
间双取代	C—H 面外弯	810～750	12.99～13.70	极强	三个相邻氢
		900～860	12.35～13.33	中	一个氢(次要)
对双取代	C—H 面外弯	860～800	11.12～11.63	极强	二个相邻氢
1,2,3，三取代	C—H 面外弯	810～750	11.63～12.50	强	三个相邻氢
1,3,5，三取代	C—H 面外弯	874～835	12.35～13.33	强	一个氢
1,2,4，三取代	C—H 面外弯	885～860	11.44～11.98	中	一个氢
		860～800	11.30～11.63	强	二个相邻氢
1,2,3,4 四取代	C—H 面外弯	860～800	11.63～12.50	强	二个相邻氢
1,2,4,5 四取代	C—H 面外弯	860～800	11.63～12.50	强	一个氢
1,2,3,5 四取代	C—H 面外弯	865～810	11.63～12.50	强	一个氢
五取代	C—H 面外弯	约 860	11.56～12.35	强	一个氢
			约 11.63		

续　表

基　团	振动类型	波数/cm^{-1}	波长/μm	强　度	备　注
醇类、酚类	O—H 伸缩	3 700～3 200	2.70～3.13	变	
	O—H 面内弯	1 410～1 260	7.09～7.93	弱	
	C—O 伸缩	1 260～1 000	7.94～10.00	强	
	O—H 面外弯	750～650	13.33～15.38	强	
游离 O—H	O—H 伸缩	3 650～3 590	2.74～2.79	强	
分子间氢键	O—H 伸缩	3 500～3 300	2.86～3.03	强	
分子内氢键	O—H 伸缩	3 570～3 450	2.80～2.90	强	液态
伯醇(饱和)	O—H 面内弯	约 1 400	约 7.14	强	锐峰
	C—O 伸缩	1 250～1 000	8.00～10.00	强	钝峰
仲醇(饱和)	O—H 面内弯	约 1 400	约 7.14	强	钝峰
	C—O 伸缩	1 125～1 000	8.89～10.00	强	
叔醇(饱和)	O—H 面内弯	约 1 400	约 7.14	强	
	C—O 伸缩	1 210～1 100	8.26～9.09	强	
酚类	O—H 面内弯	1 390～1 330	7.20～7.52	中	
	Φ—O 伸	1 260～1 180	7.94～8.47	强	
	C—O—C 伸缩	1 270～1 010	7.87～9.90	强	
醚类	C—O—C 伸缩	1 225～1 060	8.16～9.43	强	
脂链醚	C-O-C 反伸缩	1 100～1 030	9.09～9.71	强	
脂环醚	C-O-C 伸缩	980～900	10.20～11.11	强	
芳醚	=C-O-C 反伸缩	1 270～1 230	7.87～8.13	强	
	=C-O-C 伸缩	1 050～1 000	9.52～10.00	中	
	C—H 伸缩	约 2 825	约 3.53	弱	
	C—H 伸缩	2 850～2 710	3.51～3.69	弱	
醛类	C=O 伸缩	1 755～1 665	5.70～6.00	很强	
饱和脂肪醛	C—H 面外弯	975～780	10.2～12.80	中	
α,β-不饱和醛	C=O 伸缩	约 1 725	约 5.80	强	
芳醛	C=O 伸缩	约 1 685	约 5.93	强	
	C=O 伸缩	约 1 695	约 5.90	强	
酮类	C=O 伸缩	1 700～1 630	5.78～6.13	极强	
脂酮	C—C 伸缩	1 250～1 030	8.00～9.70	弱	
饱和链状酮	泛频	3 510～3 390	2.85～2.95	很弱	
α,β-不饱和酮	C=O 伸缩	1 725～1 705	5.80～5.86	强	
β二酮	C=O 伸缩	1 690～1 675	5.92～5.97	强	
芳酮类	C=O 伸缩	1 640～1 540	6.10～6.49	强	
Ar—CO	C=O 伸缩	1 700～1 630	5.88～6.14	强	
二芳基酮	C=O 伸缩	1 690～1 680	5.92～5.95	强	
1-酮基-2-羟基	C=O 伸缩	1 670～1 660	5.99～6.02	强	
脂环酮	C=O 伸缩	1 665～1 635	6.01～6.12	强	
四环元酮	C=O 伸缩	约 1 775	约 5.63	强	
五元环酮	C=O 伸缩	1 750～1 740	5.71～5.75	强	
六元、七元环酮	C=O 伸缩	1 745～1 725	5.73～5.80	强	

续　表

基　团	振动类型	波数/cm^{-1}	波长/μm	强　度	备　注
羧酸类	O—H 伸缩	3 400～2 500	2.94～4.00	中	在稀溶液中，单体酸为锐峰，在约 3 350 cm^{-1}处；二聚体为宽峰，以约 3 000cm^{-1}为中心
	C=O 伸缩	1 740～1 650	5.75～6.06	强	
	O—H 面内弯	约 1 430	约 6.99	弱	
	C—O 伸缩	约 1 300	约 7.69	中	
	O—H 面外弯	950～900	10.53～11.11	弱	
脂肪酸	C=O 伸缩	1 725～1 700	5.80～5.88	强	
α,β-不饱和酸	C=O 伸缩	1 705～1 690	5.87～5.91	强	
芳香酸	C=O 伸缩	1 700～1 650	5.88～6.06	强	氢键
酸酐					
链酸酐	C=O 反伸缩	1 850～1 800	5.41～5.56	强	共轭时每个谱带降 20 cm^{-1}
	C=O 伸缩	1 780～1 740	5.62～5.75	强	
	C—O 伸缩	1 170～1 050	8.55～9.52	强	
环酸酐	C=O 反伸缩	1 870～1 820	5.35～5.49	强	
	C=O 伸缩	1 800～1 750	5.56～5.71	强	
	C—O 伸缩	1 300～1 200	7.69～8.33	强	
酯类	C=O 泛频伸缩	约 3 450	约 2.90	弱	
	C=O 伸缩	1 770～1 720	5.65～5.81	强	
	C—O—C 伸缩	1 280～1 100	7.81～9.09	强	
饱和酯	C=O 伸缩	1 744～1 739	5.73～5.75	强	多数酯
α,β-不饱和酯	C=O 伸缩	约 1 720	约 5.81	强	
δ-内酯	C=O 伸缩	1 750～1 735	5.71～5.76	强	
γ-饱和内酯	C=O 伸缩	1 780～1 760	5.62～5.68	强	
β-内酯	C=O 伸缩	约 1 820	约 5.50	强	
胺	N—H 伸缩	3 500～3 300	2.86～3.03	中	
	N—H 面内弯	1 650～1 550	6.06～6.45		
	C—N 伸缩	1 340～1 020	7.46～9.80	中	
	N—H 面外弯	900～650	11.1～15.4	强	
伯胺类	N—H 伸缩/反伸缩	3 500～3 400	2.86～2.94	中	
	N—H 面内/外弯	1 650～1 590	6.06～6.29	中/强	双峰
	C—N 伸缩	1 340～1 020	7.46～9.80	中	单峰
仲胺	N—H 伸缩	3 500～3 300	2.86～3.03	中	
	N—H 面内弯	1 650～1 550	6.06～6.45	极弱	
	C—N 伸缩	1 340～1 020	7.46～9.80	中、弱	
叔胺	C—N 伸缩	1 360～1 020	7.35～9.80	中、弱	

续 表

基 团	振动类型	波数/cm^{-1}	波长/μm	强 度	备 注
酰胺	N—H 伸缩	3 500～3 100	2.86～3.22	强	伯酰胺双峰
	C=O 伸缩	1 680～1 630	5.95～6.13	强	仲酰胺单峰
	N—H 面内弯	1 640～1 550	6.10～6.45	强	
	C—N 伸缩	1 420～1 400	7.04～7.14	中	
伯酰胺	N—H 伸缩	约 3 350	约 2.98	强	
	N—H 反伸缩	约 3 180	约 3.14	强	
	C=O 伸缩	1 680～1 650	5.95～6.06	强	
	N—H 剪式弯	1 650～1 620	6.06～6.15	强	
	C—N 伸缩	1 420～1 400	7.04～7.14	中	
	N—H 面内摇	约 1 150	约 8.70	弱	
	N—H 面外摇	750～600	13.33～16.67	中	
仲酰胺	N—H 伸缩	约 3270	约 3.09	强	
	C=O 伸缩	1 680～1 630	5.95～6.13	强	
	N—H 面内弯	1 570～1 515	6.37～6.60	中	
	C—N 伸缩	1 310～1 200	7.63～8.33	中	
叔酰胺	C=O 伸缩	1 670～1 630	5.99～6.13		
脂肪族氰类	C≡N 伸缩	2 260～2 240	4.43～4.46	强	
α、β 芳香氰	C≡N 伸缩	2 240～2 220	4.46～4.51	强	
α、β 不饱和氰	C≡N 伸缩	2 235～2 215	4.47～4.52	强	
硝基化合物					
脂肪族类	NO_2 反伸缩	1 590～1 530	6.29～6.54	强	
	NO_2 伸缩	1 390～1 350	7.19～7.41	强	
芳香族类	NO_2 反伸缩	1 530～1 510	6.54～6.62	强	
	NO_2 伸缩	1 350～1 330	7.41～7.52	强	

五、红外光谱解析及其在高分子研究中的应用

(一)红外光谱谱图的解析程序

红外光谱谱图的解析就是在掌握影响化合物中不同化学键振动吸收峰的因素和各类化合物的红外特征吸收峰的基础上，根据实际测定的红外光谱图上吸收峰的位置、强度和形状，按峰区分析，指认不同吸收峰可能的归属，并结合其他峰区的相关峰，确定其归属。在此基础上，仔细判断指纹区的有关吸收峰归属，综合分析，提出化合物可能的化学结构。

这里需要着重指出，化合物的红外光谱虽然取决于其化学结构，但其红外光谱同时受聚集态和测定条件等因素的影响，所以在解析红外谱图时要予以注意。此外，与其他谱图比较，红外光谱谱图的解析更带有经验性、灵活性。因为影响红外光谱吸收峰的数目、波数、强度和形状的因素很多，即使是简单的化合物，红外光谱谱图有时也很复杂，所以单凭红外光谱谱图确

定未知化合物的化学结构是困难的。因此，红外光谱谱图的正确解析还经常依赖于其他物理和化学数据的充分运用，如熔点、沸点、玻璃化转变温度、折射率、元素分析、分子量、紫外光谱、核磁共振谱和质谱等。

1. 了解样品和测试方法

了解样品可以缩小结构推测的范围。对合成的样品，要了解原料、主要产物和副产物等，这对图谱的解析及结构确定有很大帮助。而且红外光谱要求样品的纯度在98%以上，不纯的样品在吸收图谱中会产生干扰峰，有的干扰峰较强，给图谱的解析带来困难。

纯化样品的方法很多，如分馏、萃取、重结晶、层析等。萃取和重结晶的样品可能会出现残存溶剂的干扰吸收峰。分馏时真空脂的使用可能会引入含硅的组分，在 1 250 cm^{-1}附近和 1 100～1 000 cm^{-1}内出现强吸收峰。用硅胶层析纯化的样品，谱图中可能在 1 080 cm^{-1}附近出现 SiO_2 的吸收峰。碱性样品可能吸收空气中的二氧化碳和水形成碳酸盐，在 3 200～2 200 cm^{-1}内出现铵离子的吸收峰。痕量水的存在会使红外谱图在 3 500 cm^{-1}和 1 630 cm^{-1}附近出现吸收峰。不同来源的水，其 O—H 伸缩振动吸收峰的位置也有差异。非极性溶剂中的水，其 O—H 伸缩振动吸收峰在 3 700 cm^{-1}附近，为尖峰。池窗上的冷凝水，其 O—H 伸缩振动吸收峰在 3 600 cm^{-1}附近；KBr 压片时的吸收水中 O—H 伸缩振动吸收峰在 3 450 cm^{-1}附近，吸收峰较宽。

红外光谱测试方法不同，吸收峰的位置、形状等也会有所差异，有的甚至变化很大。在溶剂中测试时，要排除溶剂的吸收范围。石蜡糊法测得的谱图出现强的饱和烃吸收峰。液膜法由于样品分子间相互作用（分子间氢键等），使某些吸收峰出现位移，指纹区多处变形。特别是含有羟基、羧基和胺基等活泼氢的样品，不同的测试方法会导致吸收峰位置、强度和形状的显著变化。对于高分子材料来说，其常含有增塑剂（如邻苯二甲酸酯），其红外光谱出现在 1 725 cm^{-1}附近的羰基吸收峰，加热处理后该吸收峰位移至 1 755 cm^{-1}附近，这是由邻苯二甲酸酐的 C═O 伸缩振动吸收引起的。

2. 计算分子式和不饱和度

通过元素分析（如 X 光电子能谱）和质谱数据，确定化合物的分子式，由分子式计算化合物的不饱和度，由此可以获得化合物分子结构中双键、三键和环多少的信息，从而大大缩小探索范围。

3. 分析红外光谱图的特征峰区

红外光谱谱图解析时，要同时注意吸收峰的位置、吸收强度和吸收峰的形状，提出可能的振动方式。虽然吸收峰的位置是判断化学键的决定因素，但吸收强度和吸收峰的形状同样重要。如在 1 750～1 680 cm^{-1}范围内出现一个弱的或中等强度的吸收峰，就不能将此吸收峰判断为化合物中含有的 C═O 伸缩振动吸收，其是化合物所含杂质中 C═O 的伸缩振动吸收。

4. 确认基团的存在

提出某种振动方式后，应结合其他峰区的相关峰，确认某基团的存在。如在 2 850～2 720 cm^{-1}内有弱的双吸收峰或在 2 720 cm^{-1}附近有一个弱吸收峰，提出可能为醛基的费米共振吸收峰，结合第三峰区 C═O 伸缩振动吸收峰，可判断醛基是否存在。由 C═O 伸缩振动吸收峰位置，确定与醛基相连的可能基团，如在 1 730 cm^{-1}附近为 R—CHO，如在 1 700 cm^{-1}附近应为 Ph—CHO 或 C═CHO。

5.分析红外光谱谱图的指纹区

仔细分析 1 500～600 cm^{-1} 内的第四峰区的特征吸收峰和弯曲振动吸收峰，进一步确认某些基团的存在及可能的连接方式等。各类 C—H 的面内弯曲振动吸收峰位于 1 300～1 000 cm^{-1} 内，干扰大。但结合第一至第三峰区特征吸收峰的位置，可辨认出此范围的某些相关吸收峰。如酯中 C=O 的相关吸收峰在此范围出现 2～3 个强的吸收峰，醇羟基伸缩振动相关的 C—O 对称伸缩振动吸收峰。

6.综合分析确认结构

对照红外吸收谱图，进一步验证化合物的化学结构，排除与谱图相矛盾的结构，或改变某种连接方式，以进一步确认结构。对于难以确认的结构，可与其他谱图相配合，或查阅标准图谱。与标准图谱核对时，主要是对指纹区吸收峰的核查。这是因为不同的化合物，在指纹区有其特有的谱带，可确定化合物的分子结构。对照标准图谱时，需要注意红外光谱的测试条件与标准图谱的测试方法是否一致。

(二)红外谱图检索

应用最广泛的是美国 Sadtler 研究实验室编辑和出版的大型光谱集 *Sadtler Reference Spectra Collections*。该光谱集自 1947 年首次出版，包括标准红外光谱（棱镜与光栅两套）、标准紫外光谱和核磁共振氢谱，1976 年该光谱集开始收集核磁共振碳谱。该光谱集主要有两类光谱：①标准光谱，是指样品纯度在 98%以上的红外光谱的标准谱图，及紫外-可见光谱和核磁共振谱标准谱图。②商业光谱，主要是指工业产品的光谱，如单体和聚合物、表面活性剂、纺织助剂、纤维、医药、石油产品、颜料等。

Sadtler 光谱集主要有四种索引帮助查找谱图。①化合物名称字母顺序索引（Alphabetical Index）：由化合物的英文名称可查出其相应的光谱图序号。②分子式索引（Molecular Formula Index）：按照 Hill 系统排列，以 C、H、Br、Cl、F、I、N、O、P、S、Si、M 顺序，原子数目由小到大排列。在分子式前给出化合物的名称，在分子式后给出各类光谱的谱图序号。若已知化合物的分子式及英文名称，则查找更加方便。③化学分类索引：按化合物中功能基的类号顺序排列，对同一类号其顺序再按名称的字母顺序排列，便于查找已知化合物的类型而结构不十分清楚的物质。化合物共分六类，分别是脂环族、脂肪族、芳香族、杂环化合物、杂环芳香族、无机物。功能基栏共有五列，第一至第三列为功能基分类号（将所有的功能基分为 97 类，用数字或代码表示），若只有一个功能基，则第二和第三列空置，第一列为功能基分类号。有两个功能基时，前两列分别是两个功能基的分类号，第三列空置。第四列为功能基的数目，第五列为化合物分类号，功能基栏后为各光谱的序号。④序号索引：按照光谱的连续序号排列。如以标准红外的序号排列，序号前给出化合物的名称，序号后给出相应化合物的红外光谱的序号，由一类光谱的序号可查找到其他光谱的序号。

(三)红外光谱在高分子研究中的应用

红外光谱在高分子材料研究领域主要用于高分子类别鉴定与结构分析、构象和空间立构研究、凝聚态结构和取向结构、高分子聚合反应监视等。由于红外光谱法具有操作简便、检测速度快、样品用量少等优点，因此在高分子化学、高分子物理和高分子成型加工等高分子相关学科中得到了广泛的应用。

1. 高分子材料的制样方法

在高分子材料的红外光谱研究中，试样的制备非常关键，这是因为需要制备出厚度均匀的薄样品，才能获得相对精确的红外吸收图谱。样品过厚或厚度不均匀、存在杂质、残留溶剂等都可能导致样品的红外吸收特征峰消失或失真等。对于高分子材料的红外吸收光谱测试，根据样品的性质和状态不同分类，主要的制样方法如下：

(1)压片法。这是红外吸收光谱测试中最常用的方法，由于溴化钾在中红外区无光谱吸收，所以通常采用溴化钾压片法。溴化钾使用前一般需要高温(120℃)干燥处理消除吸收水分。溴化钾与样品的质量比大约在 100∶1～200∶1内，将样品与溴化钾粉末混合研磨后经专用压片机压制成透明薄片。由于溴化钾容易吸水，所以压片后需尽快测试，否则容易在 1 640 cm^{-1}和 3 300 cm^{-1}处出现水的吸收峰。

(2)薄膜法。薄膜法也是高分子材料红外吸收光谱测试最常用的方法之一。对于可溶性的高分子材料，可采取溶液成膜法制备红外吸收光谱测试用薄膜试样。对于热塑性的高分子材料，可采取压制成型的方法压制红外吸收光谱测试用薄膜试样。而对于大部分高分子材料，也可以采用显微切片法制备红外吸收光谱测试用薄膜试样。

(3)悬浮法，将高分子材料粉末与少量石蜡油或全卤代烃液体混合，研磨成糊状后转移至两片氯化钠晶片间，压紧后形成薄膜状进行红外测试。

2. 高分子材料类别鉴定

红外吸收光谱是鉴别高分子材料结构的一种理想方法，它不仅可以区分不同类型的高分子材料，对于结构相近的某些高分子材料也可以很好地予以区别。如尼龙-6、尼龙-7和尼龙-8均为酰胺类高聚物，具有相同的特征基团，均表现出在 3 300 cm^{-1}，1 635 cm^{-1}和 1 540 cm^{-1}处的特征吸收峰，但由于其中的烷基链长度不同，导致它们在 1 400～1 600 cm^{-1}范围的吸收峰表现出一定的差异，由此可区分三种不同的高分子材料。

3. 聚合反应过程研究

在高分子材料合成过程中，通过红外吸收光谱可监视聚合反应是否朝预定方向进行以及反应过程中所期望的基团是否引入或脱除等，从而研究高分子材料的聚合反应动力学、降解与老化的机理等。如在对共聚物的研究中，共聚物中结构单元的链节结构、组成和序列可通过红外光谱得到。以苯乙烯和甲基丙烯酸甲酯的共聚反应为例，可以通多红外光谱测出各个单体在不同时期的转化率，从而推断出共聚物的组成。当研究共聚物的序列时，可以通过对比共聚物和共混物的红外吸收谱图，选择对共聚物单体分布敏感的吸收峰。对于 A,B 两种结构单元组成的共聚物，将形成不同的单元组(AAA、AAB、ABA 等)，由于耦合效应将产生不同的振动吸收峰，从而为共聚物中结构单元的序列研究提供信息。

4. 聚合物结晶形态的研究

利用红外吸收光谱可以测定高分子材料的结晶度等相关参数，如结晶形态的信息，从而对高分子材料的结晶动力学开展研究。当高分子材料结晶时，由于晶胞中分子内原子之间或分子之间的相互作用改变，在红外吸收光谱中往往产生高分子材料的非晶态时所没有的新的吸收峰，此外还有一种结晶性的吸收峰，其随晶体的熔融而增加。通过研究非晶态和结晶性红外吸收峰的位置和强度等，就可以得到高分子材料结晶性的信息。表 2 为常见高分子材料的结晶和非晶吸收峰情况。

表 2　常见高分子材料的结晶和非晶吸收峰

高分子材料	结晶态吸收峰/cm^{-1}	非晶态吸收峰/cm^{-1}
聚乙烯	1 894、731	1 368、1 353、1 303
全同聚丙烯	1 304、1 167、998、841、322	
间同聚丙烯	1 005、977、867	1 230、1 199、1 131
间同 1,3 -聚戊二烯	1 340、1 178、1 140、1 014、988、934、910	
全同聚苯乙烯	1 365、1 312、1 297、1 261、1 194、1 185、1 080、1 055、985、920、898	
聚氯乙烯	638、603	690、615
聚偏氯乙烯	1 070、1 045、885、752	
聚四氟乙烯		770、638
聚三氟氯乙烯	1 290、490、440	
聚偏氟乙烯	975、794、763、614	657
全同聚乙酸乙烯酯	1 141	
聚乙烯醇	1 144	1 040、916、825
聚对苯二甲酸乙二醇酯	1 340、972、848	1 145、1 370、1 045、898
尼龙 6	959、928	1 130
尼龙 66	935	1 140
尼龙 7	940	
尼龙 9	940	

5. 共混聚合物相容性研究

聚合物共混改性是改善高分子材料性能、开发新功能材料的重要手段。共混高聚物通常显示出不同于各个组分简单叠加的微观本质。红外光谱通过差谱技术得到相互作用谱带，利用它可研究共混高分子材料内分子间相互作用的位置和特性，进而判断共混体系的相容性。另外，共混后高分子材料的组分结构和构象变化也可以在红外光谱中得以体现。若两种均聚物是相容的，则在红外吸收光谱中观察到吸收峰位移、强度变化或者某些吸收峰的消失和出现。如果各均聚物不相容，共混物的红外吸收光谱仅仅是两种均聚物吸收光谱的简单叠加，因此相互作用光谱可以从共混聚合物的吸收光谱中减去两种均聚物的吸收光谱得到。如聚偏氟乙烯与聚醋酸乙烯共混后由于分子内氢键的形成，两者原有的红外吸收光谱中某些吸收峰、频率、强度发生一定变化。

6. 聚合物取向研究

在红外光谱仪中加入一个偏振器便形成偏振红外光谱仪，利用高分子材料的偏振红外吸收光谱可研究高分子链的取向性。在红外光谱通过偏振器后，将得到矢量为一个方向的偏振光，若取向高聚物中的基团振动偶极矩变化的方向与偏振光方向一致，则基团的振动吸收有最大吸收强度，反之其基团吸收强度为零，通过这点即可对取向高聚物的高分子链进行研究。如用偏振红外吸收光谱测定拉伸后聚偏氟乙烯，发现取向后其结晶形态以β晶形为主。

实验十一　偏光显微镜法观察聚合物的结晶形态

偏光显微镜是利用光的偏振特性对具有双折射性质的物质进行观察研究的专用仪器。偏光显微镜适用于研究高分子材料的结晶形态、共混相形态分布、结晶动力学过程和高分子液晶形态等。另外，其在医学上也有广泛用途，如用其观察牙齿、骨骼、头发等的结晶内含物，观察神经纤维、动物肌肉等的结构细节，分析它们的变性过程等。偏光显微镜也可以用来观察无机材料中的各种盐类的结晶状态等，因此偏光显微镜是高分子材料科研教学、医学研究等领域中必不可少的仪器。

聚合物的性能是其结构在不同条件下的宏观表现。结晶聚合物材料的实际使用性能（如光学透明性、强度刚性、耐热性等）与材料内部的结晶形态、晶粒的完善程度有密切的联系。结晶形态包括单个晶粒的大小、形状和聚集方式，聚合物由于大分子链结构以及分子链间相互作用等特点，其结晶形态受外界条件影响很大。在不同的结晶条件下，不同聚合物结晶可以形成不同的晶体结构，如单晶、球晶、串晶、纤维晶及伸直链晶体等。除球晶外，其他结晶形态都要在特殊的条件下才能形成，而大部分结晶性聚合物经熔融冷却或溶液析出都会形成球晶，因而球晶是聚合物结晶中最常见的结晶形态。因此，研究球晶结构、形成条件、变形、破坏和转变等过程及其影响因素具有重要的理论和实际意义。

本实验主要是研究聚合物球晶的形成、生长过程和形态。有关这方面的研究方法手段主要有电子显微镜法、偏光显微镜法、小角激光散射法等，而偏光显微镜法是目前实验室中较为简便而实用的方法。

一、实验目的

(1)了解偏光显微镜的结构及使用方法；

(2)了解偏光显微镜观察用聚合物结晶试样的制备方法和原理；

(3)观察聚合物的结晶形态，测量球晶的尺寸；

(4)了解在偏光显微镜中观察到聚合物球晶中“黑十字”和“消光圆环”的原因。

二、实验原理

影响聚合物结晶过程的因素很多，包括高分子自身结构、温度、溶剂、应力和杂质等。其中高分子自身结构是影响结晶的本征原因，分子结构不同导致聚合物的结晶能力和速率有所区别。有的聚合物比较容易结晶，有些则不易结晶，还有部分无法结晶。聚合物的结晶过程与小分子物质相似，包括晶核的形成和晶体的生长两个阶段，结晶速率由成核速率和晶体生长速率控制。另外，温度是影响聚合物结晶的一个非常重要的因素。聚合物在玻璃化转变温度到熔点之间的任意温度都可结晶，但其总的结晶速率在某一温度达到极大值，这是由于聚合物晶体成核速率和生长速率的温度依赖性不同。聚合物晶体成核有均相成核和异相成核两种类型。均相成核是高分子链依靠热运动在相对低的温度形成有序排列大分子束的过程。异相成核是以外来杂质、未完全熔融的高分子结晶体或与容器接触界面处为中心，吸附熔体中高分子链有序排列形成晶核的过程，一般相较均相成核温度高。随着温度的降低，均相成核速率增加。晶体生长速率取决于链段向晶核扩散和规整堆砌的速率，随着温度的升高，熔体黏度减小，链段活动能力增加，晶体生长速率增加。在靠近玻璃化转变温度处，虽然易于形成晶核，但由于晶体生长速率低，因此总的结晶速率较小。随着温度的升高，晶体生长速率增加，结晶速率增大，在某一温度下成核和生长速率都较大，聚合物结晶速率出现极大值。温度继续升高，晶体生长速率增大，但成核速率降低，甚至无法成核，导致总结晶速率下降。达到或者超过聚合物的熔点，晶体熔融。而玻璃化转变温度以下大分子链段运动被冻结，无法结晶，因此，聚合物只有在玻璃化转变温度与熔点之间的温度范围内才能结晶。

球晶的基本结构单元是具有折叠链结构的片晶(晶片厚度在 100 Å 左右，1 Å$=10^{-10}$m)，许多这样的片晶从一个中心(晶核)向四面八方生长，发展成为一个球状聚集体。电子衍射实验证明了在球晶中分子链(c 轴)总是垂直于球晶的半径方向，而 b 轴总是沿着球晶半径的方向。如图 2-11-1 所示，球晶的生长以晶核为中心，从初级晶核生长的片晶，在结晶缺陷点发生分叉，形成新的片晶。它们在生长时发生弯曲和扭转，并进一步分叉形成新的片晶，如此反复，最终形成以晶核为中心，向外发散的三维球形晶体(图 2-11-2 为偏光显微镜观察到的聚丙烯球晶由成核、生长和形成球晶的动态生长过程)。

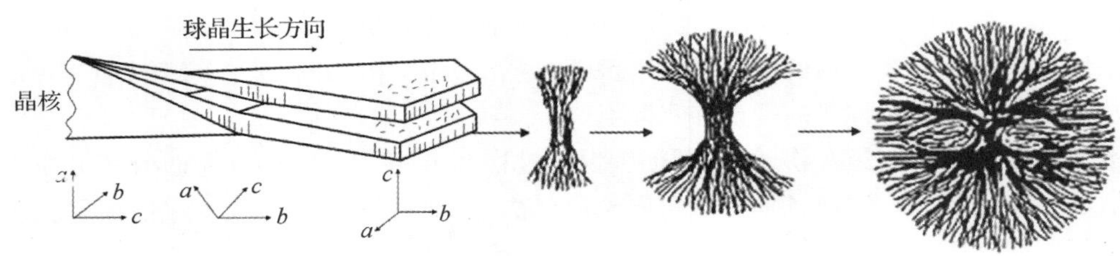

图 2-11-1　球晶生长取向过程

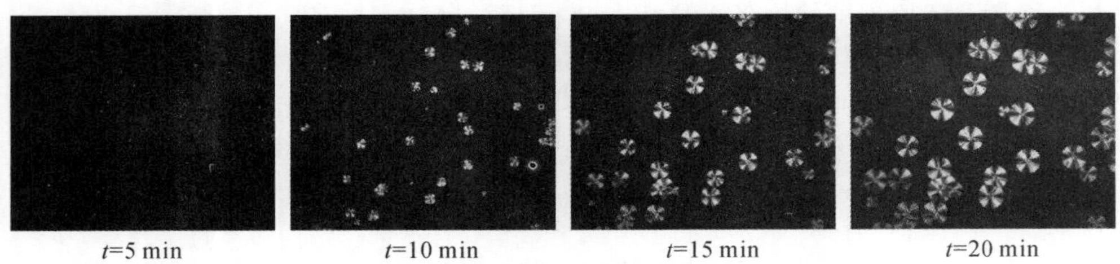

图 2-11-2　偏光显微镜观察到的聚丙烯球晶动态生长过程

在聚合物结晶过程中，所谓的球形晶体外形只能在一定的生长时期[即球晶间距离较大且没有相互接触时(如晶核较少或球晶较小时)]内保持。球晶直径一般在 0.5～100 μm 之间，有些聚合物在理想状态甚至可以形成达到厘米数量级的球晶。当球晶生长扩大到相互接触时，它们之间就会形成非球形的界面(见图 2-11-3)。当球晶生长到充满整个空间时，不同球晶相互接触，形成不规则多面体状晶体，其生成主要由晶体成核数量和晶体生长速率控制。

图 2-11-3　偏光显微镜观察到的聚乳酸球晶形态

分子链的取向排列使球晶在光学性质上是各向异性的，即在不同的方向上有不同的折射率，从而产生双折射现象。偏光显微镜是利用光的偏振特性，对有双折射特性的物质进行观察、研究的仪器。用它观察聚合物晶体时，由于显微镜的起偏镜垂直于检偏镜，当分子链平行于起偏镜或检偏镜的方向时，将产生消光现象，可观察到球晶特有的黑十字消光图案(Maltase Cross)。在有的情况下，晶片会周期性地扭旋，从一个中心向四周生长，这样，在偏光显微镜中就会看到由此而产生的一系列消光同心圆环。

三、实验仪器及材料

1. 实验仪器

本实验所用仪器有：偏光显微镜及附件、载玻片、盖玻片、熔融电炉或者鼓风干燥箱、偏光用热台。

如图 2-11-4 所示，偏光显微镜的核心在于比普通生物显微镜多出一对偏振片(即起偏器和检偏器)，因而偏光显微镜能观察具有双折射性质的物质。起偏器和检偏器都是偏振片，其中起偏器位于光源和载物台之间，可以旋转。检偏器位于目镜与物镜之间，位置固定。通过旋转起偏器，可以调节起偏器和检偏器的偏振角度相互垂直(正交)。旋转工作台可以水平旋转一周，旁边附有标尺，可以直接读出转动的角度。工作台可以安放偏光热台，以研究加热或恒温过程中聚合物结晶形态的动态变化。一般首先用低倍物镜找到待测试样，拉索透镜此时移出光路。再用高倍物镜观察，同时将拉索透镜加入光路。勃氏镜在一般情况下使用较少，只有在需要时，高倍物镜才与拉索透镜联合使用。

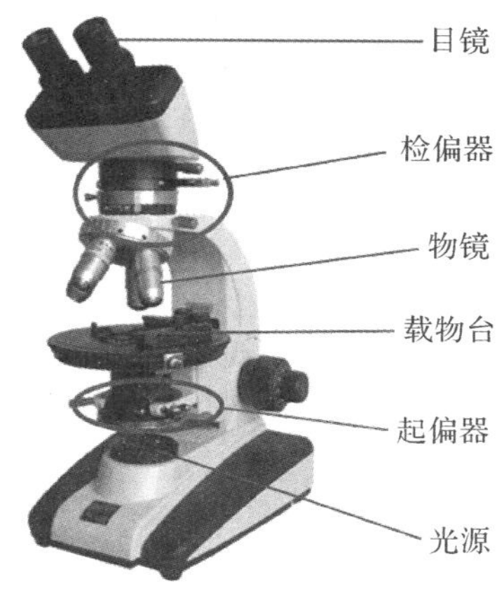

图 2-11-4　偏光显微镜结构示意图

2. 实验材料

聚丙烯 PP、聚乳酸 PLA。

四、实验步骤

1. 制备样品

(1)熔融法制备聚合物球晶试样。首先把已洗干净的载玻片、盖玻片及专用砝码放在恒温熔融炉或鼓风干燥箱内,在选定温度(一般比熔点 T_m 高 30℃)下恒温 5 min。然后把少许聚合物(几毫克)放在载玻片上,并盖上盖玻片,恒温 10 min 使聚合物充分熔融后,压上砝码,轻压试样至玻片排去气泡,再恒温 5 min,在熔融炉有盖子或鼓风干燥箱关闭状态下自然冷却到室温。有时为了使球晶长得更完整,可在稍低于熔点的温度下恒温一定时间再自然冷却至室温。使用偏光热台调控聚合物试样中球晶的形态是目前广泛使用的方法,其可精确调控试样的结晶温度和球晶生长速度,得到较为完美的聚合物球晶(见图 2-11-2)。本实验制备聚丙烯(PP)和聚乳酸(PLA)球晶时,分别在 230℃和 180℃熔融 10 min,然后在 150℃和 120℃保温 30 min。在不同恒温温度下所得的球晶形态是不同的。

另外,还可以采用切片法和溶液法制备聚合物球晶试样。

(2)切片法制备聚合物球晶试样。直接在要观察的聚合物试样上用切片机切取厚度约 10 μm的薄片,然后将其放置于载玻片,并用盖玻片盖好进行观察。

(3)溶液法制备聚合物晶体试样。先把聚合物溶于适当的溶剂中,然后缓慢冷却,吸取几滴溶液,滴在载玻片上,用另一清洁盖玻片盖好,静置于有盖的培养皿中(培养皿内放少许溶剂,使之保持有一定溶剂气氛,防止溶剂挥发过快),让其自行缓慢结晶。或把聚合物溶液注在与其溶剂不相溶的液体表面,让溶剂缓慢挥发后形成膜,然后用载玻片把薄膜捞起来进行观察,如把聚乳酸溶于二氯甲烷中,控制一定的溶剂挥发速率使聚乳酸结晶并成膜。

2. 偏光显微镜调节

(1)打开电源,调节亮度旋钮以调整目镜中的视场亮度。

(2)把试样放于载物台上,移入光路至需观察位置,轻压压簧片后端,转动到试样两端压紧固定。

(3)校正正交偏光。所谓正交偏光,是指起偏镜的偏振轴与检偏镜的偏振轴垂直。将起偏镜推入镜筒,转动起偏镜来调节正交偏光。此时,目镜中无光通过,视区全黑。在正常状态下,视区处于最黑的位置时,起偏振镜刻度线应对准“0°”位置。

(4)调节焦距,使物像清晰可见。从侧面看着镜头,先旋转粗调手轮,使它处于中间位置,再转动微调手轮将镜筒下降,使物镜靠近试样,然后在观察试样的同时慢慢上升镜筒,再左右旋动微调手轮使试样的像达到最清晰状态。切勿在观察时用粗调手轮调节下降,否则物镜有可能碰到玻片硬物而损坏镜头。

(5)物镜中心调节。偏光显微镜物镜中心与载物台的转轴(中心)应一致。在载物台上放一透明薄片,调节焦距,在薄片上找一小黑点,并将其移至目镜十字线中心 O 处,将载物台转动 360°。如物镜中心与载物台中心一致,不论载物台如何转动,黑点始终保持原位不动;如物镜中心与载物台中心不一致,将载物台转动一周,黑点即离开十字线中心,绕黑点旋转一周,然后回到十字线中心,如图 2-11-5 所示。显然十字线中心代表物镜中心,而圆圈的圆心 S 即为载物台中心。中心校正的目的就是要使 O 点与 S 点重合。由于载物台的转轴是固定的,所以只能调节物镜中心位置，通过将中心校正螺丝帽套在物镜钉头上，转动螺丝帽来校正，具体步骤如下：

1)薄片置于载物台，调节焦距，在薄片中任找一黑点，使其位于十字线中心 O 点。

2)载物台转动 180°，将黑点移动至 01 位置，距十字线中心较远。01 等于物镜中心与载物台中心 S 之间距离的两倍，转动物镜上的两个螺丝帽，使小黑点自 01 移回 O 至 01 距离的一半。

3)可手移动薄片，再找小黑点(也可是第一次的黑点)，使其位于十字线中心，转动载物台，小黑点所绕圆圈比第一次小，如此循环，直到转动载物台小黑点在十字线中心不移动为止。

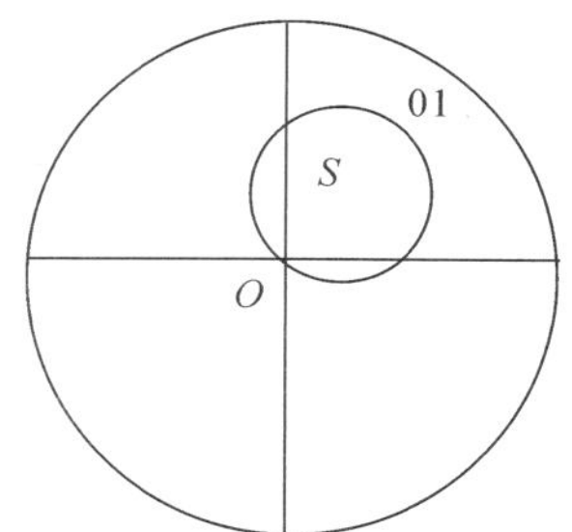

图 2-11-5　偏光显微镜物镜中心调节

3. 聚合物聚集态结构的观察

(1)观察聚合物晶形，测定 PP、PLA 球晶尺寸。将结晶的 PP、PLA 薄膜放在正交偏光显微镜下观察，可观察到其表面不是光滑的平面，而是有颗粒突起的。这是由于样品中的组成和折射率是不同的，折射率越大，成像的位置越高；折射率越低，成像位置越低。聚合物结晶区具有双折射性质，视区有光通过，球晶晶片中的非晶态部分则是光学各向同性的，视区全黑。用偏光显微镜目镜分度尺，测量球晶直径，测定步骤如下：

1)将带有分度尺的目镜插入镜筒内，将载物台显微尺置于载物台上，使视区内同时见到两尺。

2)调节焦距使两尺平行排列，刻度清楚，使两零点相互重合，即可算出目镜分度尺的值。

3)取走载物台显微尺，将欲测的 PP、PLA 试样置于载物台视域中心，观察并记录晶形。读出球晶在目镜分度尺上的刻度，即可算出球晶直径大小。

另外，可利用偏光显微镜配套的软件，输入相应的目镜放大倍数，直接由软件测量得到球晶直径等参数。

(2)观察消光黑十字及干涉色环。双折射的大小依赖于大分子的排列和取向，能观察拉伸引起的分子取向对双折射产生的贡献。球晶的消光黑十字及干涉色环观测操作方法如下：

1)把聚光镜(拉索透镜)加上，选用高倍物镜(40×，60×)，并推入分析镜、勃氏镜。

2)把 PP、PLA 膜置于载物台上，观察消光黑十字、干涉色及一系列消光同心圆环。

3)将载物台旋转 45°后再观察消光图。

(3)球晶正、负光性的测定。通过球晶双折射的研究可以确定球晶的正、负光性。正光性球晶即为沿着球晶半径方向振动的光的折射率大于垂直于球晶径向振动的光的折射率，反之则为负光性球晶。利用补色器测定球晶的正、负光性时，在偏振光正交的情况下，每一个具有黑十字的发亮区域有一定的光程差，即颜色。补色器本身具有光程差，如果补色器折射率大的方向与球晶区域的折射率大的方向平行，则两光程差就会相加。反之，如果补色器折射率大的方向与球晶亮区折射率小的方向平行，其光程差相减。测试时，找到聚合物样品中的球晶后，将补色器插入镜筒位置，观察球晶，若第Ⅰ象限为蓝色，第Ⅱ象限为黄色即为正光性球晶；若第Ⅰ象限为黄色，第Ⅱ象限为蓝色即为负光性球晶。

(4)球晶生长速率测定。利用偏光显微镜配套偏光热台，使 PP 或 PLA 样品先熔融，后降温调控到 PP 或 PLA 样品的结晶温度，保持恒定温度，跟踪观察聚合物结晶的过程，包括晶核的出现、晶体的生长、球晶的形成和生长等，间隔一定时间记录球晶直径大小，根据规定时间内球晶直径增加的尺寸，计算得到该试样对应温度下的结晶速率。

五、实验观察记录

1. 实验记录

(1)制备球晶试样样品(将工艺参数记录于表 2-11-1 中)。

表 2-11-1　试样制备工艺记录表

试样编号	熔融温度/℃	熔融时间/min	结晶温度/℃	结晶时间/min
1				
2				
3				

(2)观测球晶(将结果记录于表 2-11-2 中)。

表 2-11-2　试样中球晶观察记录表

试样编号	物镜倍数	目镜倍数	总放大倍数	分度尺比例/(mm/格)	球晶直径/μm
1					
2					
3					

(3)获取球晶的黑十字消光图像。

(4)借助偏光热台，控制球晶生长，测量一定时间内球晶直径变化(记录于表 2-11-3 中)，计算得到球晶生长速率。

表 2-11-3　不同时间球晶生成情况

试　样	观测时间/min	球晶直径/μm	试　样	观测时间/min	球晶直径/μm
PLA			PP		
球晶生长速率/(μm・min^{-1})			球晶生长速率/(μm・min^{-1})		

六、实验注意事项

(1)采用熔融法制备试样的过程中需注意控制结晶温度和降温速度等，以获得有良好球晶形态的试样。

(2)采用熔融法制备试样时需注意高温，防止烫伤。

(3)使用偏光显微镜观察前务必调节起偏器与检偏器垂直正交。

(4)调焦时，应先使物镜接近样片，仅留一窄缝(不要碰到)，然后从目镜中观察，同时调焦(调节方向务必使物镜离开样片)至清晰。

七、课后思考

(1)在偏光显微镜两正交偏振片之间，解释出现特有的黑十字消光图像和一系列同心圆环的结晶光学原理。

(2)结合聚合物的结晶特点和本实验结果，讨论结晶温度对球晶尺寸的影响。

(3)溶液结晶与熔体结晶形成的球晶的形态有何差异？造成这种差异的原因是什么？在实际生产中如何控制晶体的形态？

课辅资料

一、偏光显微镜工作原理①

根据振动的特点不同，光有自然光和偏振光之分(见图 1)。自然光的光振动方向均匀地分布在垂直于光波传播方向平面内所有的方向上。自然光经过反射、折射、双折射或选择吸收等作用后，可以转变为只在一个固定方向上振动的光波。这种光称为平面偏振光，简称“偏振光”或“偏光”。

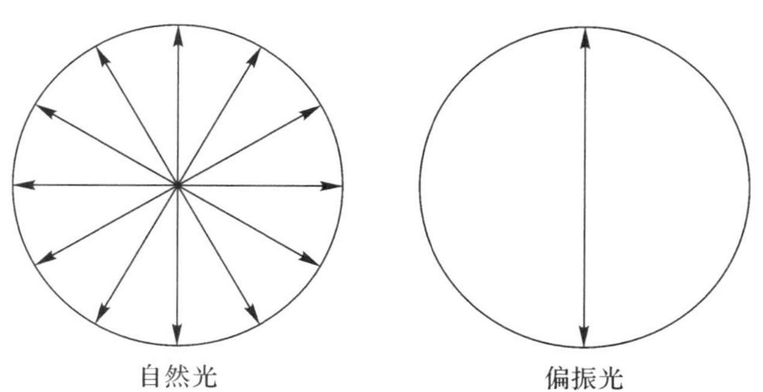

图 1　自然光和偏振光振动特点(光波在沿与纸面垂直的方向传播)

偏振光振动方向与传播方向所构成的平面叫作振动面，如果沿着同一方向有两个具有相同波长并在同一平面内振动的光传播，则二者相互作用而发生干涉。能将自然光变成线偏振光的仪器叫作起偏振器，简称“起偏器”。通常用得较多的是尼科耳棱镜和人造偏振片。尼科

① 资料来源：雷渭媛，顾凡，张武. 高分子物理实验[M]. 西安：西北工业大学出版社，1994.

耳棱镜是用方解石晶体按一定的工艺制成的，当自然光以一定角度入射时，由于晶体的双折射效应，入射光被分成振动方向互相垂直的两条线偏振光（e光和o光），其中o光被全反射掉，而e光射出。人造偏振片是利用某些有机化合物（如碘化硫酸奎宁）晶体的二向色性制成的。把这种晶体的粉末沉淀在硝酸纤维薄膜上，用电磁方法使晶体 c 轴指向一致，排成极细的晶体，只有振动方向平行于晶轴的光才能通过，而成为线偏振光。

既然起偏器能够用来使自然光变成线偏振光，因此它又能被用来检查线偏振光，这时，它被称为检偏器或分析器。例如，两个串联放置的偏振片，靠近光源的一个是起偏器，另一个便是检偏器。当它们的振动方向平行时，透过的光强最大，而当它们的振动方向垂直时，透过的光强最弱，此时称为“正交偏振”。

偏光显微镜是利用光的偏振特性对晶体、矿物、纤维等有双折射的物质进行观察、研究的仪器。它的成像原理与生物显微镜相似，不同之处是在光路中加入起偏器和检偏器，以及用于观察物镜后焦面产生干涉像的勃氏透镜组。由光源发出的自然光经起偏器变为线偏振光后，照射到置于工作台上的聚合物晶体样品上，由于晶体的双折射效应，这束光被分解为振动方向互相垂直的两束线偏振光，这两束光不能完全通过检偏器，只有其中平行于检偏器振动方向的分量才能通过。通过检偏器的这两束光的分量具有相同的振动方向与频率（波长）而产生干涉现象。利用它可以测定晶片的厚度和双折射率等参数，可观察晶体的形态，测定晶粒大小和研究晶体的多色性等。

二、球晶的一些光学性质①

（1）一般知识。当光从一种介质进入另一种介质时，由于它在两种介质中的传播速度不同，在两种介质的分界面上将产生折射现象，如图2所示，入射角为 α，折射角为 β，折射率定义为

$$n=\frac{\sin\alpha}{\sin\beta}=\frac{\sin\alpha'}{\sin\beta'}$$

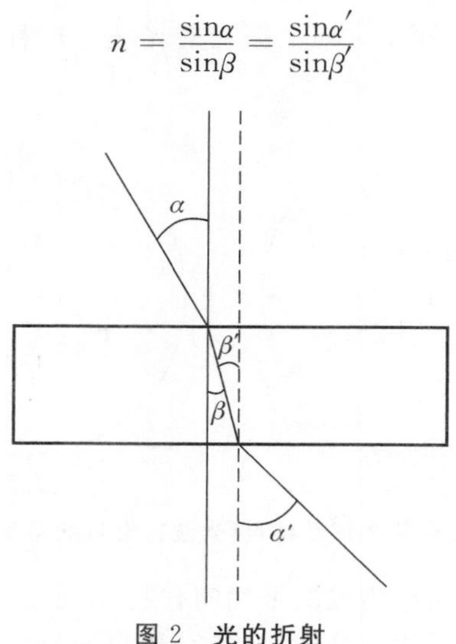

图2 光的折射

折射率 n 与两种介质的性质及光的波长有关。对于确定的两种介质而言，n 是一个常数，

① 资源来源：雷渭媛，顾凡，张武．高分子物理实验[M]．西安：西北工业大学出版社，1994．

称为第二介质(折射介质)对第一介质(入射介质)的相对折射率。通常以各个物质对真空或粗略地对空气的折射率作为物质的绝对折射率,简称“折射率”。晶体的折射率总大于1。n值的大小反映介质对光波折射的本领大小。n值越大,折射线越偏离原入射的方向而更加靠近法线,即表明该介质使光线偏折的能力越强。

光波在光学各向同性介质(如熔体高聚物)中传播时,折射率值只有一个,所以只发生单折射现象,不改变入射光的振动特点和振动方向。而当光波在各向异性介质(如结晶聚合物)中传播时,其传播速度随振动方向不同而发生变化,其折射率值也因振动方向不同而改变,即不只有一个折射率值。光波射入晶体,除光轴方向外,都会发生双折射,分解成振动方向互相垂直、传播速度不同、折射率不等的两条偏振光。两条偏振光折射率之差叫作双折射率。

(2)黑十字消光图案的成因。如图3所示,pp为通过起偏镜后的光线的偏振方向,aa为检偏镜的偏振方向。在球晶中,b轴为半径方向,c轴为光轴,当c轴与光波方向传播方向一致时,光率体切面为一个圆,当c轴与光率体切面相交时为一椭圆。在正交偏光片之间,光线通过检偏镜后只存在pp方向上的偏振光。当这一偏振光进入球晶后,由于在pp和aa方向上的晶体光率体切面的两个轴分别平行于pp和aa方向,光线通过球晶后不改变振动方向,因此通过球晶后不改变振动方向,进而不能通过检偏镜,呈黑暗区。而介于pp和aa之间的区域由于光率体切面的两个轴与pp和aa方向斜交,pp振动方向的光进入球晶后在aa方向上的分量,因此这四个区域变得明亮,从而形成黑十字(Maltase Cross)。

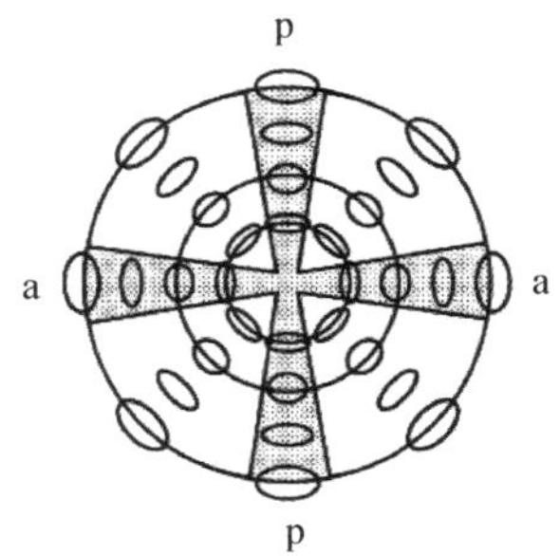

图3　正交偏光场中球晶的偏光干涉

另外,经计算亦可证明在偏光显微镜观察中球晶黑十字形成的原因。如图4所示,O点表示球晶晶核,OP、OA分别表示起偏镜、检偏镜的偏振方向,$OP \perp OA$。考虑球晶中某处(Q点),其与晶核(O点)的连线(OQ)与OP的夹角为ϕ,将进入Q点的偏振光E表示为$E_0 \sin\omega t$(其中E_0为这束光的振幅,ω为频率,t为时间),在Q点发生双折射后,分解为两束电矢量相互垂直的偏振光,分别是

R:

$$R_0 \sin\omega t = E_0 \cos\Phi \sin\omega t \tag{1}$$

T:

$$T_0 \sin(\omega t - \delta) = E_0 \sin\Phi \sin(\omega t - \delta) \tag{2}$$

这里,δ为两束光之间的相位差。这两束光能够通过检偏镜的电矢量分量分别是

M:

$$M_0 \sin\omega t = E_0 \cos\Phi \sin\Phi \sin\omega t\,(QM \,/\!/\, OA) \tag{3}$$

N:

$$N_0\sin(\omega t-\delta)=E_0\sin\Phi\cos\Phi\sin(\omega t-\delta)(QN\ /\!/\ OA) \tag{4}$$

则它们的合成波为

$$E_0\cos\Phi\sin\Phi\sin\omega t-E_0\sin\Phi\cos\Phi\sin(\omega t-\delta)=E_0\sin2\Phi\sin\frac{\delta}{2}\cos\left(\omega t-\frac{\delta}{2}\right) \tag{5}$$

其强度为

$$I=E_0^2\sin^2(2\Phi)\sin^2\left(\frac{\delta}{2}\right) \tag{6}$$

当 $\Phi=0,\frac{\pi}{2}\pi,\pi$ 和 $\frac{3}{2}\pi$，$I=0$；而当 $\Phi=\frac{\pi}{4}\pi,\frac{3}{4}\pi,\frac{5}{4}\pi$ 和 $\frac{7}{4}\pi$ 时，$I=E_0^2\sin^2\left(\frac{\delta}{2}\right)$，达到极大值。即在与起偏镜和检偏镜的偏振方向相平行的位置都发生消光，故称为黑十字消光，而在与它们成 45°角的方向上光最为明亮。

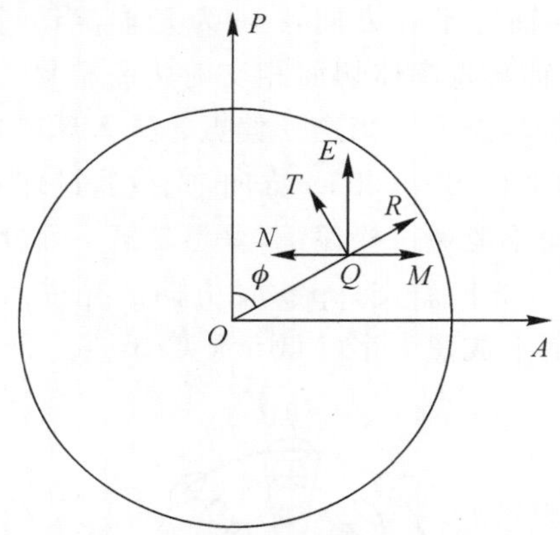

图 4　球晶黑十字消光现象原理解析示意图

(3)消光环的成因。消光环是球晶的另一个光学特性，一般在低温下出现。下面以聚乙烯为例说明消光环产生的原因。

从电镜的观察已经了解到聚乙烯球晶是由扭曲的片晶组成，扭曲的小片从球晶中心出发，在半径方向上向外沿径向生长。从 X 射线衍射的结果得知每一个扭曲的片晶是由若干微晶组成的，这些微晶在片晶中处于一定的方位，因此随着片晶的扭曲，微晶自然地围绕着半径规则排列，但微晶的 c 轴(即分子链轴方向)总是垂直于片晶表面的，即处于切线方向，而 b 轴始终处于半径方向上。其相互的位置可由图 5 中看出。

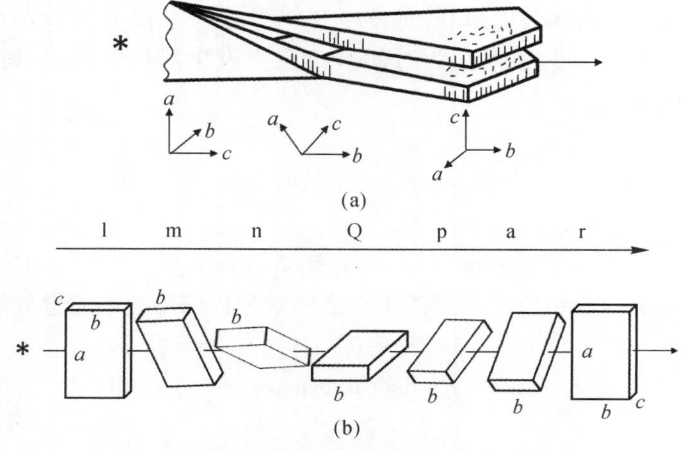

图 5　球晶环状消光图案的光学原理示意图

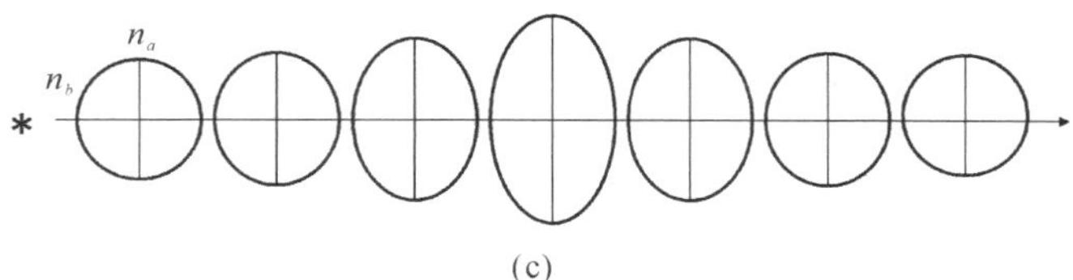

(c)

（* 球晶中心半径方向，生长方向）

续图 5　球晶环状消光图案的光学原理示意图

(a)扭转的聚乙烯球晶晶片；(b)球晶径向晶片的取向旋转；(c)球晶径向双折射圆体的旋转

图 5(a)为扭曲的聚乙烯晶片，图 5(b)为球晶径向晶片的取向旋转，a、b、c 为微晶的三个晶胞常数，n_a、n_b、n_c 为 a、b、c 三个方向上的折射率。已知聚乙烯的 $n_c=n_b=1.51$，$n_c=1.56$。可以看出随着片晶的扭曲，微晶的位置将发生周期性的变化，透过的偏振光的情况亦随之发生周期性的变化。在 l 处微晶直立，如从 $a-b$ 平面看去，两方向的折射率各为 n_a 和 n_b，因为 $n_a=n_b$，所以光率体为圆形，入射偏振光不能透过检偏镜，故视场呈黑暗。而在 Q 位置 $b-c$ 平面上折射率分别为 n_b 与 n_c，因为 $n_c>n_b$，所以光率体呈椭圆形，入射偏振光可以透过检偏镜，视场呈明亮。在 r 处又重复 l 处的情况，视场呈黑暗。因此在晶片扭曲的方向，即在球晶半径的方向上形成明暗交替的消光环。

实验十二　小角激光散射法观察聚合物的结晶形态

小角激光散射法(Small Angle Light Scattering, SALS)是 20 世纪 60 年代问世的一项新技术，主要用于研究聚合物的微观形态结构。随着光散射理论的发展、激光技术的应用，SALS 广泛应用于聚合物薄膜、纤维中的结构形态及拉伸取向、热处理过程结构形态的变化、液晶的相态转变等的研究，已成为研究聚合物结构与性能关系的重要方法。SALS 的装置简单，观测范围在数千埃至数十微米之间，测定速度快，不损伤试样，对光学显微镜难以辨认的小球晶可有效测量，而且能在动态条件下快速测量结构随时间的变化，适合一些对宏观物理性能有较大影响的形态结构(如球晶结构和微区结构)的研究。因此，SALS 与电子显微镜、偏光显微镜及 X 射线衍射仪等方法结合，可以提供较为全面的关于晶体结构的信息，目前已广泛应用于研究聚合物的结晶过程、结晶形态及聚合物加工过程中晶体形态的动态变化情况。

一、实验目的

(1)了解小角激光散射的基本原理；

(2)学习使用小角激光散射法观察聚合物的结晶形态；

(3)掌握结晶温度对聚合物结晶形态的影响规律。

二、实验原理

根据光散射理论，当光波进入物体时，在光波电场的作用下，物体产生极化现象，出现由外电场诱导而形成的偶极矩。由于光波电场是一个随时间变化的量，因而诱导偶极矩也就随时间变化而形成一个电磁波的辐射源，由此产生散射光。根据散射光的强度、偏振和光谱成分等信息可以了解物质的有关结构性质。根据频谱频段，光波在物体中的散射可以分为瑞利(Rayleigh)散射、拉曼(Raman)散射和布里渊(Brillouin)散射。SALS是由物体内极化率或折射率的不均一引起的弹性散射,即散射光的频率与入射光的频率完全相同,属于可见光的瑞利散射。

如图2-12-1所示为小角激光散射法的测试原理图,激光发射的平行光束(He-Ne激光,波长$\lambda=6.328\times10^{-7}$ m)经过起偏镜(起偏器)后照射到样品上,产生散射,散射光经检偏镜(检偏器)后显示在毛玻璃上。如果用照相机代替毛玻璃即可将样品散射图记录到照相底片上,而用CCD摄像机则可实时测量样品的散射图样,实时监测其内部结晶形态。在起偏镜和检偏镜之间放置含球晶的聚合物样品时,将会得到样品的光散射图。当起偏镜的偏振方向为垂直向,检偏镜的偏振方向为水平向时,两者组成正交系统,得到的是H_v散射图。当起偏镜和检偏镜均为垂直向时,得到的是V_v散射图。图中的θ为入射光方向与散射光方向之间的夹角,称为散射角,μ为散射光方向在YOZ平面上的投影与Z轴的夹角,称为方位角。对于结晶性聚合物薄膜样品,其结晶时往往形成球晶结构。球晶是以晶片的形式从中心沿着径向向外生长,晶片间存在着未进入晶区的非晶态大分子链。结晶部分的分子链通常垂直于球晶径向,导致球晶具有光学各向异性,在径向和切向上的极化率或折射率不相等。对于球晶的小角激光散射图形的理论解释目前有模型法和统计法两种。其中模型法处理较为简单,它是斯坦和罗兹从处于各向同性介质中的均匀的各向异性球的模型出发来描述聚合物球晶的光散射。根据瑞利-德拜-甘斯(Rayleigh-Debye-Gans)散射的模型计算法可以得到散射光强度公式为

$$I_{V_v}=AV_0^2\left(\frac{3}{U^3}\right)^2\Big[(\alpha_t-\alpha_s)(2\sin U-U\cos U-\mathrm{SiU})+(\alpha_r-\alpha_s)(\mathrm{SiU}-\sin U)+(\alpha_r-\alpha_t)\left(\cos\frac{\theta}{2}\right)^2(\cos\mu)^2\times(4\sin U-U\cos U-3\mathrm{SiU})\Big]^2 \tag{2-12-1}$$

$$I_{H_v}=AV_0^2\left(\frac{3}{U^3}\right)^2\left[(\alpha_t-\alpha_s)\left(\cos\frac{\theta}{2}\right)^2\sin\mu\cos\mu\times(4\sin U-U\cos U-3\mathrm{SiU})\right]^2 \tag{2-12-2}$$

式中:I为光散射强度;V_0为球晶体积;α_t和α_r分别为球晶在切向和径向的极化率;α_s为环境介质的极化率;A为比例常数。SiU为一正弦积分,定义为

$$\mathrm{SiU}=\int_0^U\frac{\sin x}{x}\mathrm{d}x \tag{2-12-3}$$

其中,U为形状因子,对于半径为R_0的球晶,U计算公式为

$$U=\left(\frac{4\pi R_0}{\lambda}\right)\sin\left(\frac{\theta}{2}\right) \tag{2-12-4}$$

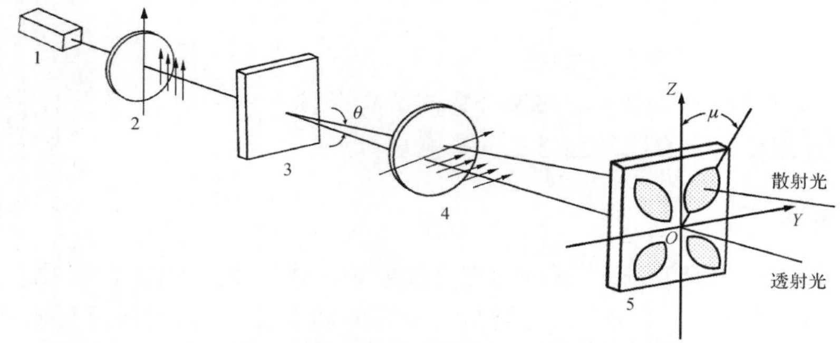

1—激光器;2—起偏镜;3—样品;4—检偏镜;5—毛玻璃

图2-12-1 小角激光散射法原理图

由式(2-12-1)和式(2-12-2)可以看出 H_v 散射强度与球晶的光学各向异性($\alpha_t-\alpha_r$)有关，同时其散射强度还与方位角 μ 和散射角 θ 有关，H_v 散射图样呈对称的四叶瓣形状。对于某一散射角 θ，当 $\mu=90°,180°,270°$ 和 $360°$ 时，$\sin\mu\cos\mu=0$，因此在这四个方位的散射光强度 $I_{Hv}=0$；而当 $\mu=45°,135°,225°$ 和 $315°$ 时，$\sin\mu\cos\mu$ 有极大值，因此在这四个方位的散射光强度也将出现极大值。这也表明 H_v 散射强度和介质的极化率 α_s、球晶的正负光性无关。V_v 散射强度与($\alpha_t-\alpha_s$)($\alpha_r-\alpha_s$)和($\alpha_r-\alpha_t$)三项有关，同时和方位角 μ 有关。而当各向异性项贡献很小时，也呈圆对称性，所以 V_v 散射图样呈对称的二叶瓣形状。塞缪尔斯(Samuels)计算了全同立构聚丙烯薄膜的 SALS 理论值，并将理论值用等强度线描绘出理论图案，该理论图案和实验测得 SALS 的图样具有很好的一致性。由于理论计算时没有考虑球晶间的相互作用，也没有考虑球晶内部密度和各向异性起伏对散射的影响，在散射角 θ 很小或较大时，实验光强值比理论光强值要大。

根据式(2-12-2)，当方位角 $\mu=45°$时，散射光强度 I_{H_v} 有极大值，此时 $U=4.09$。因此，只要测出此极大值对应的散射角，根据式(2-12-4)，就可以按照下式计算样品中的球晶尺寸：

$$\frac{4\pi}{\lambda}\sin\frac{\theta}{2}=4.09 \tag{2-12-5}$$

将激光波长 $\lambda=6.328\times10^{-7}$ m 代入式(2-12-5)得到球晶半径的计算公式为

$$R=0.206\left(\sin\frac{\theta}{2}\right)^{-1} \tag{2-12-6}$$

由式(2-12-6)可以看出，散射角 θ 越大，则对应的球晶半径越小，对应的四叶瓣形状越大。因此，当球晶尺寸较小(小于 5 μm)时，一般偏光显微镜已很难观测准确，而用小角激光散射法可以方便、准确地获取其形态尺寸和内部结构信息等。如果采用具有摄像功能的电荷耦合器件(Charge-Coupled Device, CCD)实时采集样品结晶过程中的散射图样变化，根据电子标尺对散射图样进行矫正，就可以求得球晶的生长速率。如图 2-12-2 所示为不同 α 成核剂添加量下聚丙烯(PP)的非等温结晶 I_{H_v} 散射图，可以看出，纯 PP 的散射图形中四叶瓣的尺寸最小，随着 α 成核剂添加量增加，PP 散射图形中的四叶瓣的尺寸逐渐增加，说明 PP 中球晶的平均尺寸随成核剂添加量增加而逐渐减小。这是由于成核剂的添加使 PP 中异相成核点增多，增加了结晶的密度和促使晶粒尺寸细微化，使分子链在较高温度下具有较快的结晶速度，球晶可以比较规整地成长，且形成球晶的数量多，尺寸小。

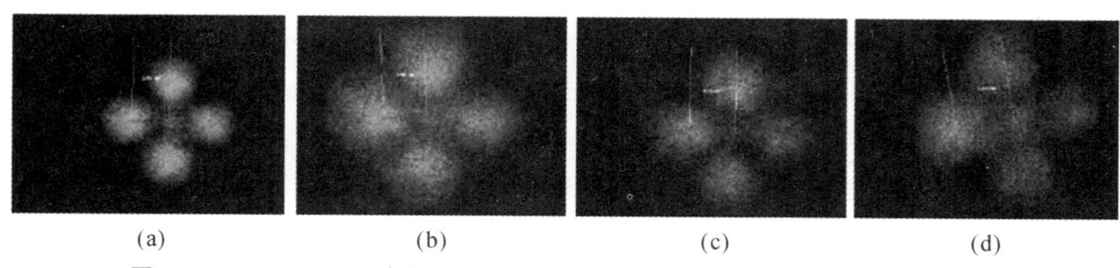

图 2-13-2　不同 α 成核剂添加量下聚丙烯(PP)的非等温结晶 I_{Hv} 散射图

(a)为纯 PP；(b)添加 0.05%；(c)添加 0.1%；(d)添加 0.2%

三、实验仪器与设备

本实验使用的仪器为 LS-1 型固体小角激光散射仪，其结构原理如图 2-12-3 所示。仪器主要由激光系统、偏振系统、样品台系统和图像采集系统等组成，各部分安装在避光箱体内。其中，激光系统由氦-氖气体激光器和全反射镜构成；起偏镜和检偏镜构成偏振系统，通过转动可调节两者的角度；样品台系统主要由转动式样品台、升降装置和针孔光栏构成。

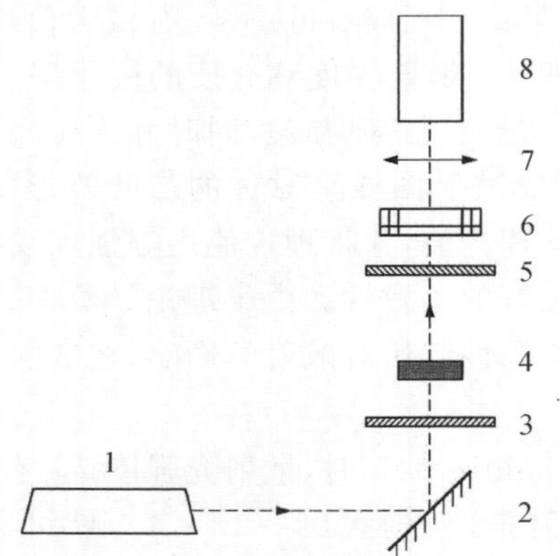

1—激光器；2—45°角镜；3—起偏镜；4—样品；5—检偏镜；6—标尺；7—聚焦透镜；8—CCD 探测器

图 2-12-3　小角激光散射仪光路图

四、实验步骤

(1)采用与实验十一相同的方法制备样品。

(2)开启电源，调节电压和电流，获取稳定激光源，开启图像采集系统。

(3)调整激光束至样品台中央位置，将样品置于样品台上，调节起偏镜和检偏镜，使其处于正交状态，同时通过观察毛玻璃调节样品台高度，使散射图像 H_v 至合适大小。

(4)关闭仪器快门，将暗盒插入暗盒插座，根据散射光强度设定快门速度。

(5)拍摄采集散射图样。

(6)根据电子标记对 H_v 散射图像进行矫正，并进行光密度测定，以确定最大散射强度位置，记录 H_v 散射图像中心到最大散射强度位置的距离 d 以及样品到图像中心的距离 L。

(7)调整检偏镜角度，使其振动方向与起偏镜振动方向一致，观察球晶的 V_v 散射图像，确定球晶的双折射正负性。

五、实验记录和处理

(1)记录样品的标号、名称和制备处理条件。

(2)记录球晶的小角激光散射的 H_v 散射图像、光密度和散射光强度最大的位置 θ、图像中心到最大散射强度位置的距离 d、样品到图像中心的距离 L，计算球晶的平均半径。

(3)观察球晶的小角激光散射的 V_v 散射图像，确定球晶的双折射正负性。

(4)分析讨论不同样品的小角激光散射图像的成像原理。

六、实验注意事项

(1)使用小角激光散射仪之前应检查仪器是否良好接地，必须检查高压输出端是否接好、激光器是否完好，若都接好或完好方可接通电源。必须在证实电流放大器的输入端与检测探头间连接确实可靠后方可接通电源放大器。

(2)电流放大器严禁在输入端开路下工作，预热 30 min 后才能工作。

(3)采集图像时，调节曝光时间及按动快门时，注意手要尽量远离激光器电源。

七、课后思考

(1)小角激光散射法与偏光显微镜法测定聚合物球晶有何区别？前者的优点是什么？

(2)聚合物球晶尺寸与其小角激光散射图样有怎样的关系？简述其原因。

(3)讨论球晶大小与制样条件的关系。

实验十三　密度梯度管法测定聚合物的结晶度

结晶度是结晶性聚合物结晶部分含量的量度，是结晶性聚合物重要的物理参数之一，对聚合物的物理力学性能、热性能、光学性能、电学性能、溶解性和耐腐蚀性等都有着非常显著的影响。同样的聚合物，由于聚合条件和加工工艺不同，可以得到部分结晶或完全非结晶的材料，虽然彼此化学结构上没有明显不同，但其性能往往存在较大差异。比如由定向聚合得到的全同立构聚丙烯是一种半结晶性聚合物，有一定的强度、耐热性和耐化学药品性，可以作为塑料、纤维使用。但无规的聚丙烯是一种黏稠的物质，有时作为塑料中的添加剂以改善制品的韧性。同一聚合物在不同的结晶条件下得到的结晶形态是不同的，结晶度也不相同。如同一注射成型的制品，制品的表面由于与模具接触而温度偏低，结晶度可能稍低，晶体的形成不完全，晶体小而多；在制品的内部，温度较高，结晶度也高，晶体一般较完善，晶体大而少。而且，不同的聚合物材料根据使用的工况不同，对其结晶度的要求是不一致的。当作为塑料和纤维使用时，一般希望具有较高的结晶度，如聚乙烯，随着结晶度的提高，会使材料的耐热性能和耐溶剂性能有明显的提高；当作为橡胶使用时，则希望它们不结晶，因为结晶会使橡胶失去弹性。

聚合物的结晶度没有明确的物理意义，但其概念对于聚合物的性能、结构设计和成型加工工艺的过程控制等有着重要作用。测试结晶度的常用方法有密度法、红外光谱法、X 射线衍射法、量热分析法等。由于不同的测试方法对晶区和非晶区的界定不同，因此采用不同的测试方法得到的结晶度往往有很大的不同，如同一个拉伸涤纶样品通过密度法测定的结晶度为 20%，通过红外光谱法测定的结晶度达到 59%，而通过 X 射线衍射法测定的结晶度仅为 2%。因此在给出某一聚合物样品的结晶度时，必须说明采用的测试方法。本实验采用密度法测定结晶性聚合物的结晶度。

一、实验目的

(1)熟悉连续注入法配制密度梯度管的技术及密度梯度管的标定方法；

(2)掌握密度梯度管法测定聚合物结晶度的基本原理；

(3)掌握利用聚合物密度计算其结晶度的方法和原理。

二、实验原理

由于高分子链的不均一性、高分子长链的缠结作用和高分子链之间的相互作用力的差异等，聚合物结晶总是不完善的。因此，结晶性聚合物中通常是结晶区和非结晶区共存的两相结构，以结晶部分的质量分数(X_c^w)或体积分数(X_c^v)对结晶部分进行量度，其计算公式分别如下：

$$X_c^w = \frac{W_c}{W_c + W_a} \times 100\% \tag{2-13-1}$$

$$X_c^v = \frac{V_c}{V_c + V_a} \times 100\% \tag{2-13-2}$$

式中：上标 w 表示质量，上标 v 表示体积；下标 c 表示结晶，下标 a 表示非结晶。在同一结晶性聚合物中，结晶区和非结晶区同时存在，没有明确的界限，即使是结晶区，其有序程度也不相同，从而增加了结晶度测试表征的难度。目前密度法是测定聚合物结晶度最为常用的方法之一。密度法测定聚合物结晶度主要依据聚合物结晶区和非结晶区密度的差异，通过对不同结晶度聚合物和待测聚合物密度的测定，间接表征待测聚合物的结晶度。在结晶性聚合物中，结晶区高分子链排列规整、堆砌紧密，因而密度大。而在非结晶区的高分子链排列无序、堆砌松散，其密度远低于结晶区。由于完全结晶聚合物的密度(ρ_c)远高于完全不结晶聚合物的密度(ρ_a)，当两相共存时，其密度(ρ)介于完全结晶和完全非结晶聚合物的密度之间。假定聚合物中结晶部分和非结晶部分的质量和体积具有加和性，通过对聚合物密度或比容的测定即可计算高聚物的结晶度。

若 v，v_c 和 v_a 分别为聚合物、聚合物结晶区和聚合物非结晶区的比容(质量体积)，当考虑样品的体积加和性时，则有

$$v = X_c^w v_c + (1 - X_c^w) v_a \tag{2-13-3}$$

$$X_c^w = \frac{v_a - v}{v_a - v_c} = \frac{\left(\frac{1}{\rho_a}\right) - \left(\frac{1}{\rho}\right)}{\left(\frac{1}{\rho_a}\right) - \left(\frac{1}{\rho_c}\right)} \tag{2-13-4}$$

当考虑质量加和性时，则有

$$\rho = X_c^v \rho_c + (1 - X_c^v) \rho_a \tag{2-13-5}$$

$$X_c^v = \frac{\rho_a - \rho}{\rho_a - \rho_c} \tag{2-13-6}$$

因此，如果已知试样的密度 ρ、完全结晶聚合物试样的密度 ρ_c 和完全非结晶聚合物试样的密度 ρ_a，由以上公式即可计算得出聚合物的结晶度。其中完全结晶聚合物的比容和密度可以通过晶体的结构参数进行计算，即

$$\rho_c = \frac{\overline{M} Z}{\widetilde{N}_A V} \tag{2-13-7}$$

式中：$\overline{M}$ 为结晶高聚物结构单元的分子量；Z 为晶胞中包含的结构单元数目；V 为晶胞体积；N_A 为阿伏伽德罗常数。完全非结晶性聚合物的密度可以通过熔体的比容-温度曲线外推到温度为零时得到，或通过直接从熔体淬火获得完全非结晶性试样得到。大多数聚合物的 ρ_c 和 ρ_a 的值已由研究者测得，可以直接查阅(见附表 20)。

密度也是聚合物的主要物理参数之一，用于测定低分子固体物质密度的方法一般都适用于聚合物，如采用比重瓶、韦氏天平、膨胀计和等密度法等。本实验采用的密度梯度管法属于等密度法，它是利用阿基米德原理来测定聚合物密度的方法。取两种不同密度、可任意比例混合的液体(重液和轻液)，通过简单的装置将两者注入密度梯度管，构筑液体密度自上而下连续变化的密度梯度管，再用已知密度的玻璃小球标定密度梯度管，并以小球在管中的相对高度对其密度作图，得到一条直线，然后测定聚合物样品在管中的相对高度，从高度-密度的直线关系

图上确定样品的密度。同时，也可以对一定密度范围内多个不同密度的样品进行测定，该方法尤其适合测定很小样品的密度以及观察极小的密度变化，其具有很高的灵敏度。密度梯度管的配制一般有以下三种方法。

1. 两段扩散法

先把重液倒入密度梯度管的下半段，再把轻液沿着试管壁缓慢注入试管的上半段，两段液体间会有清晰的界面。两种液体的交界处逐渐开始扩散，重液分子向上方扩散，同时又受重力的作用而向下，最后达到不同的沉降平衡，形成重液在混合液中的密度分布。同样，轻液分子向下方扩散，同时又受重液的托浮作用，最后形成轻液在混合液中的密度分布，密度梯度管中的某一混合平面的密度就等于该平面处所含轻液与重液密度的加和。因为密度梯度管比较长，为加速扩散需将一根长搅拌棒插至试管底部，然后旋转搅拌至界面消失，待密度梯度稳定后方可使用。该方法的缺点是形成密度梯度的扩散过程太长。

2. 分段添加法

先把重液和轻液按不同比例配制成密度差相同的 5 种以上的混合液，然后由重到轻向密度梯度管中输入等体积的各种混合液，用一根长搅拌棒插至梯度管底部，旋转搅拌至界面消失。密度梯度管里的液体层数越多，液体分子的扩散过程就越短，密度梯度分布的线性范围也就越宽，但是配制一系列密度差相同的混合液并将其注入试管中增加了实验的周期。

3. 连续注入法

将密度呈连续变化的液体以连续的方式输入到密度梯度管中，无须通过液体分子的扩散来形成密度梯度。连续法配制密度梯度管装置示意图如图 2-13-1 所示。

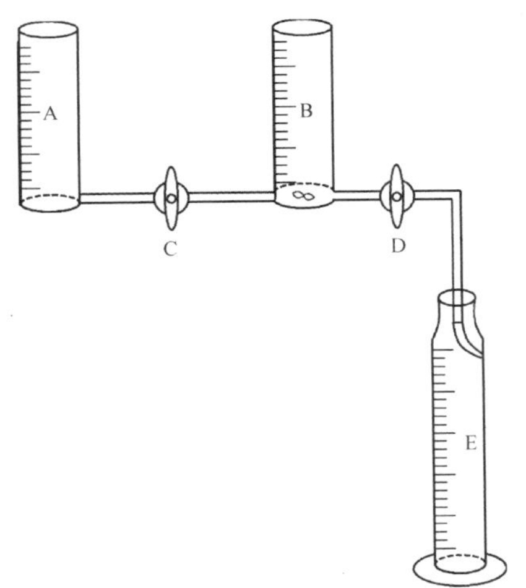

A—轻液容器；B—重液容器；C、D—活塞；E—梯度管

图 2-13-1　连续法配制密度梯度管装置示意图

A、B 为两相同体积玻璃圆筒液体容器，A 筒装有密度为 ρ_1 的轻液，轻液以 qv_1 的体积流速流向 B 筒，B 筒装有初始密度为 ρ_2 的重液，其以 qv_2 的体积流速注入密度梯度管。假设 A、B 内液体初始体积均为 V_0，当阀门 C、D 打开，液体开始流动时，则 B 筒内液体的密度和体积均发生变化，分别以 ρ 和 V_2 表示。此时密度梯度管中液体的密度变化与 B 筒中液体密度变化一致，即当 B 筒中液体为 ρ 时，输入梯度管中液体的密度也为 ρ。如果密度梯度管中液体体积为 V，则有

$$\frac{d\rho}{dt} = (\rho_1 - \rho_2)\frac{qv_1}{V_2} \quad (2-13-8)$$

$$\frac{dV_2}{dt} = qv_1 - qv_2 \quad (2-13-9)$$

$$\frac{dV}{dt} = qv_2 \quad (2-13-10)$$

如果把重液和轻液当作理想液体，忽略两种不同密度的液体在混合时体积的变化，同时将体积流速 qv_1 和 qv_2 随溶液液面降低的变化忽略，即把 qv_1 和 qv_2 作为常数。当 A 筒向 B 筒开始流动的瞬间，即 $t=0$ 时，B 筒的体积为 V_0，经过一定时间 t 后，B 筒的体积为 V_2，则

$$\int_{V_0}^{V_2} dV = \int_0^{V_2} (qv_1 - qv_2)dt \quad (2-13-11)$$

即

$$V_2 = V_0 + (qv_1 - qv_2)t \quad (2-13-12)$$

将式(2-13-12)代入式(2-13-8)，可得

$$\frac{d\rho}{dt} = \frac{(\rho_1 - \rho)qv_1}{V_0 + (qv_1 - qv_2)t} \quad (2-13-13)$$

当 $t=0$ 时，B 筒的密度为 ρ_2，即 $\rho=\rho_2$；当时间为 t 时，密度为 ρ，积分得

$$\frac{\rho - \rho_1}{\rho_2 - \rho_1} = \left[\frac{V_0 + (qv_1 - qv_2)t}{V_0}\right]^{\frac{qv_1}{qv_2 - qv_1}} \quad (2-13-14)$$

可以看出，B 筒中液体密度 ρ 与其高度 H 呈指数关系。当控制流速很慢时，即当 A、B 两筒的液面在任何瞬间都保持水平时，任一时刻流入梯度管的体积为 A 筒流入 B 筒体积的 2 倍，即 $qv_1=2qv_2$，则

$$\rho = \rho_2 - (\rho_2 - \rho_1)\frac{V}{2V_0} \quad (2-13-15)$$

假设所选用的密度梯度管各部位的直径均匀，梯度管内横截面积为 S，液柱面高度为 H，则 $V=HS$，从而有

$$\rho = \rho_2 - (\rho_2 - \rho_1)\frac{S}{2V_0}H \quad (2-13-16)$$

式(2-13-16)说明密度梯度管的密度分布与其高度呈线性关系，但若配制的密度梯度管的测量范围过大，即 ρ_1 和 ρ_2 的差值过大时，由于在配制过程中 A、B 两筒液面的压强始终保持平衡，所以 A、B 两筒的液面在任一瞬间都保持水平的条件就不能满足（密度小的 A 筒液面要下降多一些），因而密度与高度将呈幂指数关系。但也可以进行曲线拟合标定，用于测定密度。

根据待测试样的密度范围，确定配制密度梯度管的重液和轻液，选取的重液与轻液要能以任意比例混溶，能使被测试样浸润，但又不能溶胀、溶解或与之发生化学反应。常用的配制密度梯度的液体及形成的密度范围参见附表 12。如对密度较小（0.85～1.00 g/cm^3）的物质，如聚乙烯、聚丙烯等，可选用乙醇-水体系。对于密度稍大于 1.00 g/cm^3 的物质，如尼龙等，可选用水-无机盐水溶液或二甲苯-四氯化碳体系。对于密度更大的聚对苯二甲酸乙二醇酯（1.33～1.46 g/cm^3）等物质，可选用正庚烷-四氯化碳体系。

三、实验仪器与材料

1. 实验仪器

密度梯度管(见图 2-13-1),测高仪,电磁搅拌器,恒温水槽,密度计,标准密度的空心玻璃球。

2. 实验材料

聚乙烯,聚丙烯,水,乙醇。

四、实验步骤

(1)关闭阀门 C、D。

(2)在 B 筒内装入 150 mL 重液,在 A 筒内装入与重液的压强相等所需轻液的体积。假设 A 筒和 B 筒的直径相等,则轻液的体积是$(\rho_2/\rho_1)\times 150$ mL,为避免支管中残留气泡,操作时先装入部分重液,让其充满支管后再装入其余重液,并在 B 筒放入磁性搅拌子。

(3)将仪器水平放置于电磁搅拌器上,对 B 筒均匀搅拌。在出口处接毛细管,并使毛细管紧贴搅拌密度梯度管内壁。

(4)启动磁力搅拌,先后打开阀门 C、D,控制流速在 4～8 mL/min,直至密度梯度管液面高度到合适位置。

(5)将配制好的密度梯度管转移至恒温水槽中恒温平衡。

(6)待密度梯度管达到温度平衡后,将一系列(4～5 个)标准密度的空心玻璃微球按照由大到小的次序投入密度梯度管中,待玻璃微球位置稳定后,使用测高仪分别测定它们在密度梯度管中的高度,借助玻璃微球的已知密度画出密度梯度标定曲线。

(7)把干燥后的样品切成 3 个尺寸为 2～4 mm 的小块或颗粒,将样品用轻液润湿以后轻轻放入密度梯度管中,待样品在密度管中的高度稳定后测出其位置的高度值,取 3 次测量的平均值,由标定曲线求出样品的密度。

(8)查阅聚乙烯、聚丙烯完全结晶和完全非结晶样品的密度(见附表 20),采用公式计算两者的结晶度。

五、实验结果记录与处理

试样:

完全结晶样品的密度 ρ_c:______________;　完全非结晶样品的密度 ρ_a:______________;

轻液:______________;　轻液密度:______________;

重液:______________;　重液密度:______________。

(1)密度梯度管的标定。将数据记录于表 2-13-1 中。

表 2-13-1　数据记录表 1

玻璃小球	1	2	3	4	5
密度 $\rho_b/(g\cdot cm^{-3})$					
高度 H/mm					

以玻璃小球在密度梯度管中的相对高度 H 对其密度 ρ 作图，得到标定曲线。

(2)测定样品在密度梯度管中的高度。将记数据记录于表 2-13-2 中。

表 2-13-2 数据记录表 2

样　品	1	2	3
高度 h/mm			
平均高度 H/mm			

(3)根据聚合物样品在密度梯度管中的相对高度，由绘制的高度-密度曲线确定样品的密度，也可由内插法计算得到。

样品密度 ρ 为____________。

(4)由以上查阅的完全结晶和非结晶样品的密度计算样品的结晶度。

X_c^w：____________；　　　X_c^v：____________。

六、实验注意事项

(1)轻液和重液的选择必须能够满足所需的密度范围。

(2)轻液和重液不与样品发生化学反应或不能被样品吸收，两者可以任意比例互溶，且两者不发生化学反应，同时具有较低的黏度和挥发性能，低毒。

七、课后思考

(1)密度法测定聚合物的结晶度的原理是什么？

(2)如何选择密度梯度管的轻液和重液？

(3)影响密度梯度管法测试聚合物结晶度的因素有哪些？

(4)列举其他测试结晶度的方法，对比不同测试方法的异同。

实验十四　膨胀计法测定高聚物的玻璃化转变温度

聚合物的玻璃化转变现象是一个极为复杂的现象，它的本质至今还未完全明了。对聚合物玻璃化转变本质的看法主要有两种观点：一种观点认为玻璃化转变本质上是一个动力学问题，是一个弛豫过程。聚合物有自己的分子内部时间尺度，当外力作用时间与内部时间尺度处于同一数量级时，即发生松弛转变。玻璃化转变就是外力作用时间与聚合物链段运动的松弛时间同数量级时的松弛转变。另一种观点认为玻璃化转变本质上是一个平衡热力学二级相变过程，而实验观测到的具有动力学性质的玻璃化转变温度(T_g)是需要无限长时间的热力学转变温度的一个显示。的确，从实验上来观察，我们只能发现玻璃化转变的速率特征，而认为玻璃化转变是一个平衡态热力学转变，并以此为基础做出的理论推导在解释玻璃化转变温度与共聚、增塑、交联等因素的关系上取得了满意的结果。这两种看起来矛盾的观点很可能说明了同一现象的不同方面，与其说是相互矛盾，不如说是相互补充。

在玻璃化转变过程中，物理性质的变化都可以用来研究其玻璃化转变的本质和测量玻璃化转变温度，其中利用体积变化测定 T_g 的方法，比如膨胀计法，是一种简单、经典的测试方法。与外力为交变应力的动态方法（动态黏弹谱仪、扭摆法、动态振簧法等）相比，膨胀计法属于静态测定方法。事实上，标准的 T_g 正是由聚合物的比容-温度曲线的转折来确定的，很容易用自由体积理论来解释。

一、实验目的

（1）学习用膨胀计法测定聚合物玻璃化转变温度（T_g）的方法；

（2）测定聚甲基丙烯酸甲酯（有机玻璃）的 T_g。

二、实验原理

高聚物由高弹态向玻璃态转变时（或相反过程的转变）的温度称为玻璃化转变温度。聚合物的玻璃化转变对非结晶性聚合物而言，是指温度增加时其从玻璃态到高弹态的转变，或温度降低时其从高弹态向玻璃态的转变；对结晶性聚合物来说，是指其中的非结晶部分的这种转变。T_g 是聚合物的重要特征温度之一，它是高分子链柔性的指标，可以作为聚合物的特征指标。从工艺角度来说，T_g 是非晶态聚合物使用温度的上限，是橡胶材料使用温度的下限。当聚合物由玻璃态转变为高弹态时，模量下降 3～4 个数量级，甚至更低。聚合物的体积、比容、热力学性能和介电性质等都发生明显变化。

当发生玻璃化转变时，高聚物从一种黏性液体或橡胶态变成脆性固体，却是液相，即玻璃态高聚物可以看作是过冷液体，它具有类似于结晶固体的物理性质，但分子的排列则像液体。所以许多结晶高聚物可以用熔体淬冷的方法，使分子排列来不及进入晶格而呈玻璃态。不能结晶的高聚物，例如无规聚苯乙烯，冷却时都形成玻璃态，与冷却的速率无关。但是冷却的速率决定了玻璃态中不规则的程度，因而影响玻璃态的比容和玻璃化转变温度。玻璃化转变不是热力学的平衡态过程，而是一个松弛过程，因而玻璃态与转变的过程有关。

自由体积为高聚物分子的运动提供空间。自由体积理论认为：在玻璃态下，由于链段运动被冻结，自由体积也被冻结，聚合物随温度升高而发生的膨胀只是由正常的分子膨胀过程造成的。而在 T_g 以上，除了正常的分子膨胀过程外，还有自由体积的膨胀，因此高弹态的膨胀系数比玻璃态的膨胀系数大。当自由体积分数达到一临界下限值（2.5%）时，链段运动正好能发生（这就是玻璃化转变的等自由体积理论）。由于当玻璃化转变时，除了体积膨胀系数外，聚合物的热容和压缩系数也发生不连续的变化，而这些量正好是 Gibbs 自由能的二级偏导数。根据热力学理论，体系 Gibbs 自由能的一级偏导数不连续的过程被称为一级转变，则二级转变可定义为体系 Gibbs 自由能的二级偏导数不连续的过程。因此玻璃化转变有时也被称作二级转变，T_g 被称为二级转变点。从分子运动的观点来看，玻璃化转变与约含 20～50 个主链碳原子的链段运动有关，是高分子的链段运动被激发的过程。在 T_g 以下时，聚合物链段的运动被冻结，此时聚合物的热膨胀主要克服原子间的主价力和次价力，膨胀系数较小。当温度升高到 T_g 以上时，链段开始运动，同时分子链本身由于链段的扩展运动也发生膨胀，这时膨胀系数较大，若以比容对温度作图，在 T_g 处就要出现斜率的转折变化（见图 2-14-1）。而且，高弹态的体积膨胀系数 α_L 远大于玻璃态的体积膨胀系数 α_g $\left(一般\ \alpha_g\ 只有\ \alpha_L\ 的\frac{1}{2}\sim\frac{1}{3}\right)$。

可以近似地认为高聚物的体积是由两部分组成的：一部分是大分子本身的占有体积（V_0），另一部分是分子尺寸的空穴和分子堆砌的缺陷等所形成的分子间的空隙，即称自由体

积。WLF 经验方程式预示聚合物的玻璃化转变是等自由体积状态,即

$$\log\alpha_f = \frac{-C_1(T-T_g)}{C_2+(T-T_g)} \quad (2-14-1)$$

$$\eta = A\exp\left(B\frac{V_0}{V_f}\right) = A\exp\left(B\frac{V-V_f}{V_f}\right) \quad (2-14-2)$$

式中:α_f 为 T_g 以上任何温度 T 时自由体积膨胀系数,根据液体张力黏度和自由体积的 Doolittle 半经验方程式(式 2-14-2),假定 T_g 处的自由体积分数为 f_g,则

$$f_g = \frac{V_{f_g}}{V} \quad (2-14-3)$$

$$f = f_g + \alpha_f(T-T_g) \quad (2-14-4)$$

式中:V_{f_g} 为 T_g 处的自由体积;V 为聚合物总体积;f 为 T_g 处以上任何温度 T 时的自由体积。因此,当 $T>T_g$ 时,有

$$\ln\eta(T) = \ln A + B\left[\frac{1}{f_g+\alpha_f(T-T_g)} - 1\right] \quad (2-14-5)$$

当 $T=T_g$ 时,有

$$\ln\eta(T_g) = \ln A + B\left(\frac{1}{f_g} - 1\right) \quad (2-14-6)$$

两式相减并取自然对数,得

$$\log\frac{\eta(T)}{\eta(T_g)} = -\frac{B}{2.303f_g}\left(\frac{T-T_g}{f_g/\alpha_f+T-T_g}\right) = \log\alpha_f \quad (2-14-7)$$

于是

$$C_1 = \frac{B}{2.303f_g} \quad (2-14-8)$$

$$C_2 = \frac{f_g}{\alpha_f} \quad (2-14-9)$$

式中:B 为 Doolittle 方程式中的常数,近似等于 1。由大量实验事实发现在大部分非晶态聚合物中:C_1 的值为 17.44,C_2 的值为 51.60。由此可计算出 f_g 的值为 0.025,表明聚合物在发生玻璃化转变时,其自由体积等于总体积的 2.5%。另外,一些实验表明 C_1 的值随聚合物种类不同发生一定的变化,见表 2-14-1。其中 C_2 的变化范围比较大,C_1 可近似为常数。

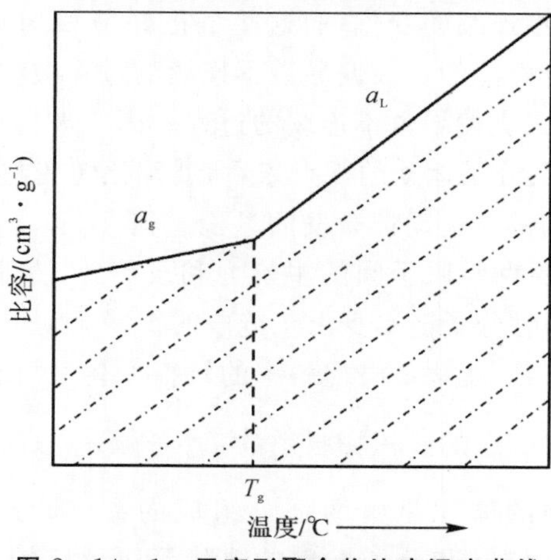

图 2-14-1 无定形聚合物比容温度曲线

表 2-14-1　不同聚合物的 WLF 参数

聚合物	C_1	C_2	T_g/K
聚异丁烯	16.6	104	202
聚苯乙烯	14.5	50.4	373
聚甲基丙烯酸甲酯	17.6	65.5	335
聚氨酯弹性体	15.6	32.6	238
天然橡胶	16.7	53.6	200
通用常数	17.4	51.6	

本实验采用膨胀计直接测量聚合物的体积随温度的变化，以体积对温度作图，从曲线两端的直线外推得到一个交点，此点对应的温度即为 T_g。但是许多实验事实表明玻璃化转变过程没有达到真正的热力学平衡，玻璃化转变是一个松弛过程，T_g 值的大小依赖于测定方法和升温(或降温)速率。图 2-14-2 为缓慢冷却和快速冷却时聚乙酸乙烯酯的比容-温度曲线，从中可以看出，随降温速率增加，T_g 值向高温方向移动。根据自由体积理论，在降温过程中，分子通过链段运动进行构象重排，多余的自由体积腾出并逐渐扩散出去，因此当聚合物冷却、体积收缩时，自由体积也在减少。但是由于黏度随降温而增大，这种构象重排不能及时进行，需要经过一定的松弛时间才能完成，所以聚合物的实际体积总比该温度下的平衡体积大，表现为比容-温度曲线上在 T_g 处发生拐折。降温速度愈快，拐折出现得愈早，T_g 就偏高。反之降温速度太慢，则所测 T_g 偏低，以致测不到 T_g。一般控制降温速率在 1～2℃/min 为宜。升温对 T_g 的影响也是如此。T_g 的大小还和外力有关：单向的外力能促使链段运动，外力越大，T_g 降低愈多。外力的频率变化引起玻璃化转变点的移动，频率增加则 T_g 升高，所以膨胀计法比动态法所测得的 T_g 要低一些。除了外界条件的影响外，显然 T_g 主要受到聚合物本身化学结构的支配，同时也受到其他结构因素的影响，例如共聚、交联、增塑以及分子量等。

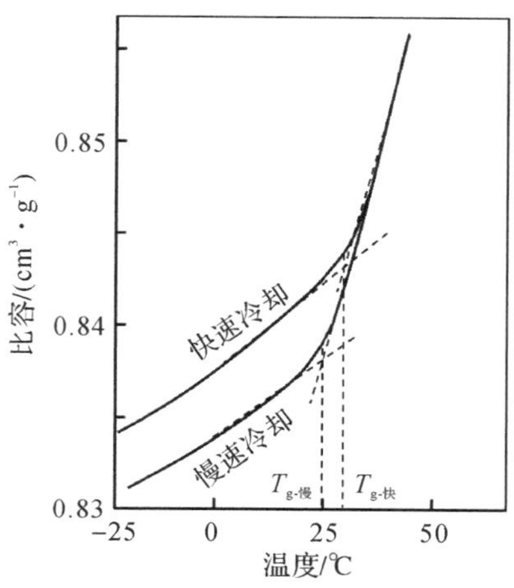

图 2-14-2　不同冷却速率下聚乙酸乙烯酯比容-温度曲线

三、实验仪器与材料

1. 实验仪器

膨胀计(见图 2-14-3),恒温槽一套。

2. 实验材料

有机玻璃试样,乙二醇,凡士林。

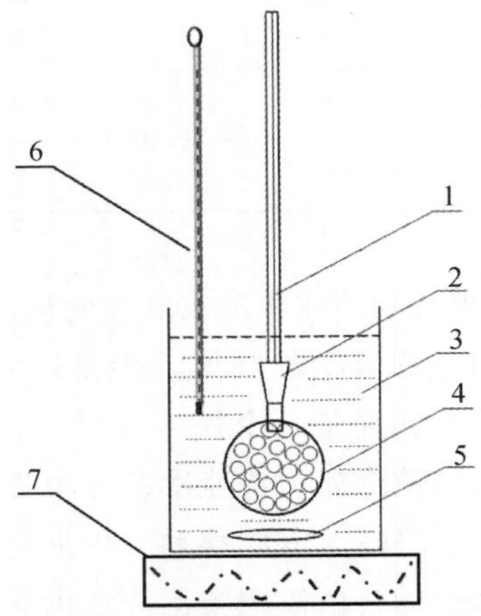

1—毛细管;2—标准磨口;3—硅油浴;4—试样瓶;5—磁子;6—温度计;7—加热炉

图 2-14-3　膨胀计示意图

四、实验步骤

(1)准备工作:将膨胀计洗净、烘干。

(2)装填试样:将清洁、干燥的试样装入至试样瓶体积的 4/5 处;加入带色的乙二醇,用玻璃棒细心搅拌,使试样瓶中无气泡,再加入乙二醇至试样瓶口。

(3)安装仪器:将膨胀计的毛细管垂直固定在高铁架上,磨口接头用细绳固定,将装好的膨胀计垂直浸入油恒温槽中,使油面刚好在试样瓶的顶面。

(4)T_g 的测定:接通恒温槽的电源,控制油的升温速度约为 1℃/min。从 80℃到 120℃大约每升高 5℃时,恒温 5 min,立即记录下油恒温槽的温度和毛细管中乙二醇液面所在刻度。如果被测高聚物的 T_g 可预先估计,则可在稍低于 T_g 值时开始读数,以节省测定时间,并且读数的温度间隔可以缩小,以提高精度。

(5)关闭油恒温槽的电源。从油恒温槽中取出膨胀计。把试样瓶与毛细管分开并清洗干净、放入电烘箱中。整理好实验场所。

五、实验数据记录与处理

按照表 2-14-2 记录实验结果,以毛细管中乙二醇液面读数为纵坐标,油恒温槽温度读数为横坐标作图。从两段直线的外延交点,定出有机玻璃的玻璃化转变温度 T_g,在图线上注明升温速度。

表 2-14-2　实验数据记录表

时　间/min	温　度/℃	毛细管上升高度/cm

六、实验注意事项

(1)膨胀计玻璃管较细，难于清洗干燥，所以使用前应确保清洗干净、完全干燥，清洗、干燥过程注意防止损坏。

(2)温度变化对实验结果的影响比较大，所以一定提前调试恒温槽等控温设备，准确控制好实验过程中的温度。

(3)油浴温度较高时注意防止烫伤。

七、课后思考

(1)影响玻璃化转变温度 T_g 测定值的因素有哪些？

(2)选择介质时应注意哪些条件？

(3)试用自由体积理论简述膨胀计法测定聚合物玻璃化转变温度的原理。

(4)为什么采用不同的升温速率测得的聚合物玻璃化转变温度不同？

实验十五　静压力法测定聚合物的温度-变形曲线

温度是影响聚合物物理性能的重要参数。随温度的变化，聚合物的许多性能，诸如热力学性质、动力学性质和光电性能等都将发生一定变化。在玻璃态向高弹态的转变温度区，温度的微量变化甚至引起聚合物性能的突变。事实上，聚合物的三种力学状态(玻璃态、高弹态和黏流态)主要就是依据温度不同而呈现的，特别是聚合物性能的温度敏感区刚好在室温上下几十摄氏度范围内。无定形聚合物在较低温度时，整个大分子链和各局部的链段只能在平衡位置上振动，只有键长的伸缩和键角的变化，不能平移和转动而离开原来的位置。此时，聚合物表现为很硬的状态，像玻璃一样。加上外力时，大分子链只产生较小的变形，外力去除后又立即恢复原状，聚合物处于玻璃态。当温度升高时，热运动能量逐渐增加，在达到某一温度后，整个大分子相对其他分子仍然是不运动的，但分子内各个链段是可以运动的。链段运动不断改变分子链的形状，这时若在外力作用下聚合物可以发生很大变形，则聚合物处于高弹态。继续升高温度，聚合物整个大分子链都开始发生移动，这时聚合物逐渐变成可以流动的黏性液体，称为黏流态。处于黏流态的聚合物，除去外力作用后，其原有形变无法回复，表现出黏性流体的性质。在外力作用下无定形聚合物的温度-变形曲线如图 2-15-1 所示。

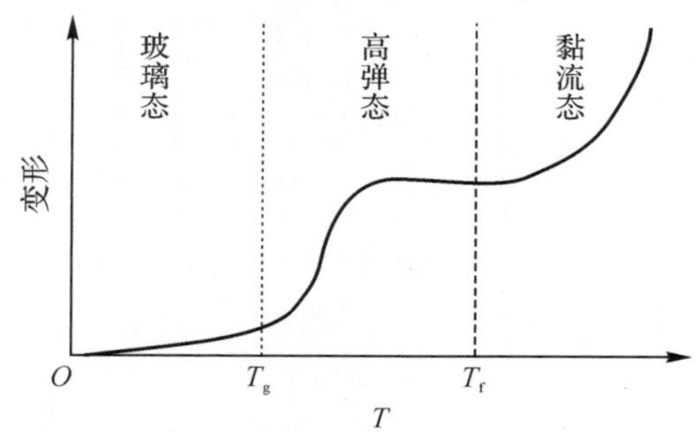

T_g—玻璃化转变温度　T_f—黏流温度

图 2-15-1　无定形聚合物的温度-变形曲线

如果聚合物玻璃化转变温度(T_g)高于室温，聚合物是坚硬的塑料或纤维。如果某一聚合物的 T_g 远低于室温，即室温下聚合物处于高弹态，则其为橡胶。因此热塑性聚合物的最高使用温度和 T_g 相近，当温度高于 T_g 时，塑料即变成很容易变形的弹性体，不能再承受很大的负荷。橡胶在高弹态使用，因此要求 T_g 愈低愈好。黏流温度对于聚合物而言也是很重要的参数，热塑性聚合物要借助于黏流成型，熔融纺丝也在黏流态进行。对于塑料来说，T_g 越高、黏流温度越低越有利，这时塑料既有较高的使用温度，又可在相对低的温度成型，便于加工。而对于橡胶，则要求很低的 T_g 及宽的使用温度范围，这样同时便于加工。特别是在日常生产生活中，不同季节、不同场合温度因素对聚合物制品的影响在所难免，因此研究无定形聚合物的三种力学状态的特点及其转变规律，测定转变温度，具有重要的理论和实际意义。另外，聚合物力学性能的温度依赖性也为我们探究其各种力学性能的分子运动机理提供了大量资料，使我们有可能把实验现象的讨论提高到分子水平，从而为建立聚合物力学性能的分子理论提供实验数据支撑。

可以采用多种方法和相应的仪器来测量聚合物的温度-变形曲线，但在大多数情况下是采用等速升温和恒定压力作用于试样条件下测定聚合物静态温度-变形曲线的。这种方法的优点在于大大简化仪器装置，操作简便，形变测量是由差动变压器变成电量，送到函数记录仪，用等速升温仪来控制对试样的升温速度。样品温度由热电偶转换成电量，送到函数记录仪，这样即可得到聚合物试样的温度-形变曲线。

一、实验目的

(1)掌握聚合物温度-变形曲线的测定方法；

(2)测定聚甲基丙烯酸甲酯(PMMA)的温度-变形曲线，找出其 T_g 和黏流温度 T_f，理解高聚物的三种基本力学状态。

二、实验原理

聚合物物理状态的转变取决于分子运动的机理，而聚甲基丙烯酸甲酯、聚氯乙烯等聚合物的温度-变形曲线与图 2－15－1 中曲线相似，即聚合物变形能力表现出明显的阶段性。

（1）当聚合物处于玻璃态时，由于温度低，分子间作用力大，高分子的运动能量不足以克服整个分子链和链段的运动所需的位垒，分子链和链段被冻结，在外力作用下，只有键长和键角的变化，因此形变很小，且此形变是可逆的普弹形变，如图 2－15－2 所示。在温度-变形曲线上表现为一段斜率很小的直线。

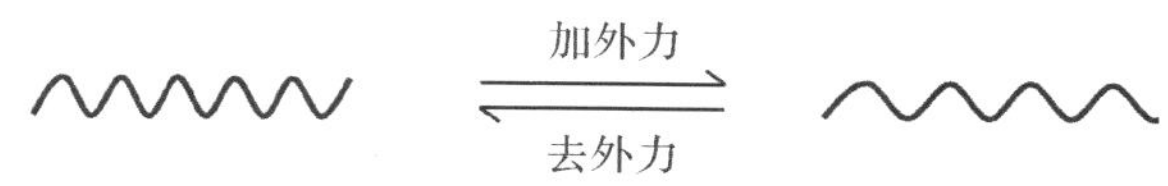

图 2－15－2　玻璃态分子链状态

（2）随着温度的升高，聚合物表现出一定弹性。达到 T_g 之后，分子热运动的能量足以克服链段运动所需的位垒，但还不足以使整个大分子链产生相对移动。此时，由于链段已能运动，所以在外力作用下，链段会伸展或卷曲，产生比较大的形变。外力除去时，形变可恢复，我们称之为高弹形变，形变量可达 100%～1 000%，如图 2－15－3 所示。在温度-变形曲线上表现为变形曲线急剧向上弯曲，随后基本上保持一个平台，如图 2－15－1 所示。

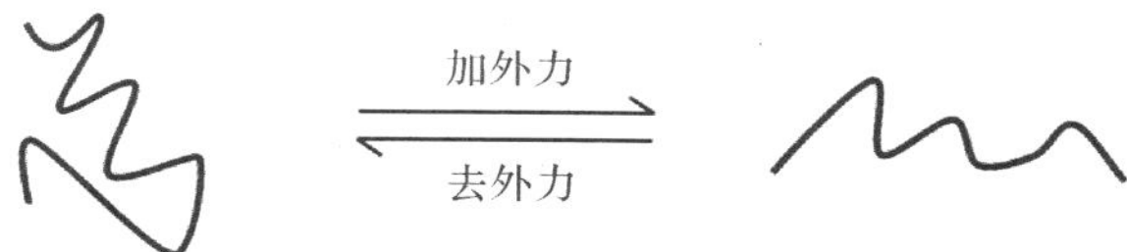

图 2－15－3　高弹态分子链状态

（3）当温度进一步升高达到 T_f 时，聚合物进入黏流态，分子运动能量足以克服整个分子链和链段的运动所需位垒，大分子整链可以发生位移。在外力作用下，大分子整链发生位移产生不可逆的塑性形变。由于高分子链间作用力很大，其流体的黏度也很大，其大分子运动的示意图如图 2－15－4 所示。在温度-变形曲线上表现为形变急剧增加，曲线向上弯曲。而当温度进一步升高时，达到聚合物的分解温度（T_d）时，聚合物就开始分解。可见，聚合物的加工温度范围是 T_f～T_d。

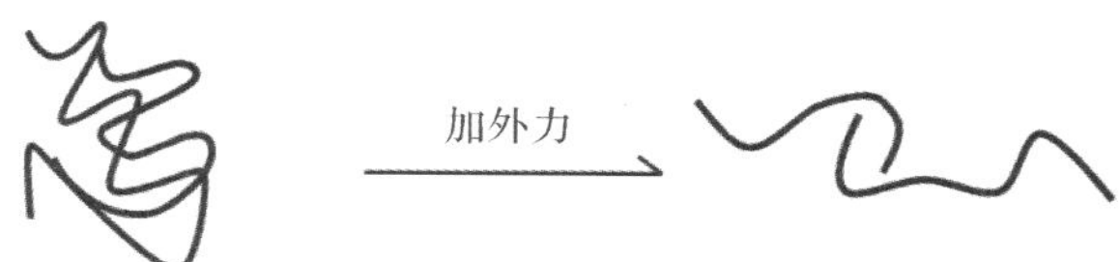

图 2－15－4　黏流态分子链状态

聚合物分子量的大小、分子链的柔顺性、分子间作用力等结构因素都影响无定形聚合物的温度-形变曲线。随着分子量的增大，玻璃化转变温度升高，当分子量达到一定程度时，玻璃化转变温度变化不再明显。分子链刚性大，分子间作用力强，玻璃化转变温度都会升高。

对于给定的无定形聚合物，物理状态的转变还与作用力速度、加热速度等动力学因素有关。在同一温度下，作用力速度很快时，由于外力作用于聚合物上的时间很短，以致链段来不及运动，此时聚合物表现为玻璃态，这种条件下，只有温度更高时，链段才开始运动，故 T_g 升高。当加热速度加快，聚合物在一定温度下停留的时间就少了。因此，只有在更高的温度下，使链段运动所需的时间减少，链段才能运动，进而玻璃化转变温度升高。在不同文献、资料里看到同一聚合物的玻璃化转变温度是有差别的，其原因之一就是测定的方法及条件不同。

三、实验仪器和材料

1. 实验仪器

静态热机械分析仪(见图 2-15-5),其结构示意图如图 2-15-6 所示。

图 2-15-5　热机械分析仪装置实物图

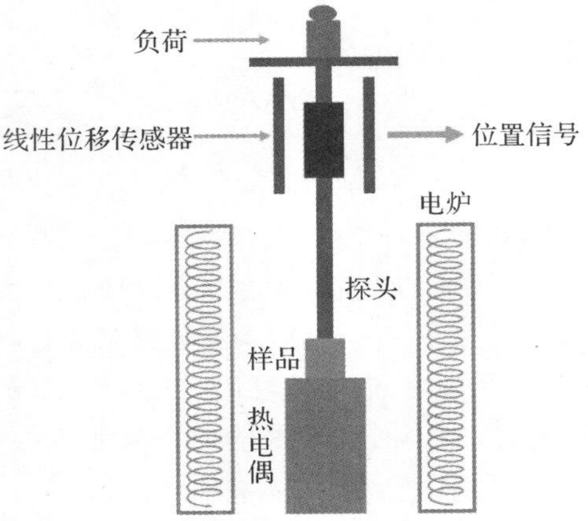

负荷
线性位移传感器
位置信号
电炉
探头
样品
热电偶

图 2-15-6　热机械分析仪装置结构简图

2. 实验材料

圆柱形聚甲基丙烯酸甲酯(PMMA)试样。

四、实验步骤

1. 样品制备

(1)试样准备。制备高为 7.0 mm 左右,截面直径为 10 mm 的 PMMA 圆柱体试样。试样两端面要平行,用游标卡尺测量试样高度。

(2)测试条件。温度范围:20～300℃,升温速率有 6 挡:0.5℃/min、1.0℃/min、1.2℃/min、2.0℃/min、5.0℃/min、10.0℃/min。本实验选用 5℃/min 的升温速率,重量负荷为 3.0 kg。

(3)测试操作:

1)将压缩炉芯从炉体中取出,将试样放入压缩夹具中,采用压缩或针入压头,将上压杆轻轻压在压头上。然后将压缩炉芯放入炉体中,插入测温传感器,将负荷加载在砝码天平托盘上。

2)将位移传感器移至砝码上固定好,调节微动旋钮,然后启动计算机软件,进入调零界面进行调零。

3)点击“新实验”按钮,打开“设置试验常规参数”窗口,填写试验编号、试验标准、材料名称等相关信息。点击“定制试样”按钮,打开“设置试样参数”,填写实验类型、试样类型、试样数量及尺寸。点击“试验设置”按钮,打开“设置试验控制参数”窗口,填入加载压强、试验速度和温度上限。

4)设置完成后,打开仪器电源,点击控制区“形变调零”按钮,对位移传感器进行调零。

5)点击“开始试验”按钮,试验启动后可以显示实时温度和形变信息。

6)当试验达到设定的停止条件时,试验自动结束,也可以手动点击“停止试验”按钮来终止试验。

7)记录数据并进行分析。

8)所有测试结束后,保存数据并结束试验。

(4)结果分析:本仪器的软件提供两种方法可进行分析。

1)转变点自动分析法:选择“自动分析”选项,程序自动对试验数据进行统计分析,从而确定 T_g,T_f 或 T_m。

2)辅助线分析法:将控制区的“自动分析”选项去掉,按下 T_g 或 T_f 按钮,此时光标变“十”字形状,即可手动或自动绘制辅助线段,以辅助线段的交点为转变点,从而确定 T_g,T_f 或 T_m。

五、实验数据记录与处理

(1)点击文件菜单中“打开记录”按钮,打开试验记录窗口,在记录列表中选择一条试验记录,点击“打开”或双击即可打开该试验记录。

(2)从“文件”菜单中的“报告设置”可打开“报告设置”窗口,按照需要选择输出报告中的项目内容,若不需要某些参数,去掉前面的“✓”即可。

(3)点击“文件”菜单中的“打印预览”可预览试验报告效果,点击预览窗口的“打印”或点击文件菜单的“打印报告”按钮即可打印输出试验报告。

(4)实验结果列表(见表 2-15-1)。

实验温度:____________;　　实验方法:____________;

样品名称:____________;　　设备名称:____________。

表 2-15-1　实验过程记录表

样品名称	压缩应力/MPa	升温速率/(℃·min^{-1})	T_g/℃	T_f/℃

六、实验注意事项

(1)试样的形状对转变温度的测定结果影响比较大,因此必须注明试样的形状、规格。

(2)与压头接触的试样表面必须光滑、平整,试样与夹具上、下端面平行度要高,以免影响测试结果。

(3)升温速率不宜选择太慢或过快。

(4)实验后半段炉体温度较高,需注意防止烫伤。

七、课后思考

(1)无定形聚合物的温度-变形曲线与分子运动有什么联系?

(2)哪些实验条件会影响 T_g 和 T_f 的数值?它们各产生何种影响?

(3)为什么本实验 PMMA 试样测定的是玻璃态、高弹态、黏流态之间的转变,而不是相变?

(4)本实验所测得的 T_g 与膨胀计法或电化学方法所测得的 T_g 是否一致?为什么?

(5)请画出高相对分子量低结晶度聚合物的温度-变形曲线。

实验十六　差示扫描量热法测定聚合物的热转变

差示扫描量热法(Differential Scanning Calorimetry,DSC)是热分析法的一种,近年来随着电子技术的采用,热分析法已成为高分子材料研究工作中经常使用的方法之一。

热分析法原则上可研究物质在发生物理或化学变化时的热效应。在高分子领域常使用热分析法来研究聚合物对热敏感的各类物理转变或化学反应过程,例如聚合物的结晶、熔融、晶相转变和玻璃化转变等物理变化;热分析法也可以研究聚合物的聚合、缩合、环化、固化、硫化、热分解、热氧化等化学变化。在差热曲线中可以看到这些变化过程相应的吸热峰或放热峰,也可以看见转变时出现基线的偏移等。由于聚合物的物理或化学变化对热敏感的特性是很复杂的,差动热分析测得的热效应往往是几种反应热效应之和(如热氧化、热分解等),所以常常需要结合其他实验方法(如热重分析、色谱、质谱和动态力学实验等)对差动热分析所得的谱图进行研究,探讨聚合物结构和性能之间的关系和各种物理、化学变化过程的机理等。

一、实验目的

(1)了解 DSC 的基本原理,能通过 DSC 测定聚合物的加热及冷却过程的热效应谱图。

(2)掌握应用 DSC 测定聚合物的 T_g、T_c、T_m 及结晶度 f_c 的方法。

二、实验原理

差热分析(Differential Thermel Analysis,DTA)是在温度程序控制下测量试样与参比物之间温度差随温度变化的一种技术。DSC 是在 DTA 基础上发展起来的热分析方法。DSC 是在温度程序控制下,测量试样与参比物在单位时间内能量差随温度变化的一种技术。根据测量方法的不同,目前常用的 DSC 主要分为两类:一类是功率补偿型,如 Perkin－Elmer 公司生产的各种型号的 DSC;一类是热流型 DSC,如德国耐驰的 DSC200 型等。功率补偿型 DSC 要求试样与参比物的温度不论试样吸热或放热都要相同,因此,在试样和参比池下面设有测温元件和加热器,借助加热器随时保持试样和参比物之间温差为零,同时记录加热器的热输出,从而测得热流差。热流型 DSC 通常也被认为是定量的 DTA,其是将试样和参比物都在一个加热板上加热,通过热流检测器(一种热阻)测出参比和试样之间的热流差,从而准确、定量分析的方法。

1. 功率补偿型 DSC

功率补偿型 DSC 与差热分析(DTA)在仪器结构上的主要不同就是在后者仪器中增加了一个差动补偿放大器,以及在盛放试样和参比物的坩埚下面安装了补偿加热丝。试样和参比物分别放置在两个相互独立的加热器中,两个加热器具有相同的热容和热导率,并按照相同的温度程序扫描。由于参比物在所选定的扫描温度范围内不具有任何热效应,因此记录下来的任何热效应就都是试样产生的。功率补偿型 DSC 的工作建立在零位平衡的原理上。可以把 DSC 的热分析系统分为两个控制环路:第一个环路作为平均温度控制,以保证按预定程序升(降)样品和参比物的温度;第二个环路的作用是通过调节功率输入以消除样品和参比物直接的温度差。通过连续不断地自动调节加热器的功率可以使样品池温度和参比池温度相同,此时,有一个与输入到样品的热流和输入到参比物的热流之间的差值成正比的信号被反馈输送到记录仪中。同时，记录仪还实时记录样品和参比物的平均温度。最终得到以热流为纵坐标、温度或时间为横坐标的 DSC 谱图。

2. 热流型 DSC

热流型 DSC 的热分析系统与功率补偿型 DSC 的差异较大，它是将样品和参比物同时放在同一块康铜片上，并由一个热源加热。康铜片的作用有两个：一是给试样和参比物传递热量，二是作为测温热电偶的一极。铬镍合金线与康铜片组成的热电偶记录试样和参比物的温差，而镍铝合金线和铬镍合金线组成的热电偶测定试样温度。可见，热流型 DSC 的热分析系统实际上测量的是样品与参比物的温度差。显然，热流型 DSC 不能直接测定试样的热焓变化量。若要测定试样的热焓，需要利用标准物质进行标定，求出温度差与热焓之间的换算关系后，才能计算出热焓值。新型的热流型 DSC 都带有计算机分析软件，使换算过程简便易行，仪器精度和分辨率都比较高。

3. DSC 的应用

DSC 在高分子方面的应用特别广泛，在试样加热和冷却的过程中，会由于发生物理或化学变化而产生热效应，在测试的曲线上会表现出吸热或放热的峰或阶梯。一般测量最终得到的是以样品吸热或放热的速率（dH/dt 或 Φ）为纵坐标、以温度（T）或时间（t）为横坐标的 DSC 曲线。图 2-16-1 为典型的半结晶型聚合物的 DSC 谱图。当温度升高，达到玻璃化转变温度 T_g 时，分子链链段开始运动，而链段运动需要克服一定的位垒，需要一定的能量，因此在 DSC 曲线上产生阶梯状位移；当温度继续升高时，分子链进行规整排列，试样发生冷结晶，结晶会释放热量而在 DSC 曲线上形成放热峰；当温度进一步升高时，试样开始熔融，在 DSC 曲线上形成吸热峰。试样发生的热效应均可用 DSC 进行检测，发生的热效应可大致归纳如下：

（1）吸热反应：如蒸发、升华、化学吸附、脱结晶水、二次相变（如高聚物的玻璃化转变）和气态还原等。

（2）放热反应：如结晶、气体吸附、氧化降解、气态氧化（燃烧）、爆炸和再结晶等。

（3）可能发生的放热或吸热反应：结晶形态的转变、化学分解、氧化还原反应和固态反应等。

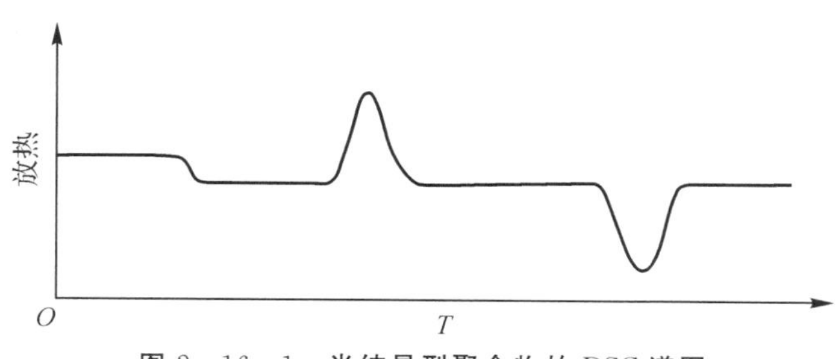

图 2-16-1　半结晶型聚合物的 DSC 谱图

4. DSC 曲线分析

（1）特征温度的确定。一般玻璃化转变温度的测定有以下几种方法：

1）角平分线法：两条切线交角的角平分线与曲线的交点为玻璃化转变温度 T_g。

2）拐点法：DSC 曲线的拐点为玻璃化转变温度 T_g。

3）ASTM 03418 法：拐切线起始点 T_1 和终止点 T_2 的中点为玻璃化转变温度 T_g。

至于 T_m 和 T_c 的确定，对于聚合物特征温度的选取一般有两种方法：由峰两边斜率最大处引切线，相交点所对应的温度为 T_m，或直接取峰顶温度作为 T_m（见图 2-16-2）。T_c 一般直接取峰顶温度，如图 2-16-2 所示。

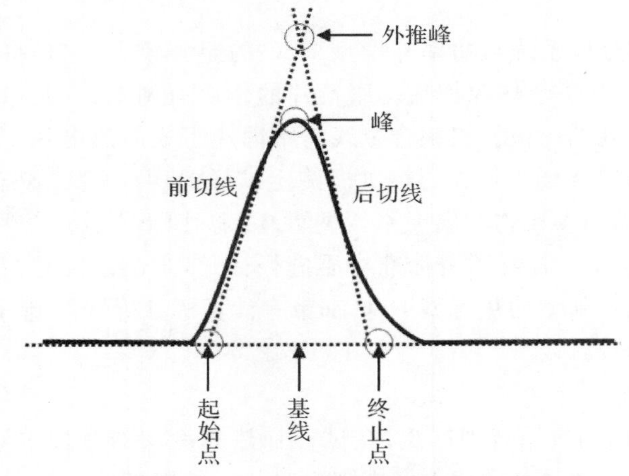

图 2-16-2　*DSC* 峰的特征点

（2）基线和峰面积的确定：DSC 峰面积的确定首先涉及基线的确定，而不同峰形的基线的确定方法往往不同，图 2-16-3 为常用的峰面积和基线的确定方法。

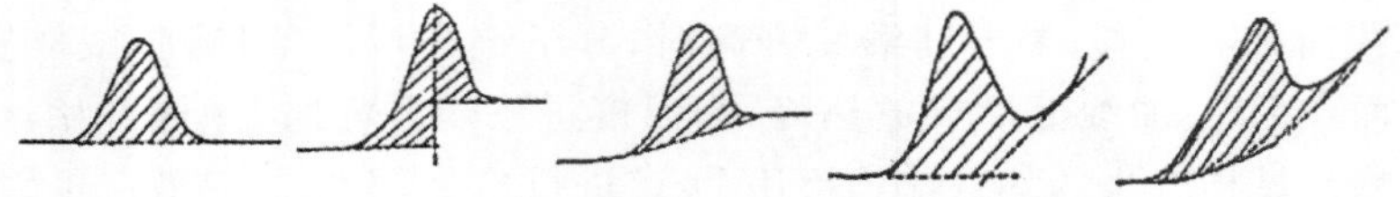

图 2-16-3　一些常见的确定基线与峰面积的方法

需要注意的是，一些复杂的峰基线确定方法并不是绝对的，文献上并没有对基线的确定有明确规定，这也是 DSC 在定量分析上的争议所在。一般通过 DSC 测试软件就可以很简单地确定基线和峰面积。

（3）结晶度的计算。一般试样的结晶度可以按如下公式计算：

$$X_D = \frac{\Delta H_f}{\Delta H_f^*} \times 100\% \tag{2-16-1}$$

其中，ΔH_f^* 为 100%结晶试样的熔融热焓；ΔH_f 为试样的实测热焓。

5. DSC 测试的影响因素

DSC 的原理和操作都比较简单，但是获得精确的结果不大容易。DSC 所得到的试样结构信息主要来自于曲线上峰的位置、峰（谷）面积与形状，因而获得的曲线与材料本身的性质、操作条件、仪器设备以及测试环境均有关系。

仪器因素主要包括炉子大小和形状、热电偶的粗细和位置、加热速率、测试时气体氛围以及盛放试样的坩埚材料及形状等。操作条件因素主要包括升温速率、气氛等。升温速率是影响 DSC 测试结果的重要因素，一般快速升温，峰形变大，但特征温度会向高温移动，相邻峰的分离能力下降。慢速升温有利于相邻峰的分离，但相应峰形变小。特别对于很多结晶型聚合物而言，慢速升温熔融过程可能伴有熔融重结晶，而快速升温易产生过热。因此，DSC 实验过程中的升温速率应遵从相关标准。对于聚合物的 DSC 测试，一般升（降）温速率范围为 5～20℃/min。DSC 测试中所用气氛应根据测试内容和目的的不同进行选择，借以辨析热分析曲线热效应的物理和化学变化。常用的气体以氮气为主，其他有氩气、氦气等。有时利用空气或氧气的氧化性，将空气或氧气作为某些样品测试时的反应气氛。所用气体的化学活性、流动状态、流速和压力等均会影响测试的结果。

试样因素主要包括试样的质量、试样大小、样品填装方式等。样品量少，热量传递迅速、均匀，数据更加“真实”，但是峰形较小。样品量多，传热延迟，信号移动，而峰强度增加。在测试时一般使用惰性气体，如氮气、氩气等，就不会产生氧化反应峰，同时又可以减少试样挥发物对监测器的腐蚀。此外，坩埚加盖减少热辐射和热对流对信号的影响，同时防止气流造成样品流失。为了避免生成气体无法被带走而引起体系压力增加，可以在样品坩埚盖上扎孔。

根据以上影响因素的分析，不同类型试样的制样需注意以下几方面：

(1)粉状固体：样品应均匀分布于坩埚底部。

(2)块状固体：对于如橡胶和热塑性聚合物，可用小刀等将试样切成薄片。

(3)薄膜：采用空心钻头冲取小圆片，圆片尽量完全覆盖在坩埚底部，加坩埚盖密封。

(4)液体：根据液体试样的黏度，可采用细玻璃棒、微型移液管等将其滴入坩埚。

(5)纤维：可将纤维切成小段平铺于坩埚底部，并加坩埚盖密封。

三、实验仪器和材料

1. 实验仪器

差示扫描量热仪(见图 2-16-4)，坩埚，压片制样机，分析天平。

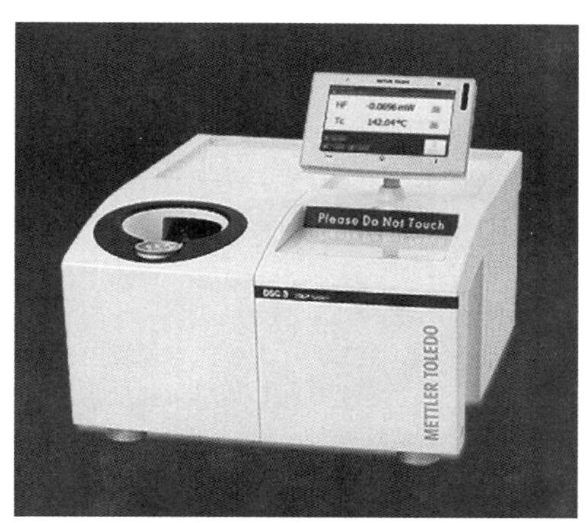

图 2-16-4　差式扫描量热仪实物图

2. 实验材料

聚乙烯(PE)，聚苯乙烯(PS)。

四、实验步骤

1. 试样制备

称取样品质量，一般取 5～10 mg 样品，并将称好的样品用镊子放入坩埚中，在坩埚盖上扎一个小孔，将坩埚盖盖在坩埚上，放置在压片机上压制，转动 3～5 圈即可。

2. 仪器校正

仪器在刚开始使用或使用一段时间后需要进行基线、温度和热量的校正，以保证数据结果的准确性。基线校正是在实验温度范围内，当样品池和参比池都未放任何东西时，进行温度扫描，此时得到的谱图理论上是一条直线，如果产生曲率等，则需要进行仪器的调整和炉子的清洗，使基线平直。温度和热量校正是做一系列标准纯物质的DSC曲线，然后将其与理论值进行比较，并进行曲线拟合，以消除仪器误差。

3. DSC曲线测试

(1)开启电脑和DSC测试仪，同时打开氮气阀和制冷机。

(2)打开测试软件STARe，在STARe的对话窗口中点击“方法窗口”，在菜单栏点击“程序段”建立方法(如动态、等温等)并保存。一般选择升温速率为10℃/min或20℃/min。

(3)在DSC窗口，在“常规编辑器”里调出已建立的方法，输入样品质量和样品名称。

(4)按照屏幕下方的提示(至加样温度，等待放入样品)，放样，点击确认，仪器开始进行测试。

(5)测样结束后，待温度冷却至室温，取出样品，关闭制冷机、氮气阀。

4. 数据处理

(1)在STARe软件窗口，打开数据处理窗口，在数据处理窗口将曲线导出为.txt格式。

(2)数据处理(结晶度计算)：在数据处理窗口打开曲线，将曲线归一化之后，求取特征点、热焓。

五、实验数据记录及处理

1. 实验记录

仪器型号：________________；样品名称：________________；

样品质量：________________。

结晶性聚合物样品实验数据：

(1)第一次升温扫描：

起始温度：________________；终止温度：________________；

升温速率：________________。

(2)降温扫描：

起始温度：________________；终止温度：________________；

升温速率：________________。

(3)第二次升温扫描

起始温度：________________；终止温度：________________；

升温速率：________________。

(4)100%结晶样品的熔融热焓：________________。

(5)谱图分析结果：

玻璃化转变温度 T_g：________________；

结晶度 T_c：________________；结晶热焓 ΔH_c：________________；

熔点 T_m：________________；熔融热焓 ΔH_m：________________；

结晶度 X_c：________________。

六、实验注意事项

(1)制样时，保证坩埚的底部洁净。

(2)样品质量要求在 5～10 mg,密度低、发泡的样品可以更少。保证样品体积不超过坩埚体积的 2/3。

(3)对于爆炸性的含能材料,测试时一定要特别小心,样品量一定要非常少,必须保证不会发生爆炸。

(4)在机械制冷开启的情况下一定要通干燥气体,不然炉体周围结水、结霜现象会非常严重。

(5)拿放坩埚时,所使用的镊子不能触碰到传感器的任何地方(包括焊点与电线)。

(6)应严格按照仪器的操作流程进行操作,以免损坏仪器。

(7)必须注意 DSC 测试温度范围应控制在样品分解温度以下。

七、课后思考

(1)差示扫描量热法(DSC)的基本原理是什么?

(2)升温速率对聚合物的 T_g 有什么影响?

(3)DSC 在聚合物的研究中有哪些用途? 请举例说明。

(4)对于结晶性聚合物,用相同的升温速率进行两次扫描。试分析两次升温曲线有哪些异同。为什么?

实验十七　聚合物应力松弛曲线的测定

聚合物在加工过程中,总是在一定力的作用下使大分子取向,由黏性流体至固化成型的制品。制品脱模后其内部总存在一定的内应力。应力松弛是高聚物的一种松弛表现,与材料的结构、外界条件等有关,它反映了材料的尺寸稳定性。由于应力松弛,制品在放置过程中其形状不能固定,会产生缓慢的变形甚至开裂。因此,常采用热处理或退火的办法,达到稳定制品形状的目的。所谓退火就是维持固定形状而让其完成应力松弛的工艺。许多塑料制品成型后均需退火处理,如在纤维生产中,拉伸定型的热处理能加速应力松弛过程,消除内应力,防止其使用时收缩。通过对聚合物应力松弛的研究,可巩固并加深对高聚物松弛性质的认识,了解聚合物结构与松弛的关系,为合成新材料或实际应用中选材设计提供依据。

一、实验目的

(1)了解聚合物的应力松弛现象;

(2)巩固并加深对聚合物松弛性质的认识,掌握使用应力松弛仪测定聚合物应力松弛曲线的方法。

二、实验原理

应力松弛是对聚合物材料快速施加一定应力,在保持应变不变的情况下,应力随时间的增加而逐渐衰减的现象,如图 2-17-1(a)所示。聚合物的应力松弛,其根源在于聚合物的黏弹性。聚合物受力时,其发生三种运动单元的运动,其中键长、键角运动的松弛时间小于链段运动时间,链段运动的时间小于整个大分子链的运动时间。处于玻璃态的聚合物,由于后两种运动难以发生,故松弛现象不明显。处于高弹态的聚合物,由于链段可以运动,在长时间力的作用下，能通过链段运动达到整个大分子的运动，因而松弛现象明显。当一个聚合物试样迅速被拉伸或压缩并固定形变时，总的形变包括分子链中原子间键角与键长的改变(普弹形变)和原来处于卷曲状态的大分子链的伸展(高弹形变)，但是分子间的相对位移来不及发生。因固定了形变，试样仍处于受应力的状态，随时间的增加，柔性链分子因热运动而沿力作用的方向逐渐舒展和移动，链段热运动具有回复到大分子无规卷曲的最可几状态的趋向，消除了弹性形变产生的内应力，因而应力相应减小。经过足够长的时间，将达到大分子的位移，同时，热运动使大分子慢慢地转入另一种无规卷曲的平衡状态，使所固定的形变成为不可逆形变。当时间足够长时，应力衰减最后达到零。但是，如果聚合物存在交联键，因交联键抑制了大分子移动和解缠结，所以交联聚合物的应力松弛最终只能应力衰减到一定值后趋于不变。

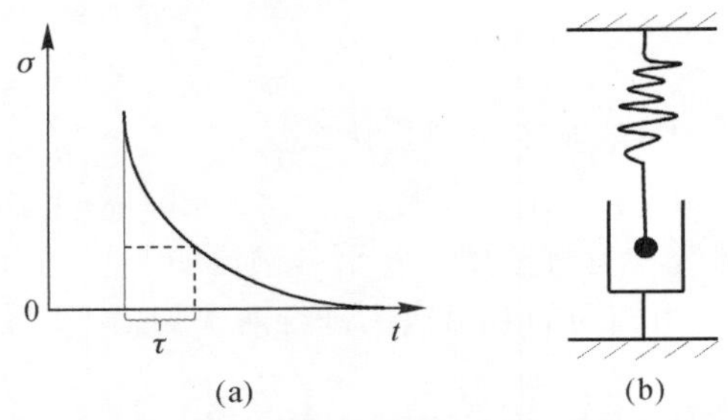

图 2-17-1　聚合物应力松弛示意图与应力松弛模型

(a)聚合物的应力松弛；(b)聚合物应力松弛的 Maxwell 模型

由上可知，应力松弛是一种弹性和黏性的组合形式。因而，聚合物的应力松弛行为可用 Maxwell 模型来描述，如图 2-17-1(b)所示。它由一个黏壶和一个弹簧串联而成。如果瞬间加一个外力，则弹簧将产生一定形变，随着时间的延长，黏壶将发生塑性流动。由于总的形变固定不变，则黏壶的形变抵消了弹簧的形变，所以，为保持固定形变的外力随时间增长而变小。在这个模型中：$\sigma=\sigma_{弹}=\sigma_{黏}$；$\varepsilon=\varepsilon_{弹}+\varepsilon_{黏}=$常数。物体的黏性形变为

$$\sigma=\eta\frac{\mathrm{d}\varepsilon_{黏}}{\mathrm{d}t}\tag{2-17-1}$$

物体的弹性形变为

$$\sigma=E\varepsilon_{弹}\tag{2-17-2}$$

式(2-17-2)对时间微分得到 Maxwell 方程，即

$$\frac{\mathrm{d}\varepsilon_{弹}}{\mathrm{d}t}=\frac{1}{E}\frac{\mathrm{d}\sigma}{\mathrm{d}t}-\frac{\sigma}{E^2}\frac{\mathrm{d}E}{\mathrm{d}t}\tag{2-17-3}$$

假定 E 和 η 不随时间变化，则$\frac{\mathrm{d}E}{\mathrm{d}t}=0$，得

$$\frac{\mathrm{d}\varepsilon_{弹}}{\mathrm{d}t}=\frac{1}{E}\frac{\mathrm{d}\sigma}{\mathrm{d}t}\tag{2-17-4}$$

从式(2-17-1)和式(2-17-2)得出

$$\frac{\mathrm{d}\varepsilon_{黏}}{\mathrm{d}t}+\frac{\mathrm{d}\varepsilon_{弹}}{\mathrm{d}t}=\frac{\mathrm{d}\varepsilon}{\mathrm{d}t}=0\tag{2-17-5}$$

即

$$\frac{\sigma}{\eta}+\frac{1}{E}\frac{\mathrm{d}\sigma}{\mathrm{d}t}=0\tag{2-17-6}$$

$$\frac{d\sigma}{\sigma}=-\frac{E}{\eta}dt=-\frac{1}{\tau}dt \qquad (2-17-7)$$

式中：τ 为松弛时间，即 $\tau=\eta/E$，E 为弹性模量。

积分式(2－17－7)，设初始的应变为 ε_0，对应的初始应力为 σ_0，即 $t=0$ 时，$\sigma=\sigma_0$，时间为 t 时，应力为 σ，得

$$\sigma=\sigma_0 e^{-t/\tau} \qquad (2-17-8)$$

当 $t=\tau$ 时，即为所谓的应力松弛时间。

由于实际聚合物属于非线性黏弹体，应力和应变不仅与时间有关，还与应力、应变的方式及切变速率有关。黏度不是一个常数，所以实际的应力松弛要比式(2－17－8)复杂得多。

三、实验仪器与材料

1. 实验仪器

本实验采用的主要仪器为压缩应力松弛仪，如图 2－17－2 所示。该仪器由测试装置、压缩装置以及夹具构成。将试样放入夹具中，转动扳手可以调节活动板的高度，当夹具接触上方金属杆后，继续转动扳手，样品即发生形变，压缩装置可固定形变。由最上方的测试装置可以读出样品受到的应力值。

另需游标卡尺 1 把，秒表 1 块。

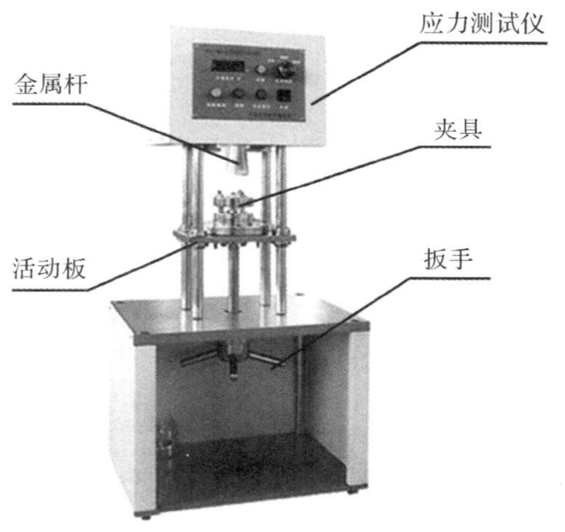

图 2－17－2　压缩应力松弛仪

2. 实验材料

天然橡胶或丁腈橡胶。

四、实验步骤

(1)准备橡胶试样(圆柱形)，由游标卡尺测量试样的直径和高度。

(2)接通电源，打开电源开关，电源指示灯亮，预热 5～10 min 后，即可投入使用(需清零时，要将电放完，即按住“清零”键)。根据实验要求选择合适的限制器。

(3)清洗夹具的操作面，将试样放入夹具中，使试样与金属杆位于同一轴线上，用螺母紧固夹具，将试样压缩到规定的压缩率并固定。

(4)将夹具放入松弛仪内,转动扳手使活动板上升,压头与金属杆接触,但此时金属杆平面部位仍与夹具上压板接触,两根导线处于导通状态,接触指示灯不亮。扳动手柄使活动板上升,活动板继续上升,试样被压缩,金属杆平面部位与夹具上压板分离,两根导线处于断开状态,接触指示灯亮,记录此时显示的力值。

(5)扳动手柄,使活动板下降,并按“清零”键。

(6)间隔 2～6 min,重复(4)的步骤,直至指示灯熄灭,实验结束,记录每一次操作的力值和时间。

五、实验数据记录与处理

(1)将记录的力值转换成应力值。

(2)根据记录的时间和相应的应力值,作出应力-时间曲线,即应力松弛曲线。用下式计算压缩应力松弛百分率:

$$R(t)=\frac{\sigma_0-\sigma_t}{\sigma_0}\times 100\% \qquad (2-17-9)$$

式中:σ_0 为开始时所测试样的应力;σ_t 为在时间 t 后所测试样的应力。

本实验取 σ_t 为最后一组数据的应力值。

六、实验注意事项

(1)金属杆轴要与试样中心对齐,否则容易导致试样中的压缩应力与试样轴线不一致,使试样产生弯矩,使实验结果出现偏差。

(2)确保试样的压缩夹具四个角的高度一致,使试样均匀受压缩载荷。

七、课后思考

(1)通过实验观察,分析应力松弛的分子运动过程。

(2)分析影响测试结果的各种可能因素。

(3)一般塑料的松弛时间比橡胶的长还是短?试解释其原因。

实验十八　聚合物蠕变的测试和 Boltzmann 叠加原理

材料在应力的作用下会产生相应的应变。理想的弹性固体材料服从胡克定律,应力正比于应变,应力恒定时,应变是一个常数,撤掉外力后应变立刻回复到初始状态。而理想的黏性液体服从牛顿定律,应力正比于应变速率,在恒定的外力作用下,应变的数值随时间的延长而线性增加,撤掉外力后应变不再回复,产生永久变形。聚合物宏观的力学响应是分子运动的反映,由于高分子链具有多重运动单元和多种运动模式,因此其力学响应强烈地依赖于温度和外力作用的时间。在外力作用下,聚合物应变行为兼有弹性材料和黏性材料的特征。应变既包含永久变形,又包含弹性变形;应变的大小既依赖于应力,又依赖于应变速率。可回复的弹性形变又可分为依赖于时间的高弹形变和瞬时回复的普弹形变。这种兼具黏性和弹性的性质称为黏弹性。如果这种黏弹性是由符合虎克定律的线性弹性行为和服从牛顿定律的线性黏性行为的组合来描述的,就称为线性黏弹性,否则称为非线性黏弹性。无论是不同的聚合物,或者是同一种聚合物，随着温度和时间的尺度的变化，都可以具有黏弹性的所有性质，这是聚合物最重要的物理特性。

聚合物黏弹性的力学现象主要表现有应力松弛、蠕变、形变滞后和力学损耗等，本实验只讨论聚合物的蠕变。蠕变现象是经常见到的力学现象，研究蠕变可以帮助我们合理地选用高分子材料。例如聚合物蠕变性能反映了材料和制品的尺寸稳定性，对于精密的机械零件，要选用抗蠕变性能好的工程塑料；作为纤维使用的聚合物必须具有常温下的抗蠕变性能，以保证纤维织物的形态稳定性；橡胶制品要经过硫化交联，以阻止大分子链的相对移动，保证橡胶制品具有良好的高弹性能。

Boltzmann 叠加原理是聚合物黏弹性的一个简单而又非常重要的原理。该原理指出聚合物蠕变是其整个负荷历史的函数，每个负荷对聚合物蠕变的贡献是独立的，各个负荷的总效应等于各个负荷效应的加和，最终的形变是各负荷贡献形变的简单加和。利用该原理，可以在有限的实验数据下预测聚合物在很宽负荷范围内的力学性质，具有重要的理论意义。

一、实验目的

(1)了解聚合物蠕变的基本原理和特点，测定聚合物的蠕变曲线，了解蠕变曲线各部分的意义；

(2)用阶梯加荷法测定迭加蠕变曲线及恢复曲线，以验证 Boltzmann 迭加原理，加深对聚合物黏弹性的理解。

二、实验原理

1. 聚合物蠕变

聚合物的蠕变：在适当的温度和较小的恒定外力(压力、拉力或扭力等)的作用下，材料的形变随时间的增加而逐渐增大的现象。做蠕变实验的条件是重要的：温度过低、外力太小，蠕变小而慢，不易观测；温度过高，外力太大，形变过快，也观察不到蠕变。维持恒定的应力，即应力 $\sigma(t)$ 具有阶梯函数的形式，即

$$\sigma(t)=\begin{cases}0, & 0\leqslant t<t_1\\ \sigma_0, & t_1\leqslant t\leqslant t_2\end{cases}$$

对于胡克弹性体，其对力的响应是瞬时的(见图 2-18-1)，当 $t=t_1$ 时加载后的应变立即产生，并在 $t_1\sim t_2$ 时间内维持恒定。当 $t=t_2$ 时，卸掉载荷后，应变即刻消失(见图 2-18-2)，物体恢复原样。对于黏弹性材料，对力的响应也是瞬时的(见图 2-18-1)，蠕变曲线则具有复杂的形状，如图 2-18-3 所示。

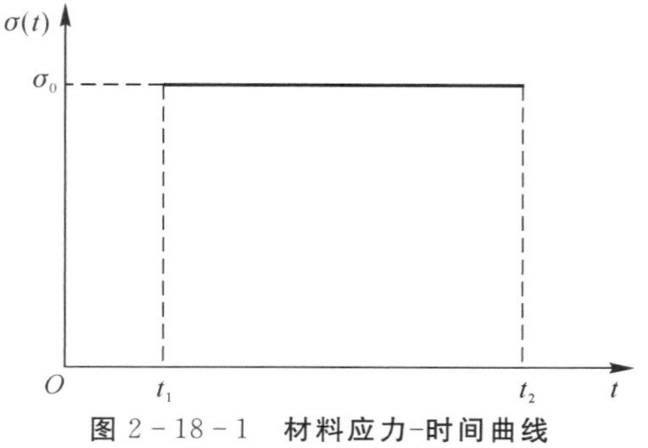

图 2-18-1　材料应力-时间曲线

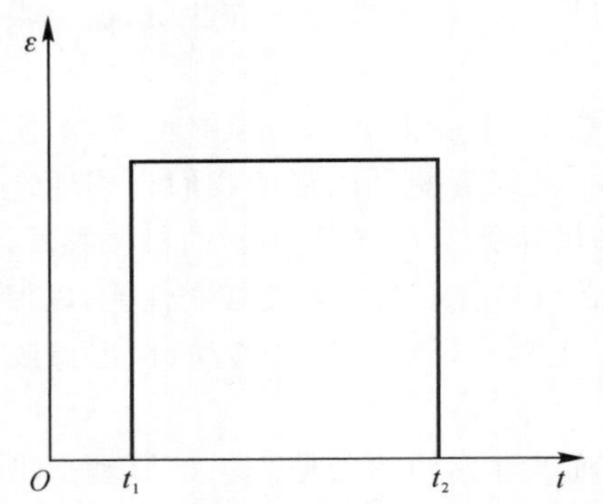

图 2-18-2　胡克弹性体的形变-时间关系

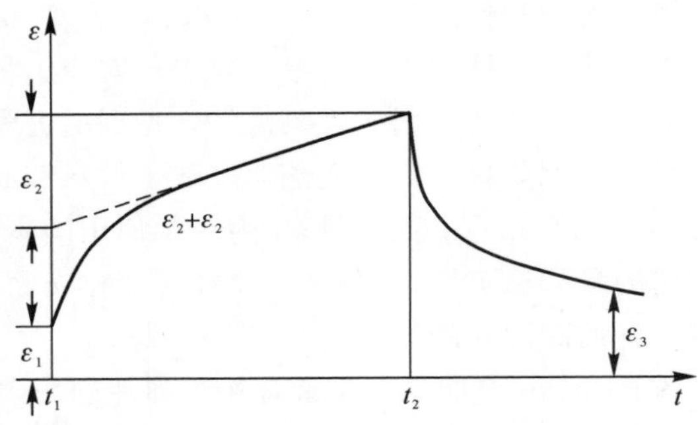

图 2-18-3　线性聚合物的蠕变曲线

对于体型结构的交联聚合物，在恒定负载作用下的蠕变过程，首先发生可逆的瞬时弹性形变，这是分子链内键长、键角的变化；随之是可逆的高弹形变，这是分子链的逐渐伸展，高弹形变是时间的函数，时间足够长后，形变充分发展而达到平衡。

对于线型聚合物，除了上述两种形变外，因为大分子之间能彼此滑移，产生不可逆的黏性流动，时间足够长时，可达到稳定流态。因此，总的形变是

$$\varepsilon(t)=\varepsilon_1+\varepsilon_2+\varepsilon_3 \tag{2-18-1}$$

式中：弹性形变 $\varepsilon_1=J_0\sigma$，σ 为应力，J_0 为弹性形变柔量；高弹形变 $\varepsilon_2=J\psi(t)\sigma$，$J\psi(t)$ 表明高弹形变柔量是时间的函数；黏性流动 $\varepsilon_3=\dfrac{t}{\eta}\sigma$，$\eta$ 为本体黏度。由此可得聚合物的总形变为

$$\varepsilon(t)=\varepsilon_1+\varepsilon_2+\varepsilon_3=\sigma\left[J_0+J\psi(t)+\frac{t}{\eta}\right] \tag{2-18-2}$$

即

$$\frac{\varepsilon(t)}{\sigma}=J(t)=J_0+J\psi(t)+\frac{t}{\eta} \tag{2-18-3}$$

式中：$J(t)$ 即是蠕变柔量。当 $t=t_2$ 时，卸去负载后的蠕变恢复曲线如图 2-18-3 所示。因为黏性流动不可逆，由恢复曲线可求得 η，或者由稳流态曲线的斜率也可求得本体黏度。

2. Boltzmann 迭加原理

Boltzmann 迭加原理是线性黏弹性的理论基础，它给出了应力与应变随时间变化的积分表达式。Boltzmann 迭加原理指出：在线性黏弹性范围和应力下试样中的蠕变是整个负荷历史的函数，每一阶段施加的负荷对最终形变的贡献是独立的。因此，最终的形变是各阶段负荷所贡献形变的加和。

现考虑具有 n 个阶梯加载程序的情况，如图 2-18-4 中加载程序中应力增量 $\Delta\sigma_1$、$\Delta\sigma_2$、$\Delta\sigma_3$…是在时间 t_1、t_2、t_3…分别加上去的，达到时间 t 时，总的蠕变为

$$\varepsilon(t)=\Delta\sigma_1 J(t-t_1)+\Delta\sigma_2 J(t-t_2)+\Delta\sigma_3 J(t-t_3)+\cdots \tag{2-18-4}$$

式中：$J(t-t_i)$ 是蠕变柔量函数。因此，每一阶段负荷对形变的贡献是应力增量和蠕变柔量函数的乘积，这一函数仅与从施加应力起到测量蠕变那一瞬间的时间间隔有关。将式(2-18-2)写成积分形式为

$$\varepsilon(t)=\int_{-\infty}^{t} J(t-t_i)\,\mathrm{d}\sigma(t_i) \tag{2-18-5}$$

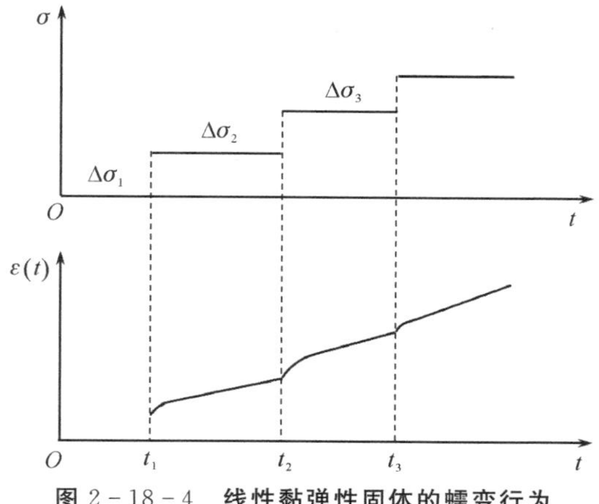

图 2-18-4 线性黏弹性固体的蠕变行为

通常将它写成下列形式：

$$\varepsilon(t) = \varepsilon_0 + \int_{-\infty}^{t} J(t - t_i) \frac{\mathrm{d}\sigma(t_i)}{\mathrm{d}(t_i)} \mathrm{d}(t_i) \tag{2-18-6}$$

式中：ε_0 是总瞬时弹性形变。积分限从 $-\infty$ 到 t，这是根据 Boltzmann 原理的假定，即将施加负荷以前的所有历史效应都考虑进去。因此在实验前必须对试样进行充分的预处理，以消除历史效应的影响。这个积分角 Duhamel 积分，可以有效地说明用 Boltzmann 迭加原理估算 n 个简单加载程序引起的应变响应。以线性黏弹性固体对单阶负荷、二阶负荷、去荷的响应情况为例（见图 2-18-5）。

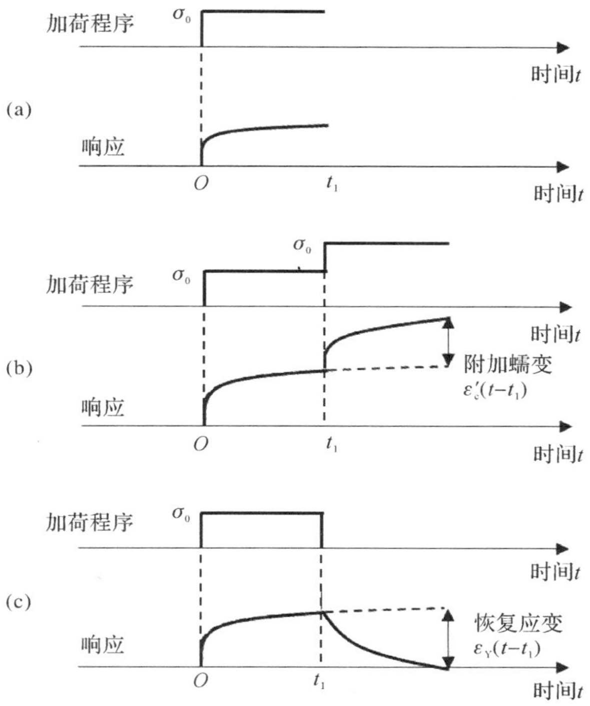

图 2-18-5 线性黏弹性固体对单阶加荷(a)、二阶加荷(b)、去荷(c)的响应情况

(1)在时间 $t_i=0$,应力为 σ_0 的单一阶加载情况如图 2-18-5(a)所示,此时

$$J(t-t_i)=J(t) \tag{2-18-7}$$

$$\varepsilon(t)=\sigma_0 J(t) \tag{2-18-8}$$

(2)在时间 $t_i=0$,应力为 σ_0,而在 $t_i=t_1$ 时再增加一个附加应力 σ_0 的二阶负荷,如图 2-18-5(b)所示,此时给出了两个阶梯加荷引起的蠕变形变,即

$$\varepsilon_1=\sigma_0 J(t) \tag{2-18-9}$$

$$\varepsilon_2=\sigma_0 J(t-t_1) \tag{2-18-10}$$

则总应变为

$$\varepsilon(t)=\varepsilon_1+\varepsilon_2=\sigma_0 J(t)+\sigma_0 J(t-t_1) \tag{2-18-11}$$

第二个阶梯加载产生的附加蠕变 $\varepsilon'_c(t-t_1)$ 由下式给出:

$$\varepsilon'_c(t-t_1)=\sigma_0 J(t)+\sigma_0 J(t-t_1)-\sigma_0 J(t)=\sigma_0 J(t-t_1) \tag{2-18-12}$$

这就是 Boltzmann 原理所要说明的问题,即由附加应力 σ_0 所产生的附加蠕变 $\varepsilon'_c(t-t_1)$ 等于在 t_1 之前没有施加任何负荷,而在时间 t_1 的瞬间施加一个应力 σ_0 所产生的蠕变。

(3)蠕变和恢复:这里应力 σ_0 是在时间 t_0 时加上去,而当时间 $t_i=t_1$ 时去除[见图 2-18-5(c)]。在 t_1 之后的时间 t,形变由 $\varepsilon_1=\sigma_0 J(t)$ 和 $\varepsilon_2=-\sigma_0 J(t-t_1)$ 两项给出,ε_1,ε_2 分别为加上应力 σ_0 和除去应力 σ_0 时的形变,有

$$\varepsilon(t)=\sigma_0 J(t)-\sigma_0 J(t-t_1) \tag{2-18-13}$$

因此,恢复形变 $\varepsilon_\gamma(t-t_1)$ 可定义为起始应力作用下预期的蠕变与实际测量蠕变之差值,即

$$\varepsilon_\gamma(t-t_1)=\sigma_0 J(t)-[\sigma_0 J(t)-\sigma_0 J(t-t_1)]=\sigma_0 J(t-t_1) \tag{2-18-14}$$

此时,蠕变和恢复形变的大小一样,这就是 Boltzmann 迭加原理所要说明的第二个结果。

三、实验仪器与材料

1. 实验仪器

压缩形变仪(结构示意图见图 2-18-6),秒表 1 块,恒温箱 1 台。

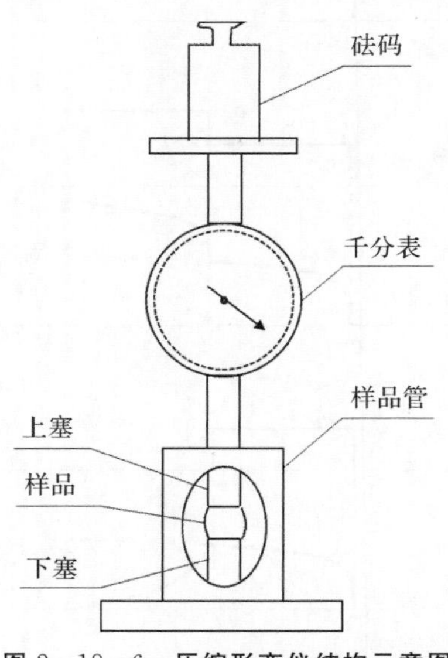

图 2-18-6　压缩形变仪结构示意图

2. 实验材料

选用部分交联的天然橡胶或者 SBS(苯乙烯-丁二烯-苯乙烯)共聚物等。将试样切制成圆柱形样品若干块，上、下底面应保持平行。将试样放入恒温箱中 0.5 h 以消除内应力等热历史。

四、实验步骤

(1)不加样品，用手动方式熟悉压缩形变仪和样品管的使用方法，特别注意千分表的读数。

(2)测量样品的高度、横截面积，记录室温。

(3)记下形变仪的零读数，然后放上样品，加上砝码 I(依所选择材料决定砝码的重量)，手按秒表，并立刻记录。

(4)按一定时间间隔读取样品高度随时间变化的千分表读数值，直到样品的压缩率为30%～60%时为止。

(5)立即取下砝码，也按同样的时间间隔记下千分表的读数。

(6)另取一块试样，按上述第(3)(4)步操作，不同的是加上砝码Ⅱ读取 5～6 个千分表读数后，再加上第二次荷重砝码Ⅲ，按一定的时间间隔，记录试样高度随时间间隔的千分表读数值，直到样品的压缩率为 50%～80%时为止。

(7)取下砝码，测定恢复曲线的千分表读数。

(8)按上述操作，重复测定一次。

五、实验数据记录与处理

(1)依据千分表读数计算形变，根据试样高度计算应变。

(2)画出在同一室温，同一恒定荷重下的蠕变-恢复曲线。

(3)画出在同一室温，阶梯加荷下的蠕变-恢复曲线。

六、实验注意事项

(1)试样上、下底面平行度要高，确保试样均匀加载。

(2)试样放置时，尽量保证试样上、下底面中心与上、下加载面中心对齐，防止加载偏心。

(3)砝码尽可能地放置于砝码盘的中央位置，避免砝码偏置引起的加载杆偏心，从而导致试样加载不均匀。

七、课后思考

(1)什么是蠕变现象？研究聚合物蠕变有什么实际意义？

(2)聚合物的蠕变特性与其本身的哪些结构或性质有关？

(3)依据实验讨论 Boltzmann 迭加原理。

实验十九　动态介电分析法研究聚合物的松弛特性

应力松弛是指在应变恒定的情况下应力随时间的变化，可用来表征承受预应变的结构件内的应力变化情况。应力松弛实验对于研究高分子材料的实际应用、预估高分子材料在一定形变下的使用寿命具有重要的价值。目前研究聚合物松弛特性的主要方法有动态力学温度谱法、动态介电分析法以及核磁共振法三种。其中,动态介电分析法(Dynamic Dielectric Analysis,DDA)通过测试介电松弛谱研究聚合物松弛特性。介电松弛谱是当固定频率时,在一定温度范围内或当固定温度时在一定频率范围内测定试样介电损耗随温度或频率变化而得到的特征谱图,前者称为介电损耗温度谱,后者称为介电损耗频率谱。聚合物的介电损耗谱图往往不止出现一个单一的峰,峰会因为聚合物运动单元的偶极子在电场中的松弛差异而呈现不同。由此,根据介电损耗谱的形状、损耗峰的位置(温度或频率),通过分析聚合物的分子运动特性及其变化,进一步考察聚合物结构变化及其与性能的关系。动态介电分析法具有测试频率范围宽的特性,往往能够比较灵敏地反映出聚合物分子运动状态和内部结构的变化,因此它是研究聚合物结构和分子运动的有效手段。本实验应用介电分析测定聚合物的介电损耗温度谱图,分析其分子运动的松弛特性,求出玻璃化转变温度、松弛活化能等松弛特性参数。

一、实验目的

(1)加深对介电损耗、介电损耗峰的理解;

(2)初步掌握介电分析仪的使用方法。

二、实验原理

下述以极性聚合物为例,阐明聚合物介电松弛特性的基本原理。极性聚合物是由许多带有极性基团的单体链节连接的大分子,在一定温度范围或一定频率范围的交变电场作用下,大分子的运动方式比较复杂,如有极性侧基的运动、含有极性基(主链或侧基)的各种大小不同的链段的运动、大分子的运动等。在这一系列的带有偶极的运动单元产生取向极化的过程中,由于偶极转向时,一部分电场能量损耗用于克服介质的内黏滞阻力,转化为热能使介质本身发热,使该偶极取向极化过程滞后于交变电场的变化,这一现象称为介电损耗。这一介电损耗的松弛过程所需的时间称为松弛时间 T_i。由上述一系列运动单元的偶极取向,即取向单元的松弛时间构成了聚合物的介电松弛时间谱。当交变电场作用于聚合物的温度 T(K)或电场频率与某种偶极取向运动单元的松弛时间 τ 满足 $\omega\tau=1$ 时,相位差最大,对外电场能量的损耗最大,产生共振吸收峰,即称为介电损耗峰。

一般聚合物的介电损耗温度谱(或频率谱)会出现一个以上的损耗峰,分别对应于不同大小取向单元的偶极在交变电场中的介电损耗,习惯上按照这些损耗峰在图谱上出现的先后,在温度谱上从高温到低温,在频率谱上从低频到高频,依次用 α、β、γ…命名。图 2-19-1 为介电损耗温度谱示意图。

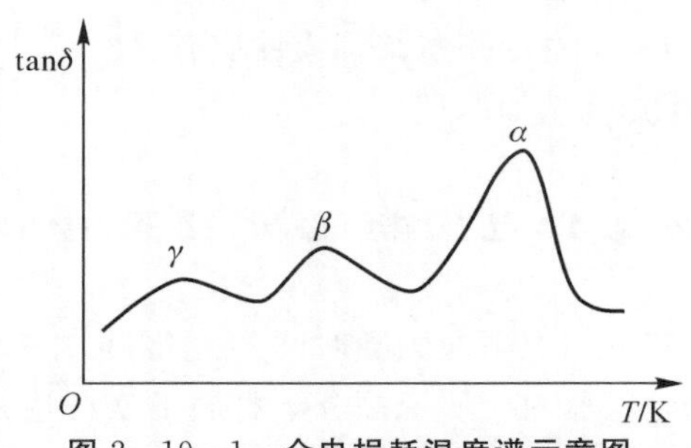

图 2-19-1　介电损耗温度谱示意图

在电场中偶极取向的松弛过程遵从 Arrhenius 公式，即

$$\tau = A\Delta\exp(\Delta H/RT) \tag{2-19-1}$$

在介电损耗温度谱图上，损耗最大的条件是 $\omega\tau=1$，$\frac{1}{\tau}=2\pi f_{max}(\omega=2\pi f)$，其对应的温度为 T_{max}。当改变的固定的频率 ω' 或 f' 时，可得到相对应于 f'（即 f'_{max}）的损耗峰温度 T'_{max}。将式(2-19-1)变为

$$\ln\tau = \ln A + \Delta H/RT_{max} \tag{2-19-2}$$

即

$$\ln f_{max} = -\frac{\Delta H}{RT_{max}} + B \tag{2-19-3}$$

根据式(2-19-3)得知，$\ln\tau$ 或 $\ln f_{max}$ 对 $1/T_{max}$ 作图，所得直线的斜率值为 $\Delta H/R$，可以求得偶极子取向所需的活化能。图 2-19-2 为不同频率下介电损耗温度谱的示意图。图 2-19-3为 $\ln f_{max}-1/T_{max}$ 的关系图。

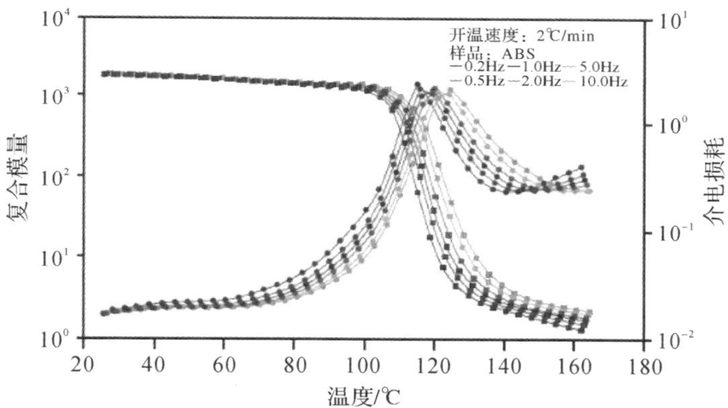

图 2-19-2 不同频率下 ABS(苯乙烯-丙烯腈-丁二烯三元嵌段共聚物)介电损耗温度谱图

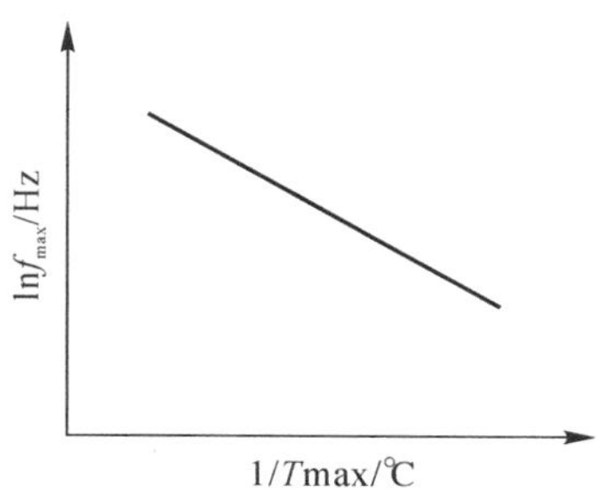

图 2-19—3 $\ln f_{max}-1/T_{max}$ 关系图

三、实验仪器和材料

1. 实验仪器

LDJD-B 型自动介电分析仪如图 2-19-4 所示。

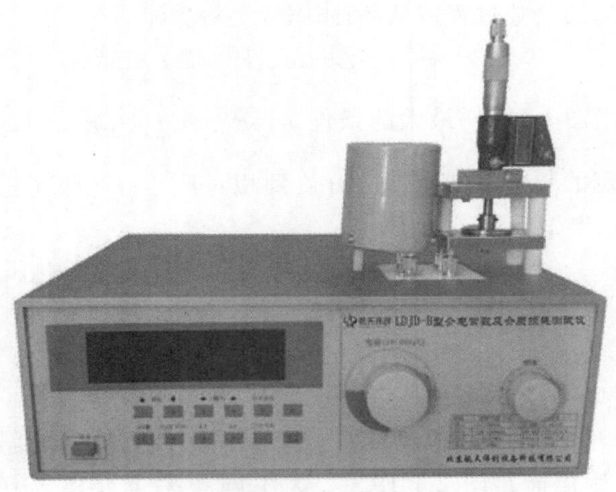

图 2-19-4　LDJD-B型自动介电分析仪

2. 实验材料

聚四氟乙烯绝缘薄膜、聚甲基丙烯酸甲酯片状试样。

四、实验步骤

(1)将试样放入加热炉,用聚四氟乙烯薄膜将试样与加热板和电极绝缘,调整好电极位置。

(2)调节所需频率:本实验所用频率依次分别选定为 0.5 kHz、1.0 kHz、5 kHz、10 kHz。

(3)调整仪器的零点,使 $\tan\delta=0$。

(4)打开记录仪,选择记录量程,调节零点。

(5)待上述工作完成后,开启加热开关,按下测试按钮,仪器即自动升温并记录,升温速度设定为 6℃/min。

(6)在温度升至 300℃后,可断开加热电源,停止记录和测试。

(7)按选定频率重复测定各相应的介电损耗温度谱。

(8)全部测定完毕后,取下记录纸,进行谱图分析,求出各损耗峰温度 T_{max},并作图求出偶极子取向松弛活化能 ΔH。

五、实验数据记录与处理

(1)用自己的语言描述本实验(包括分析原理和操作方法)。

(2)列出实验数据,计算实验结果。

六、实验注意事项

(1)注意检查仪器初始工作状态,开始实验时切记调整仪器零点。

(2)仪器温度高时,注意戴隔热手套防护,以免烫伤。

(3)实验过程中不要把仪器升温速率设置过大。

七、课后思考

(1)简述动态介电分析法测定聚合物松弛的原理。

(2)讨论影响聚合物介电损耗温度谱的因素。

(3)对比动态介电分析法和动态力学温度谱法研究聚合物松弛特性的异同。

实验二十　动态黏弹谱法测定聚合物的动态力学性能

高分子材料以其常温下明显的黏弹性而有别于传统的金属和木材、陶瓷等非金属材料。随着高分子材料在工程实践中应用的不断扩大，高分子材料的黏弹性愈加引起广大工程技术人员的重视。描述高分子黏弹性的方法有很多种，其中以动态黏弹响应和应力松弛(或蠕变)最具代表性。动态黏弹响应是指材料在一定的交变应变或交变应力作用下的振幅、频率、应力或应变随时间的变化，可用来评价高分子材料在动态载荷作用下的性能。无论从实际应用或理论研究等方面来看，动态力学实验均都是重要的。比如：在机电工业中使用的大量塑料零件，如齿轮、密封圈、凸轮等都是在周期性动态载荷下工作的；橡胶轮胎等更是长时间承受交变载荷的作用；生活中常见的各种合成纤维制作的衣服随身体运动而产生交变应力作用等。这些都说明聚合物承受交变应力的作用是一种普遍的现象，动态力学实验是一种更接近聚合物材料实际使用条件的实验。

在动态交变应力作用下，对聚合物样品的应变和应力关系随温度等条件的变化进行分析，即为动态力学分析。动态力学分析能得到聚合物的储能模量(E')、损耗模量(E'')和力学损耗($\tan\delta$)，这些物理量是决定聚合物使用特性的重要参数。同时，动态力学分析对聚合物分子运动状态的反应十分灵敏，考察模量和力学损耗随温度、频率以及其他条件的变化特性能得到聚合性结构与性能的主要信息，如阻尼特性、相结构及相转变、分子松弛过程、聚合反应动力学等。

一、实验目的

(1)了解聚合物黏弹特性，学会从分子运动的角度来解释高聚物的动态力学行为。

(2)了解聚合物动态力学分析(Dynamic Mechanical Analysis，DMA)的原理和方法，学会使用动态力学分析仪测定多频率下聚合物动态力学温度谱。

二、实验原理

高聚物是黏弹性材料之一，具有黏性和弹性固体的特性。它一方面像弹性材料一样具有贮存机械能的特性，这种特性不消耗能量；另一方面，它又具有像非流体静态应力状态下的黏液的特性，即会损耗能量而不能贮存能量。当高分子材料发生形变时，一部分能量变成位能，一部分能量变成热量而损耗。能量的损耗可由力学阻尼或内摩擦生成的热得到证明。材料的内耗是很重要的，它不仅是性能的标志，也是确定它在工业上使用的环境条件。

如果一个外应力作用于弹性体，产生的应变正比于应力，根据胡克定律，比例常数就是该固体的弹性模量。形变时产生的能量由物体贮存起来，除去外力后物体恢复原状，贮存的能量又释放出来。如果所用应力是一个周期性变化的力，产生的应变与应力同位相，过程也没有能量损耗。假如外应力作用于完全黏性的液体，液体产生永久形变，在过程中消耗的能量正比于液体的黏度，应变落后于应力90°，如图2－20－1(a)所示。聚合物对外力的响应是弹性和黏性两者兼有，这种黏弹性是由于外应力与分子链间相互作用，而分子链又倾向于排列成最低能量的构象。在周期性应力作用的情况下，这些分子重排跟不上应力变化，造成了应变落后于应力，而且使一部分能量损耗。图 2－20－1(b)是典型的黏弹性材料对正弦应力的响应，正弦应变落后一个相位 δ。应力和应变可以用复数形式表示如下：

$$\sigma^* = \sigma_0 \exp(\mathrm{i}\omega t) \tag{2-20-1}$$

$$\gamma^* = \gamma_0 \exp[\mathrm{i}(\omega t - \delta)] \tag{2-20-2}$$

式中：σ 和 γ 为应力和应变的振幅；ω 是角频率；i 是虚数。用复数应力 σ 除以复数形变 γ，便得到材料的复数模量。模量可能是拉伸模量和切变模量等，这取决于所用力的性质。为了方便起见，将复数模量分为两部分，一部分与应力同位相，另一部分与应力差一个 90°的相位角，如图 2－20－1(c)所示。对于复数切变模量，有

$$E^* = E' + \mathrm{i}E'' \tag{2-20-3}$$

式中：

$$E' = |E^*| \cos\delta \tag{2-20-4}$$

$$E'' = |E^*| \sin\delta \tag{2-20-5}$$

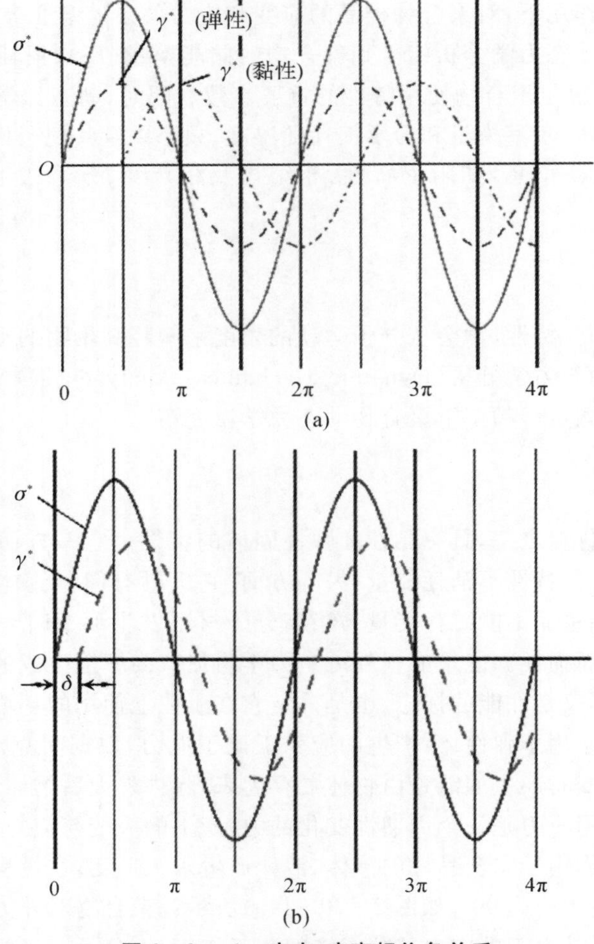

图 2－20－1　应力-应变相位角关系

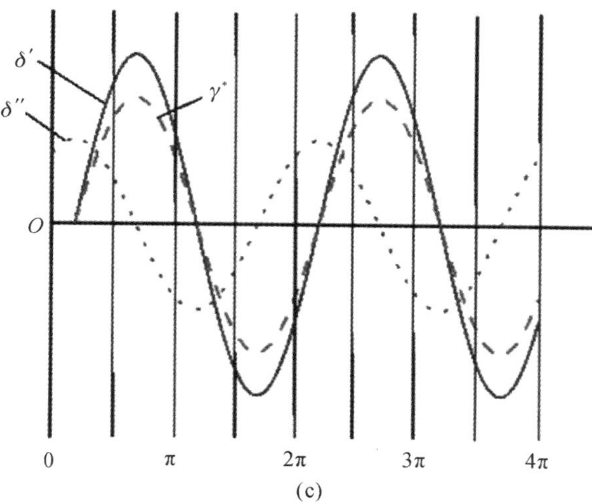

(c)

续图 2-20-1　应力-应变相位角关系

显然，与应力同位相的切变模量给出样品在最大形变时贮存的能量，而有相位差的切变模量代表在形变过程中消耗的能量。在一个完整应力作用周期内，所消耗的能量 ΔW 与最大贮存能量 W 之比，即为黏弹性物体的特征量，叫作内耗。它与复数模量的直接关系为

$$\frac{\Delta W}{W} = 2\pi\frac{E''}{E'} = 2\pi\tan\delta \qquad (2-20-6)$$

式中：$\tan\delta$ 称为损耗角正切。聚合物的转变和松弛均与分子运动有关。由于聚合物分子是一个长链的分子，它的运动有多种形式，包括侧基的转动和振动、短链段的运动、长链段的运动以及整条分子链的位移等。各种形式的运动都是在能量激发下发生的。它既受大分子内链段（原子团）之间的内聚力的牵制，又受分子间的内聚力的牵制。这些内聚力都限制了聚合物的最低能量位置。在绝对零度，分子实际上不发生运动。随温度的升高，不同结构单元开始热振动，并不断加剧。当振动的动能接近或超过结构单元内旋转位垒时，该结构单元就发生运动，如转动、移动等。大分子链的各种形式的运动都有各自特定的频率，这种特定的频率是由温度和参加运动的结构单元的惯量矩所决定的。而各种形式的分子运动的发生便引起聚合物宏观物理性质发生变化而导致转变或松弛，体现在动态力学曲线上的就是聚合物的多重转变，如图 2-20-2 所示。

在线形无定形高聚物中，按温度从低到高的顺序排列，有 5 种可能经常出现的转变：

(1)δ 转变：侧基绕着与大分子链垂直的轴运动。

(2)γ 转变：链上 2～4 个碳原子的短链运动，如沙兹基(Schatzki)曲轴效应。

(3)β 转变：主链旁较大侧基的内旋转运动或主链上杂原子的运动。

(4)α 转变：由 50～100 个主链碳原子的长链段的运动。

(5)T_{ll}转变：液-液转变，是高分子量的聚合物从一种液态转变为另一种液态，两种液态都是高分子的整链运动，表现为膨胀系数发生拐折。

在半结晶性聚合物中，除了上述 5 种转变外，还有一些与结晶有关的转变，主要有以下转变：

T_m 转变：结晶熔融（一级相变）。

T_{cc}转变：晶型转变（一级相变），指一种晶型转变为另一种晶型。

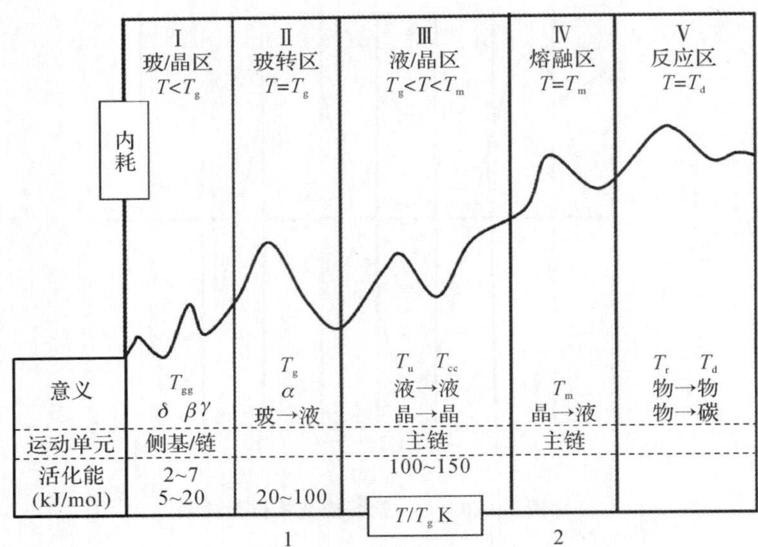

图 2-20-2　聚合物的多重转变图

通常使用动态力学仪器来测量材料形变对振动力的响应、动态模量和力学损耗。其基本原理是对材料施加周期性的力并测定其对力的各种响应，如形变、振幅、谐振波、波的传播速度、滞后角等，从而计算出动态模量、损耗模量、阻尼或内耗等参数，分析这些参数变化与材料的结构的关系。

三、实验仪器与材料

1. 实验仪器

动态热机械分析仪(DMA，Q 800 型)(见图 2-20-3)，该设备是由美国 TA 公司生产的动态力学分析仪。它采用非接触式线性驱动马达代替传统的步进马达直接对样品施加应力，以空气轴承取代传统的机械轴承以减少轴承在运行过程中的摩擦力，并通过光学读数器来控制轴承位移，精确度达 1 nm。配置多种先进夹具(如三点弯曲、单悬臂、双悬臂、剪切、压缩、拉伸等夹具)，可进行多样的操作模式，如共振、应力松弛、蠕变、固定频率温度扫描(频率范围为 0.01～20 Hz，温度范围为－150～600℃)，还能同时用多个频率对温度扫描，并具有自动张量补偿功能等。通过自带的专业软件可以获取并分析聚合物的动态力学性能数据。

另外需要游标卡尺 1 把，扭力螺丝刀若干等。

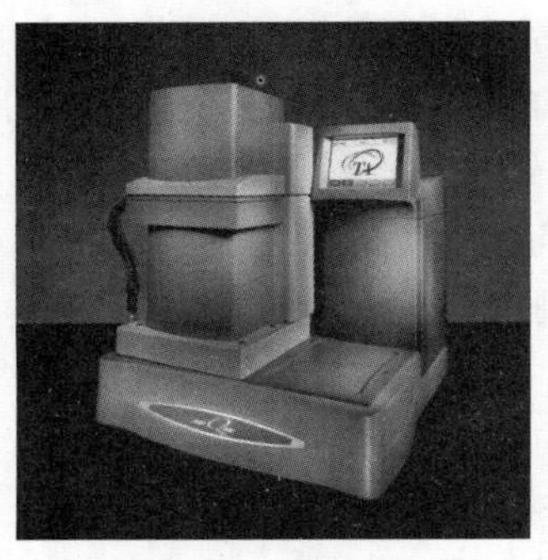

图 2-20-3　Q800 型 DMA

2. 实验材料

长方条形的聚甲基丙烯酸甲酯(PMMA)试样。

四、实验步骤

(1)试样尺寸要求。长为 56 mm;宽 $b\leqslant 15$ m;厚 $h\leqslant 5$ mm。准确测量样品的长度、宽度和厚度,各取平均值,记录数据。

(2)仪器校正。仪器校正包括电子校正、力学校正、动态校正和位标校正,通常只做位标校正。将夹具(包括运动部分和固定部分)全部卸下,关上炉体,进行位标校正(position calibration),校正完成后炉体会自动打开。

(3)夹具的安装、校正(夹具质量校正、柔量校正),按软件菜单提示进行。

(4)样品的安装。

1)放松两个固定钳的中央锁螺,按"FLOAT"键让夹具运动部分自由。

2)用扳手抬起动钳,将试样插入跨在固定钳上,并调正;拧紧固定部位和运动部位的中央螺丝钉。

3)按"LOCK"键以固定样品的位置。

4)取出标准附件木盒内的扭力扳手,装上六角头,垂直插进中央锁的凹口内,以顺时针用力锁紧。对热塑性材料建议扭力值为 0.6～0.9 N・m。

(5)实验程序。

1)打开主机"POWER"键和"HEATER"键。

2)打开 GCA 的电源(如果实验温度低于室温的话),通过自检,"Ready"灯亮。

3)打开控制电脑,载进"Thermal Solution",建立与 DMA 的连接。

4)指定测试模式和夹具。

5)打开 DMA 控制软件的"real time signal"视窗,确认最下面的"Frame Temperature"与"Air Pressure"都已"OK",若有接 GCA,则显示"GCA Liquid Level:100% full"。

6)按"Furnace"键打开炉体,检视是否需安装或换装夹具。若是,请依标准程序完成夹具的安装。若有新换夹具,则重新设定夹具的种类,并逐项完成夹具校正。若沿用原有夹具,按下"FLOAT"键,检视驱动轴漂动状况,以确定其处于正常。

7)正确地安装试样,确定其位置正中,没有偏斜。对于会有污染、流动、反应、黏结等的样品,需事先做好防护措施,有些样品可能需要一些辅助工具,才能有效地安装在夹具上。

8)编辑测试方法,并存档。

9)编辑频率表(多频描时)或振幅表(多变形量扫描时),并存档。

10)打开"Experimental Parameters"视窗,输入样品名称、试样尺寸及一些必要的注解。指定存档的路径与文件名,然后载入实验方法。

11)打开"Instrument Parameters"视窗,逐项设定好各个参数,如数据取点间距、振幅、静荷力、起始位移归零设定等。

12)按下主机面板上的"MEASURE"键,打开即时信号视窗,观察各项信号(特别是振幅)的变化是否稳定,必要时调整仪器参数的设定值(如静荷力与 Auto - Strain),以使其达到稳定。

13)按"Furnace"键关闭炉体,再按"START"键,开始正式进行实验。

14)只要在连线(ON-LINE)状态下,数据会自动传到电脑。

15)实验结束后,炉体与夹具会依据设定的"END Conditions"回复其状态。

16)关机。按"STOP"键,等待 5s 后,使驱动轴停止。关掉"HEATER",关掉"POWER"键,再关掉其他如 GCA 等周边设备。

五、实验数据记录与处理

打开数据处理软件"Thermal Analysis",进入数据分析界面。打开需要处理的文件,应用界面上各功能键从所得曲线上获得相关的数据,包括各个选定频率和温度下的储能模量 E'、损耗模量 E'' 以及阻尼或内耗 $\tan\delta$,列表记录数据。

(1)仪器型号:__________。

样品:__________;长:__________,宽:__________,厚:__________。

(2)升温扫描:

起始温度:__________,终止温度:__________,升温速率:__________。

(3)选定频率:

第一频率:__________,第二频率:__________;

第三频率:__________,第四频率:__________。

记录各个频率下储能模量、损耗模量以及力学损耗随温度的变化,如在力学损耗-温度曲线上出现多个损耗峰,则以最高损耗峰的峰温度作为玻璃化转变温度 T_g。处理数据,得到各个频率下的玻璃化转变温度。

六、实验注意事项

(1)实验开始前必须进行仪器校准。

(2)试样安装过程注意轻拿轻放,使用扭力扳手进行紧固。

(3)注意观察 DMA 箱体开关过程,如出现异常,立即停止。

(4)实验过程中注意查看程序运行是否正常。

(5)实验结束后切勿立即拆卸试样,防止烫伤。

七、课后思考

(1)什么叫聚合物的力学内耗?聚合物力学内耗产生的原因是什么?研究它有何重要意义?

(2)为什么聚合物在玻璃态、高弹态时内耗小而在玻璃化转变区内耗出现极大值?

(3)为什么聚合物从高弹态向黏流态转变时,内耗不出现极大值而是急剧增加?

(4)试从分子运动的角度解释 PMMA 动态力学曲线上出现的各个转变峰的物理意义。

实验二十一　扭摆法测定聚合物的动态力学性能

与理想弹性材料和黏稠液体不同,聚合物的力学行为有它的独特性,即除了有弹性材料的一些特点之外,还具有黏性液体的特征,因而聚合物被称为黏弹性材料。聚合物的黏弹性可以通过动态力学进行测试,聚合物的动态力学性能是分子运动的一种反应,它可以把微观结构与宏观性能联系起来，能提供聚合物玻璃化转变温度、多重转变、结晶性、交联度、相分离、聚集态等结构与性能多方面的信息。

在对聚合物动态黏弹性的实验研究过程中，应用不同的原理发展了许多不同的测试方法，这主要有四类，即自由振动法、强迫振动法、强迫非共振法和声波传播法。各类方法的测试频率范围及其适用的模量和力学损耗范围见表 2-21-1。根据聚合物材料的性质，可选择不同的测试方法，也可以将不同测试方法配合使用，以便对聚合物黏弹性有更全面的研究和掌握。

表 2-21-1　不同动态力学测试方法的适用范围

测试方法	适用频率/Hz	模量范围/Hz	力学损耗
自由振动法	0.1～10	10^{-5}～10^{4}	0.01～5
强迫共振法	50～50 000	10^{3}～10^{5}	0.1～0.01
强迫非共振法	0.001～100	10^{0}～10^{5}	0.002～9.99
声波传播法	10^{5}～10^{7}	$>10^{3}$	—

扭摆分析法(Torsion Pendulum Analysis，TPA)简称“扭摆法”，是利用自由振动测试聚合物黏弹性的方法。扭摆式动态力学性能测量仪所给出的模量为切变模量，力学内耗是用对数减量表示的。

一、实验目的

(1)了解扭摆法测定聚合物动态力学性能的基本原理。

(2)掌握扭摆法实验的操作方法。

(3)能用扭摆法测定丙烯腈一丁二烯-苯乙烯嵌段共聚物(ABS)的动态力学性能。

二、实验原理

1. 内耗与模量

(1)内耗：在交变应力作用下，聚合物分子链跟不上应力变化的速度，这种形变落后于应力的现象叫作滞后现象，是产生内耗的原因所在。

如图 2-21-1 所示，拉伸时应力与形变沿 *OBC* 线增长，回缩时沿 *CDO* 线回缩，而不沿原来路线进行。聚合物被拉伸时，外力对其做功(拉伸功)，其大小等于图 2-21-1 中 *OBCE* 的面积；当聚合物回缩时，其对外界做功(回缩功)，总值为 *ODCE* 的面积。不难看出，*OBCDO* 所围的面积代表聚合物在一次拉伸-回缩过程中所吸收的能量，这一能量消耗于聚合物分子间的内摩擦，变成了热能。这一机械能消耗变为热能的现象叫作内耗。应变(*D*)落后一个相位角 δ，通过环积分计算 *OBCDO* 的面积，可得

$$\Delta W = \pi\sigma_0 D_0 \sin\delta \tag{2-21-1}$$

由式(2-21-1)可以看出，δ 越大，内耗越大。

(2)模量与内耗的关系：若将应变写成

$$D = D_0 \sin\omega t \tag{2-21-2}$$

则应力就相应地变为

$$\sigma = \sigma_0 \sin(\omega t + \delta) \tag{2-21-3}$$

式(2－21－3)又可改写为

$$\sigma = \sigma_0 \cos\delta \sin\omega t + \sigma_0 \cos\omega \sin\delta \tag{2-21-4}$$

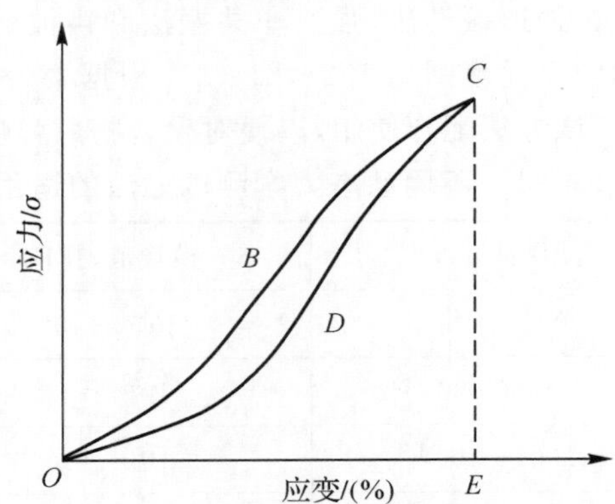

图 2－21－1　聚合物拉伸-回缩过程应力-应变曲线

从式(2－21－4)可以看出，应力 σ 由两部分组成：一部分为 $\sigma_0\cos\delta\sin\omega t$，与应变 $D=D_0\sin\omega t$ 同位，是产生聚合物形变的那部分应力。第二部分为 $\sigma_0\cos\omega\sin\delta$，与应变相差 90°，此部分是克服聚合物大分子间内摩擦所损耗的那部分应力。设与上述两部分应力对应的模量分别为 G' 和 G''，则有

$$G' = \frac{\sigma_0}{D_0}\cos\delta \tag{2-21-5}$$

$$G'' = \frac{\sigma_0}{D_0}\sin\delta \tag{2-21-6}$$

$$\tan\delta = \frac{\sin\delta}{\cos\delta} = \frac{G''}{G'} \tag{2-21-7}$$

式中：G' 为弹性储存模量；G'' 为损耗模量；$\tan\delta$ 为内耗角正切，它与在一个完整周期应力作用下所消耗的能量与所储存的最大位能之比成正比。

2. 扭摆法测定聚合物的切变模量和对数减量 Δ

图 2－21－2 是扭摆仪测试装置示意图，试样的一端用夹具固定，另一端夹在一个可以自由扭摆的惯性体上。惯性体摆动时，试样也随之扭摆对应角度，聚合物试样产生一扭摆变形。外力去除后，试样的弹性回复力使惯性体开始按一定周期作扭摆自由振动，因此这一装置称为扭摆仪。试样每摆动一次所需要的时间为周期 P，其大小与试样的刚性有关。由于聚合物材料的内耗作用，摆动的振幅逐渐衰减。切变模量可从周期 P 计算，以对数减量 Δ 表示的内耗可从振幅 A 减小的速率计算。在不同的温度下试验，便得到一系列模量和力学内耗值。

弹性储存模量 G' 和损耗模量 G'' 可以用复合模量 G^* 来表示，即

$$G^* = G' + \mathrm{i}G'' \tag{2-21-8}$$

式中：$\mathrm{i}=\sqrt{-1}$，G' 和 G'' 分别为复合模量的实数部分和虚数部分。

根据振摆的性质，可以得到以下微分方程：

$$I\frac{\mathrm{d}^2\theta}{\mathrm{d}t^2} + K(G' + \mathrm{i}G'')\theta = F(t) \tag{2-21-9}$$

式中：θ 为扭转角；I 为振动体系的转动惯量；G' 和 G'' 分别为复数切变模量 G^* 的实数部分和虚

数部分；K 为依赖试样尺寸的常数。

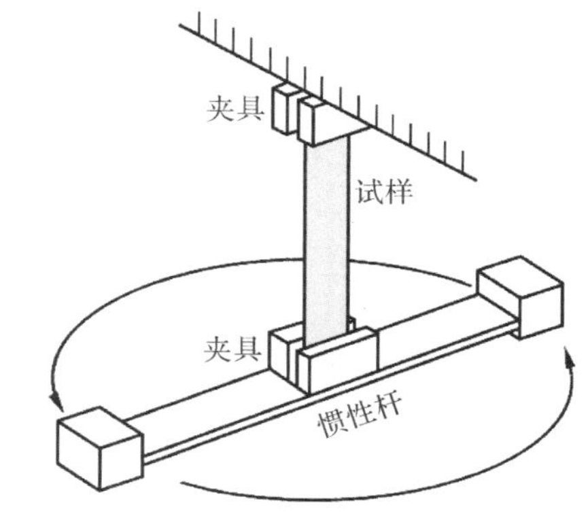

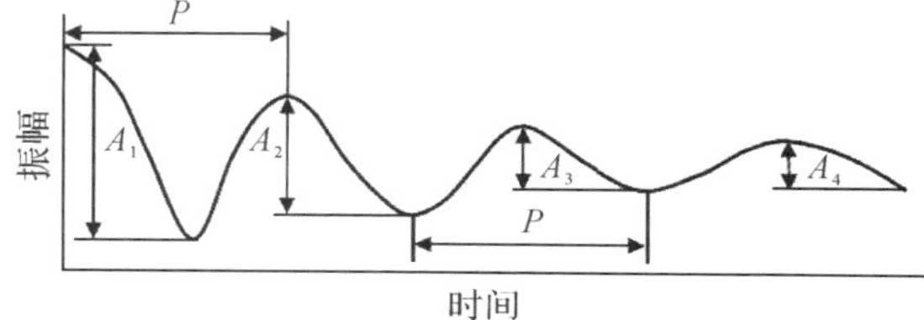

图 2-21-2　扭摆仪测试装置示意图

对于自由振动，外力 $F(t)=0$，式(2-21-9)变为

$$1.2I\frac{\mathrm{d}^2\theta}{\mathrm{d}t^2}+K(G'+\mathrm{i}G'')\theta=0 \tag{2-21-10}$$

假定 G' 和 G'' 不依赖于频率，其一般解为

$$\theta=\theta_0\mathrm{e}^{-at}\mathrm{e}^{\mathrm{i}\omega t} \tag{2-21-11}$$

式中：a 为衰减因子。将此解代入运动方程式(2-21-9)，则得

$$I(a^2-\omega^2-2\mathrm{i}\omega a)+K(G'+\mathrm{i}G'')=0 \tag{2-21-12}$$

式中的实数部分和虚数部分分别为

$$\left.\begin{aligned}G'&=\frac{1}{K}(\omega^2-a^2)\\G''&=\frac{2aI_{\mathrm{w}}}{K}\end{aligned}\right\} \tag{2-21-13}$$

扭摆法给出的聚合物内耗是用对数减量 Δ 表示的。Δ 的定义为相邻两个振幅之比的自然对数，即

$$\Delta=\ln\frac{A_1}{A_2}=\ln\frac{A_2}{A_3}=\cdots=\ln\frac{A_n}{A_{n+1}} \tag{2-21-14}$$

式中：A_1 为第 1 振幅的高度，A_2 为第二振幅的高度，其余类推。设两个相邻振幅的扭转角分别为 θ_n 和 θ_{n+1}，振幅与扭转角成正比的关系为

$$\frac{\theta_n}{\theta_{n+1}}=\frac{A_n}{A_{n+1}} \tag{2-21-15}$$

因此

$$\Delta=\ln\frac{\theta_n}{\theta_{n+1}}=\ln\frac{A_n}{A_{n+1}} \tag{2-21-16}$$

则

$$\Delta = \ln \frac{\theta_0 e^{-at} e^{i\omega t}}{\theta_0 e^{-a(t+p)} e^{i\omega(t+p)}} \tag{2-21-17}$$

因为

$$e^{i\omega t} = e^{i\omega(t+p)} \tag{2-21-18}$$

所以式(2-21-17)可化简为

$$\Delta = aP \tag{2-21-19}$$

将式(2-21-17)代入式(2-18-13)中,并考虑到 $P=\frac{2\pi}{\omega}$,可得

$$\left.\begin{aligned} G' &= \frac{1}{KP^2}(4\pi^2 - \Delta^2) \\ G'' &= \frac{4\pi I\Delta}{KP^2} \end{aligned}\right\} \tag{2-21-20}$$

$$\tan\delta = \frac{G''}{G'} = \frac{4\pi\Delta}{4\pi^2 - \Delta^2} \tag{2-21-21}$$

由此可见,只要测出 Δ,便可计算得到内耗角正切值。式(2-21-20)中的 K 为一依赖于试样尺寸的常数。对于横截面为矩形的试样,则

$$K = \frac{CD^3\mu}{16L} \tag{2-21-22}$$

式中:C 为试样宽度(cm);D 为试样厚度(cm);L 为夹具间工作段试样的长度(cm);μ 为形状因子,由 C/D 决定,其值在 2.249~5.333 之间(见表 2-21-1)。

表 2-21-1　形状因子 μ 的数值

C/D	1.00	1.20	1.40	1.60	1.80	2.00	2.25	2.50	2.75	3.00	3.50
μ	2.249	2.658	2.990	3.250	3.479	3.659	3.842	3.990	4.111	4.213	4.373
C/D	4.00	4.5	5.00	6.00	7.00	8.00	10.00	20.00	50.00	100.00	∞
μ	4.493	4.586	4.662	4.773	4.853	4.913	4.997	5.165	5.266	5.300	5.333

将式(2-21-22)代入式(2-21-20)中求 G':

$$G' = \frac{1}{KP^2}(4\pi^2 - \Delta^2) = \frac{16LI}{CD^3\mu P^2}(4\pi^2 - \Delta^2) \tag{2-21-23}$$

三、实验仪器与材料

1. 实验仪器

试样夹在扭摆仪上、下夹具之间,下夹具固定在炉膛下部的滑块上,不能转动,上夹具与惯性体相连,用细钨丝悬挂于顶板中部的滑轮上,两者的重量由平衡锤所平衡,上下位置可以调节。惯性体由一长杆及其两端的圆铁片组成,圆片数目、大小可任意选用,以改变惯性体的转动惯量,使之适合于不同对象的测量。当惯性体转动时,整个体系就开始作自由振动。扭摆仪具体组成部分如下:

(1)扭转机构:采用电磁铁驱动惯性体的方法实现。在惯性体两侧各有一电磁铁,前者斜

置于后者之间而成一直线。当电磁铁通以直流电而又立即切断电流时，整个体系中的试样、上夹具及惯性体即开始振动。给予惯性体转动力矩的大小可以通过调节电压的办法来控制。

(2)换能器和自动记录器：通过一个线圈在一永久磁场中的振动，将体系的振动变成电信号，然后用电子电位差计记录下来。振动体系上的线圈左、右两侧各有一永磁体，当试样作扭摆振动时，线圈以同样频率随之振动，产生电动势的大小与振幅成正比。

(3)温度的控制：试样放在一个既可加热又可冷却的炉子中，用电加热，用液氮冷却，炉子可在－185～250 ℃的温度范围内工作。加热时，由程序升温仪控制实验所需的升温速率。温度也由电子电位差计自动记录下来。

另需游标卡尺1把。

2. 实验材料

本实验所用的试样为ABS片材，其尺寸为：长×宽×厚＝2.5 cm×0.5 cm×0.05 cm。

四、实验步骤

(1)测量试样的宽度 C(精确至0.1 mm)和厚度 D(精确至0.01mm)。

(2)升起试样上、下夹具，夹好试样后测量上下夹具间的距离(精确至0.1 mm)，此记为试样的长度 L。

(3)将试样降入炉中，调节好平衡锤的高度，使样品处于无张力的伸直状态。

(4)按操作规程通入液氮，同时打开记录仪，开始记录温度。当炉内温度下降至－120℃左右时，停止通液氮。

(5)先不加热而采取由低温起始的自由升温(太慢时，可稍加热)，到接近室温后，用程序升温仪控制1.0℃/min的升温速率升温。

(6)在各个不同的温度按动微动开关，给电磁铁通以电流，启动振动系统，试样进行扭摆式自由振动。电子电位差计在记录温度的同时，记录在该温度下扭摆的相对振幅及其衰减。在转变区附近，每次启动的温度间隔应小些；远离转变区域时，温度间隔可大些。在每次扭摆的同时，用精度为1/100 s的秒表记录一定次数振动所需要的时间 t(s)，以便计算该温度下振动的周期 P。

(7)当炉温升至约130℃时，停止实验，关闭程序升温仪和记录仪。

五、实验数据记录与处理

(1)记录实验温度和对应温度的振幅、周期 P，将测得过程数据填写在表2-21-2中。

表2-21-2　实验过程数据记录表

T/℃	A_1	A_2	A_3	A_4	$\frac{A_1}{A_2}$	$\frac{A_1}{A_3}$	$\frac{A_3}{A_4}$	$\frac{A_n}{A_{n+1}}$(平均值)	Δ	P	G'

(2)根据表 2-21-2 中的数据按式(2-21-14)和式(2-21-23)分别计算出各个温度下试样的切变模量 G' 和对数减量 Δ,然后对温度作图,画出 $G'-T$ 和 $\Delta-T$ 曲线,从曲线上求出橡胶相和塑料相之间的玻璃化转变温度 T_g。

六、实验注意事项

(1)低温操作防止液氮冻伤,高温操作防止烫伤。

(2)试样尺寸测量,每个尺寸方向至少测量 3 个不同的部分,取其平均值。

(3)试样安装时,试样在上、下夹具中应具有较高的对中度。

(4)停秒计时的精度尽量高。

七、课后思考

(1)什么叫聚合物的力学内耗?聚合物力学内耗减少的原因是什么?研究它有何重要意义?

(2)为什么聚合物在玻璃态、高弹态时内耗小而在玻璃化转变区内耗出现极大值?

(3)为什么聚合物从高弹态向黏流态转变时,内耗不出现极大值而是急剧增加?

实验二十二　光学双折射法测试聚合物的取向度

聚合物的取向是在外力作用下,整个大分子链(或链段)、结晶聚合物中的片晶等结构单元沿外力方向上的有序排列并被冻结的现象,取向形成的凝聚态结构称为取向态。由于在分子链方向上以共价键相连,而分子间则仅有较弱的范德华力作用,因此取向后的聚合物材料的力学性能、光学性能和热性能等将呈现明显的各向异性。聚合物材料在挤出、压延、吹塑、纺丝、牵伸,甚至在注射等工艺过程中均存在着大分子链的取向行为,对材料的多种物理或者力学性能均有相当大的影响。如:取向聚合物的拉伸强度沿取向方向显著增强,而与取向方向垂直的方向则减弱;经过双向拉伸取向的薄膜则呈现出明显的热收缩现象;取向后的聚合物,光照射时将出现双折射现象;取向聚合物的玻璃化转变温度也会升高,同时取向时易诱导聚合物结晶,因此密度和结晶度也将出现一定变化。

对于聚合物材料,一般有单向取向和双向取向两种模式。最典型的单向取向应用是合成纤维的后拉伸处理。一般在合成纤维纺丝时,对喷丝孔喷出的丝要拉伸若干倍,使高分子链沿着拉伸方向进一步取向和结晶,纤维的强度会得到大幅度的提高。而对于单向取向的薄膜,在薄膜平面取向方向上的拉伸强度虽然有所提高,但垂直于取向方向的拉伸强度会下降。因此,在多数情况下需要采用双向拉伸的方法,使大分子链沿薄膜平面的任意方向排列,在该平面内的实际强度比未取向膜的明显提高。因此,取向是合成纤维和薄膜加工生产过程中的重要工艺。

聚合物的取向程度一般用取向度表示,它是高分子材料重要的结构参数。取向度一般用取向函数 F 表示。在定义取向函数时,常取特定的方向(通常为拉伸力轴向)为参考方向。取向单元的分子链轴方向与参考方向的夹角为取向角 θ。在实际聚合物中,θ 不是一个定值,而是有一定的分布,因此常用 θ 的平均值的余弦函数表征取向函数,即

$$F = \frac{1}{2}(3\,\overline{\cos^2\theta} - 1) \quad (2-22-1)$$

对于理想的单轴取向聚合物，所有取向单元都沿取向方向平行排列。在分子链的取向方向上，平均取向角 $\theta=0°$，则 $F=1$；在垂直于分子链的取向方向上，平均取向角 $\theta=90°$，则 $F=0.5$；当完全无规取向时，$F=0$。

目前研究聚合物取向的方法主要有广角 X 射线衍射法、小角激光散射法、偏振荧光法、声模量法、光学双折射法和收缩率法等。各种方法都从某一侧面反映聚合物的取向情况，它们之间的相互印证作用和对它们的综合考察将会加深人们对聚合物大分子取向的认识。比较常用的为光学双折射法测定双折射率，以此计算和研究聚合物的取向度。测定双折射率的方法主要有以下四种：

(1)透射法；

(2)补偿法；

(3)干涉显微镜法；

(4)折光仪法。

本实验采用透射法，以激光为光源，利用偏光显微镜，通过测定平行和正交偏振条件下透过试样的光强来确定聚合物的光程差，再以光程差计算双折射率。

一、实验目的

(1)熟悉聚合物取向的概念和意义；

(2)了解透射法测定双折射率的原理及通过双折射表征聚合物取向的方法。

二、实验原理

聚合物取向产生的双折射是表征这类透明聚合物取向状态的重要结构参数。当一束平面偏振光 E_P 透过取向的试样时，就会分解成沿平行于取向方向 X 振动的光 E_1 和沿垂直于取向方向 Y 的偏振光 E_2，如图 2-22-1 所示。E_1 和 E_2 在试样中传播速度不同，由折射率与光的传播速度的关系可知聚合物试样在平行和垂直于取向的两个方向上对平面偏振光表现出不同的折射率，这种现象叫作光学各向异性。有

$$n_{/\!/} = v_{/\!/}/c \quad (2-22-2)$$

$$n_{\perp} = v_{\perp}/c \quad (2-22-3)$$

式中：c 为真空中的光速；$v_{/\!/}$ 为 E_1 的传播速度；$v_{\perp}$ 为 E_2 的传播速度；$n_{/\!/}$ 为试样对 E_1 的折射率；$n_{\perp}$ 为试样对 E_2 的折射率。

双折射率 Δn 定义为两个折射率之差，即

$$\Delta n = n_{/\!/} - n_{\perp} \quad (2-22-4)$$

无规取向试样，$\Delta n = 0$；取向度愈大，则 Δn 越大；完全取向时，Δn 可达最大值。聚合物的双折射率由下列各项组成：

$$\Delta n = v_a\Delta n_a + v_c\Delta n_c + v_\tau\Delta n_\tau + v_i\Delta n_i + \Delta n_f \quad (2-22-5)$$

式中：Δn_a，Δn_c，Δn_τ，Δn_i，Δn_f 分别为聚合物的非晶区取向双折射率、晶区取向双折射率、应力双折射率、杂质的双折射率和相边界双折射率；v_a、v_c、v_τ、v_i 分别为相应的体积分数。

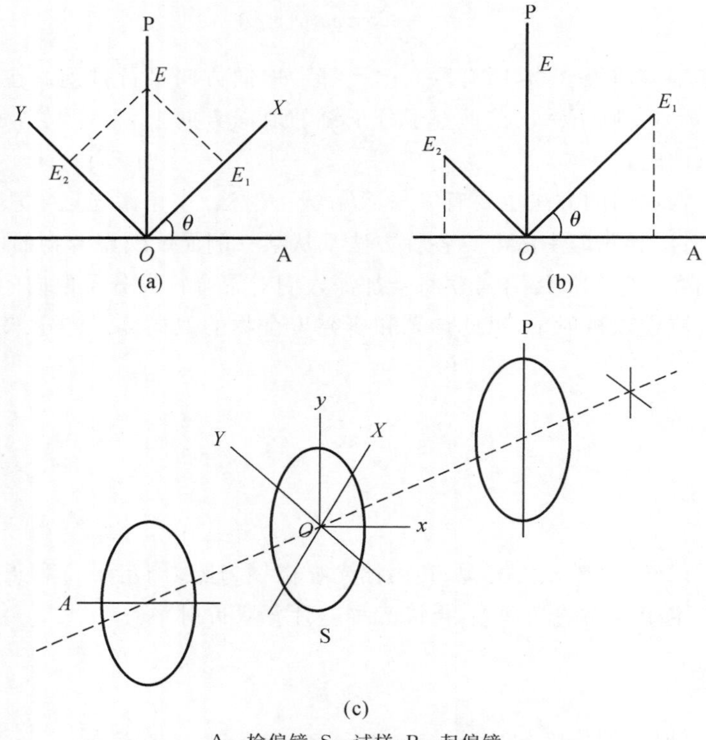

A—检偏镜；S—试样；P—起偏镜

图 2-22-1　平面偏振光通过取向聚合物材料的模型

由于聚合物的晶相和非晶相的折光率相差很小，Δn_f 一般也很小，常常可以忽略不计。若聚合物材料测试前已进行了充分的应力松弛，除了边缘处和杂质存在的区域有较大的边缘应力双折射外，中部区域的由应力贡献的双折射率 Δn_τ 也可以忽略不计。若对测试聚合物试样进行适当的选区测试以排除应力和杂质的影响，则聚合物的双折射率为

$$\Delta n = v_a \Delta n_a + v_c \Delta n_c \tag{2-22-6}$$

式中：$v_a + v_c = 1$，v_c 为聚合物结晶度。

故有

$$\Delta n_a = f_a \Delta n_a^0 \tag{2-22-7}$$

$$\Delta n_c = f_c \Delta n_c^0 \tag{2-22-8}$$

式中：Δn_a^0，Δn_c^0 为聚合物试样非晶区和晶区当取向度为 1 时的双折射率。f_a、f_c 分别为相应的取向度。用透过法测定聚合物材料的双折射率时，检偏镜 A 只允许 E_1、E_2 中平行于 A 镜偏振轴的分量通过，并合成为振动方向相同的光。由于 E_1，E_2 在通过试样时传播速度不同而存在光程差 R，通过 A 镜后的 E_1、E_2 的分量发生干涉，干涉后的光强度由下式表示：

$$I_\perp = I_0 \sin^2 2\theta \sin^2 \frac{\pi R}{\lambda} \tag{2-22-9}$$

$$I_{/\!/} = I_0 \left(1 - \sin^2 2\theta \sin^2 \frac{\pi R}{\lambda}\right) \tag{2-22-10}$$

式中：$I_\perp$ 为正交偏光（P 镜与 A 镜偏振轴正交）下的透过光强；$I_{/\!/}$ 为平行偏光（P 镜与 A 镜偏振轴平行）下的透过光强；I_0 为入射光强（理想值）；θ 为取向方向与 A 镜（检偏镜）偏振轴的夹角；

λ 为激光波长(632.8 nm)；R 为光程差。令 $\theta=45°$，联立方程式(2－22－9)和式(2－22－10)可解出 R，即

$$R=\frac{\lambda}{\pi}\arctan\sqrt{\frac{I_{\perp}/I_{/\!/}}{1+I_{\perp}/I_{/\!/}}} \tag{2-22-11}$$

再由 R 与 Δn 双折射率的关系，即可解出 Δn，即

$$\Delta n=\frac{R}{d} \tag{2-22-12}$$

式中：d 为试样厚度。但式(2－22－10)为一多解方程，为求得特定的解，将方程式(2－22－11)改写为

$$R=\begin{cases}N\lambda+R_0, & N\lambda\leqslant R<\left(N+\frac{1}{2}\right)\lambda\\(N+1)\lambda-R_0, & \left(N+\frac{1}{2}\right)\lambda\leqslant R<(N+1)\lambda\end{cases} \tag{2-22-13}$$

式中：R_0 为半级内的光程差，可由测量 $I_{/\!/}$ 和 $I_{\perp}$ 直接求出：

$$R_0=\frac{\lambda}{\pi}\arcsin\sqrt{\frac{I_{\perp}/I_{/\!/}}{1+I_{\perp}/I_{/\!/}}} \tag{2-22-14}$$

N 为条纹级数，$N=0,1,2\cdots$。当 $N=0$ 时，可得一级的光程差公式为

$$R=\begin{cases}R_0, & 0\leqslant R<\frac{\lambda}{2}\\\lambda-R_0, & \frac{\lambda}{2}\leqslant R<\lambda\end{cases} \tag{2-22-15}$$

式(2－22－15)中解的判别直接由试样在白光下干涉色决定。当干涉色为黑、灰、浅黄时，取 $R=R_0$；当干涉色呈黄、紫红及蓝色时，取 $R=\lambda-R_0$。

光程差条纹级数 N 大于 1 的试样，其干涉色呈高级彩色，这时可用石英楔或其他补偿器将光程差补偿到半级或一级以内，再进一步确定 R 值。

为确定取向方向，可分析式(2－22－9)。由式(2－22－9)可知，当 $\theta=45°,135°,225°$ 及 $315°$ 时，I 取最大值。设试样上长边为参考方向，旋转载物台使光强达到第一次最大值，读出旋转角度，此即为取向方位角。

三、实验仪器与材料

1. 实验仪器

西北工业大学自制的显微激光分析仪。仪器由 8 mW 氦氖激光器、特制偏光显微光学系统、光电转换/放大器采集系统和计算机及其反馈控制系统组成。

2. 实验材料

聚酯薄膜，聚丙烯薄膜，注射制件显微切片等。

四、实验步骤

(1)检查接线及各部分是否正常。

(2)开启电源，预热 15～30 min。

(3)调光，使光通过光路后光强最大。

(4)调整起偏镜 P 镜,使其偏振轴与检偏镜 A 镜的偏振轴正交,此即为正交偏光场。

(5)调同心,放上试样,转动载物台,使旋转中心与物镜十字丝中心重合。

(6)将试样长边与 A 镜偏振轴方向平行,记下试样长边与偏振轴的夹角 α_0 值。

(7)转动载物台,使光强达到第一次最大值。记下 $I_{\perp}$ 和对应的试样长边与偏振轴的夹角 α 值。取向方位角由下式给出(取三次的平均值):

$$\theta = (\alpha - \alpha_0) - 45^{\circ}$$

(8)将起偏镜转动 90°,记下 $I_{/\!/}$ 值(取三次的平均值)。

(9)在白光下观察干涉色,判别干涉色级序。

(10)测量试样厚度。

(11)计算 R 和 Δn。

五、实验记录与处理

在同一薄膜上取三点,各进行三次重复测试(共九次),计算各点的平均值及总平均值。

六、实验注意事项

实验开始前注意调节起偏镜和检偏镜光轴垂直正交。

七、课后思考

(1)分析数据波动的原因,指出主要影响因素。

(2)仪器的测试精度应如何表示?请给出定量数据,并且分析影响仪器测试精度的因素。

(3)由双折射测定取向度所反映的取向单元是什么?它与 X 射线衍射法、声速法所测取向度所反映的取向单元有何不同?

(4)取向的非晶态聚合物是否也显示双折射?为什么?

课辅资料

偏振光原理

从光源发出的单色光,通过起偏镜 P 后成为平面偏振光如图 2-22-1(a)所示。设其振动方程为

$$E_{P} = a\sin\omega t \tag{1}$$

此偏振光入射试样后,E_P 沿两个正交的光学轴方向 X,Y 分解为 E_1 和 E_2 两个平面偏振光[见图 2-22-1(b)],有

$$E_1 = a\sin\omega t\sin\theta \tag{2}$$

$$E_2 = a\sin\omega t\cos\theta \tag{3}$$

这两个平面偏振光在模型内传播速度不同,通过模型后它们之间产生相位差 δ,设 E_2 落后于 E_1,则式(2)和式(3)可分别写为

$$E'_1 = a\sin\theta\sin(\omega t + \delta) \tag{4}$$

$$E'_2 = a\cos\theta\sin\omega t \tag{5}$$

到达检偏镜 A 时,它们中只有平行于检偏镜偏振轴的光分量才能通过[见图 2-22-1(c)],

所以通过 A 镜后合成光波为

$$E_A = E'_1 \cos\theta - E'_2 \sin\theta \tag{6}$$

将式(4)、式(5)代入式(6)得

$$E_A = a\sin 2\theta \sin\frac{\theta}{2} - \cos\left(\omega t + \frac{\delta}{2}\right) \tag{7}$$

式中:E_A 仍然是平面偏振光,振幅 $A=a\sin 2\theta \sin\frac{\theta}{2}$。所以,正交偏光下的透过光强为

$$I_{\perp} = Ka^2 \sin^2 2\theta \sin^2 \frac{\theta}{2} \tag{8}$$

又因为 $a^2=I_0$,$\delta=\frac{2\pi}{\lambda}R$,所以 $\frac{b}{2}=\frac{\pi}{\lambda}R$,代入式(8)后,得

$$I_{\perp} = I_0 K \sin^2 2\theta \sin^2 \frac{\pi R}{\lambda} \tag{9}$$

同理可得平行偏光下的透过光强度为

$$I_{/\!/} = I_0 K\left(1 - \sin^2 2\theta \sin^2 \frac{\pi R}{\lambda}\right) \tag{10}$$

当 $\theta=45°$时,$\sin 2\theta=1$,于是式(9)、式(10)相除,可得

$$I_{\perp} / I_{/\!/} = \sin^2 \frac{\pi R}{\lambda} \Big/ \left(1 - \sin^2 \frac{\pi R}{\lambda}\right) \tag{11}$$

故得

$$\sin^2 \frac{\pi R}{\lambda} = \sqrt{\frac{I_{\perp} / I_{/\!/}}{1 + I_{\perp} / I_{/\!/}}}$$

$$R = \frac{\lambda}{\pi}\arcsin\sqrt{\frac{I_{\perp} / I_{\perp}}{1 + I_{\perp} / I_{/\!/}}} \tag{12}$$

将激光波长 $\lambda=632.8$ nm 代入式(12)可得

$$R = \frac{632.8}{\pi}\arcsin\sqrt{\frac{I_{\perp} / I_{/\!/}}{1 + I_{\perp} / I_{/\!/}}} \tag{13}$$

实验二十三　声速法测聚合物的取向度及模量

聚合物取向结构是指在某种外力作用下,分子链或其他结构单元沿着外力作用方向择优排列并被冻结的结构。如前面内容所述,许多高分子材料都具有取向结构,如双轴吹塑的薄膜,各种纤维材料以及熔融挤出的管材、棒材等。取向结构对聚合物材料的力学、光学、热性能影响较大。取向使聚合物在多种性能上呈现出明显的各向异性,使高分子材料在特定方向获得许多优良的使用性能,如熔融纺丝的聚氯乙烯纤维经过热拉伸,其纤维拉伸强度比未拉伸的纤维大 4 倍之多;双轴取向的薄膜和板材力学性能均提高,如经过定向的有机玻璃,抗银纹、抗裂纹扩张等性能均大大提高。

如前面内容所述,目前研究、测定聚合物取向度的方法较多,主要有广角 X 射线衍射法、小角激光散射法、偏振荧光法、声模量法、光学双折射法和收缩率法等。不同方法的原理均是利用高分子材料取向后在光学、力学等方面具有的各向异性,因此各种方法都从某一侧面反应聚合物的取向情况,而且,不同的测试方法所得结果表征不同取向单元的取向程度。实验二十

二通过测定取向聚合物的双折射率描述其取向程度，本实验通过声速法测定和描述聚合物的取向程度，同时获取聚合物的弹性模量。

一、实验目的

(1)了解声速法测定取向度的基本原理；

(2)学会用声速法测聚合物取向度和模量的实验方法；

(3)了解不同的测试方法所得取向度的不同含义。

二、实验原理

高分子长链具有明显的几何不对称性，在外力(如拉伸)作用下分子链沿外力方向排列，这一过程称为取向。声速法测定的取向度是反映结晶区和非结晶区两种取向的总效果，由于声波波长较长，故反映了整个分子链的取向，并能较好地说明聚合物结构与力学强度的关系。

声波是弹性波，它靠物质的原子和分子振动而传播。Moseley 认为，若声波沿聚合物分子链的轴方向通过分子内相互键接原子的振动而传播，它的速度则比较快。在垂直于大分子链轴的方向，声波靠由范德华力结合的非化学键接的分子间的振动而传播，速度较慢。对于部分取向的聚合物，由声波传播引起的聚合物大分子链的运动可以分成沿着分子链轴的部分和垂直于分子链轴的部分，两者的大小是大分子链轴方向和声波传递方向夹角 θ 的函数。

声波在聚合物中的传递是分子间形变和分子内形变传递的结果。在均匀介质中，声波沿轴向传递而引起的作用力 F，在分子链方向上的分力为 $F\cos\theta$，垂直于大分子链方向的分力为 $F(1-\cos\theta)$，则聚合物大分子轴向的形变为

$$D=\frac{F}{E}=\frac{F\,\overline{\cos^2\theta}}{E_{/\!/}^0}+\frac{F(1-\overline{\cos^2\theta})}{E_{\perp}^0} \qquad (2-23-1)$$

式中：D 为聚合物轴向形变；θ 为大分子链与参考方向（轴向）的夹角；F 为因声波作用引起的作用力；E 为介质的弹性模量；$E_{/\!/}^0$ 和 $E_{\perp}^0$ 分别为完全取向时平行于或垂直于分子方向的特征模量。则

$$\frac{1}{E}=\frac{\overline{\cos^2\theta}}{E_{/\!/}^0}+\frac{(1-\overline{\cos^2\theta})}{E_{\perp}^0} \qquad (2-23-2)$$

因为

$$E=\rho c^2 \qquad (2-23-3)$$

式中：ρ 为介质密度；c 为声速，用于本实验则为实测声速。

所以

$$\frac{1}{c^2}=\frac{\overline{\cos^2\theta}}{c_{/\!/}^0}+\frac{(1-\overline{\cos^2\theta})}{c_{\perp}^0} \qquad (2-23-4)$$

式中：$c_{/\!/}^0$、$c_{\perp}^0$ 分别为完全取向聚合物平行于或垂直于分子链方向的特征声速。一般 $c_{/\!/}^0>c_{\perp}^0$，故式(2-23-4)右侧第一项可忽略，于是得

$$\frac{1}{c^2}=\frac{(1-\overline{\cos^2\theta})}{(c^0)^2} \qquad (2-23-5)$$

已知赫尔曼取向因子为

$$f=\frac{1}{2}(3\,\overline{\cos^2\theta}-1) \qquad (2-23-6)$$

当聚合物试样无规取向时，试样声速 $c=c_u$（声波在完全未取向聚合物中的传播速度），$f=0$。

由式(2-23-6)可得

$$\overline{\cos^2\theta}=\frac{1}{3} \tag{2-23-7}$$

将式(2-23-7)代入式(2-23-5)，有

$$\frac{(c^0)^2}{c_u^2}=1-\overline{\cos^2\theta}=\frac{2}{3} \tag{2-23-8}$$

即

$$(c^0)^2=\frac{2}{3}c_u^2 \tag{2-23-9}$$

将式(2-23-9)代入式(2-23-5)，可得

$$\overline{\cos^2\theta}=1-\frac{2}{3}\frac{c_u^2}{c^2} \tag{2-23-10}$$

将式(2-23-10)代入赫尔曼取向式，有

$$f_s=1-\frac{c_u^2}{c^2} \tag{2-23-11}$$

式(2-23-11)即为计算声速取向度的基本公式，即 Moseley 公式，式中 f_s 称平均取向度。

声速取向测定仪是根据相同聚合物（取向度相同）在不同长度上传播时声波所用时间上的差异，以及取向度不同的聚合物，在同一长度上传播时声波所用时间的差异，利用所测定时间上的变化，经过数据处理得到聚合物的取向度及模量。

三、实验仪器与试样

1. 实验仪器

本实验主要使用 SCY-Ⅲ型声速取向测定仪。仪器分为试样台和主机两部分。在试样台导轨的两端分别装有声脉冲发射器和接收器。试样一端固定，另一端通过滑轮施加张力砝码，使试样保持一定的张力。试样两端分别与发射器和接收器上的尖针接触，接收器的一端可以自由移动以改变测试长度，从导轨的标尺上可以读出发射器与接收器间的距离，此距离为测试长度。

脉冲信号源产生重复频率大约为 2.5cps(count par second，计数率)的脉冲信号，加在发射器上，激励发射器以大约 5 kHz 的固定频率作衰减振荡，以纵波声脉冲沿被测试样传播。在纵波信号到达接收器后，接收器将机械振动的声波信号转变为电信号加到放大器上。脉冲信号源产生的脉冲信号使发射器振动的同时，送出一个脉冲信号，使计数单元开始计数。而接收器接收到的第一个声脉冲信号经信号放大器放大后通过控制单元，立即使计时单元停止计时，这时仪器上所显示的时间即为声脉冲在被测试样中传播的时间 t。由标尺直接读出发射器与接收器间的被测试样长度。

2. 实验材料

不同拉伸倍数的尼龙纤维和聚丙烯纤维，双轴拉伸取向的 PE 薄膜。

四、实验步骤

(1)试样的测试长度为 40～50 cm。若测试纤维试样，直接选取合适的长度。若测试薄

膜，需从整张薄膜上沿长度方向的不同角度(如 0°，30°，45，60°，90°)裁取宽度为 2 mm、长度为 50 cm 的试样待用。

(2)将主机电源开关按下，接通电源预热 15 min，然后按一下复零键，此时显示屏显示值应在“2000”左右。

(3)将试样(纤维或膜)一端夹在固定端，拧紧固定旋钮，另一端选择好合适的张力砝码夹紧，通过滑轮调节，将试样伸直，砝码悬空。

(4)用手轻轻挑起试样使之与发射器及接收器上的尖针接触，将“手动-自动”按键按到自动位，显示屏显示出传播时间 $t(\mu s)$。

(5)移动接收器改变测试距离，读出不同长度时的传播时间。对每个试样要求读 8～10 个数据点。

五、实验数据记录与处理

(1)将所读取的数据填入表 2-23-1。

表 2-23-1　传播时间数据记录表

拉伸倍数	距离/cm						
	5	10	15	20	25	…	…

(2)求各试样的声速 c。由于仪器的延时效应，将读取的 8～10 个数据作一直线并求其斜率，该斜率为该试样的声速(以 km/s 计)。

(3)求 c_u。一般资料均介绍 c_u 有两种测定方法：一是将欲测的聚合物制成基本无取向的薄膜，然后测定这种膜的声速即为 c_u。这种方法较少采用，因为关键是如何制无取向的膜。另一种方法是外推法，即先通过声速法实验分别绘出某种聚合物(纤维)不同拉伸倍数的试样的声速曲线，求得不同拉伸倍数材料的声速值，用这组数据作图，该直线外推至拉伸倍数为零时的声速值即为无规取向的声速值 c_u。

1)分别求出尼龙纤维各不同拉伸倍数的 f_s 或不同角度 PE 膜的 f_s。利用作图所得不同拉伸倍数的 c 及外推法所得 c_o，依式(2-23-11)计算。

2)求聚丙烯纤维的模量。根据声学理论，当声波在均匀介质中沿轴向传播时，其波动方程为

$$c=\sqrt{\frac{E}{\rho}} \qquad (2-23-12)$$

式中：E 为介质的弹性模量(Pa)；ρ 为介质密度(kg/m^3)；c 声速(km/s)。用得到的聚丙烯纤维的 c 及 ρ，依式(2-23-12)求得聚丙烯纤维的弹性模量。

六、实验注意事项

(1)测试薄膜试样时，应沿薄膜拉伸取向方向的不同角度裁取试样。

(2)张力砝码的质量不宜过大或过小,确保试样张力满足测试要求。

(3)移动接收器与发射器之间距离的调整要适当。

七、课后思考

(1)为什么用不同方法测得的取向度不同?

(2)什么是动态模量?为什么说本实验测得的模量是动态模量?

实验二十四 透射电子显微镜观察聚合物的微相结构

聚合物的共混改性是高分子科学研究的传统方向之一,也是高分子材料开发的主要途径之一,其主要是通过物理或化学的方法对高分子材料进行共聚、共混等加工出含有两种或多种聚合物的复合材料。聚合物的共混是改善其性能的重要手段之一,通过共混可以达到提高应用性能、改善加工性能和降低生产成本等目的。共混聚合物的形态主要有两种:一种是各组分具有良好的相容性,形态结构在宏观或亚微观上为均相,在微观上可能为均相或非均相。此类聚合物的共混体系称为聚合物合金或高分子合金,有时把嵌段或接枝共聚物也列为高分子合金的范畴。另一种是各组分之间的相容性较差,其形态结构呈亚微观非均相或宏观相分离的形态结构。但在多数情况下聚合物的共混体系并不能形成微观的均相体系,而是一种多相的织态结构,因此共混高聚物的性能不仅与各组分的结构有关,还与其织态结构有关,也就是各相之间的界面结构、界面强度、两相连续性、分散相的相畴尺寸、分散相颗粒的形状等均会影响共混聚合物的性能。因此研究共混高聚物的形态结构具有重要的意义。

共混聚合物之间的相容性是影响共混聚合物的形态结构和最终使用性能的关键因素。从热力学角度考虑,聚合物之间的相容性就是它们之间的相互溶解性,即两种聚合物形成均相体系的能力。通常具有实用意义的聚合物共混体系大都是不相容的,两种高分子组分在混合后仍保持各自的相态。但是,聚合物的共混又有它的特殊性,两种高分子组分虽然无法达到大分子水平上的均匀混合,但能实现超分子水平上的混合,相与相的界面层上大分子链之间还可能有某种程度的相互渗透。因此,即使是热力学不相容的共混体系,依靠外界的条件也可实现强制的、良好的分散混合,得到力学性能优良且动力学相对稳定的聚合物共混物,即两种热力学不相容的聚合物之间可形成超分子水平混合的动力学相容。对于不同加工工艺和两相组分的共混聚合物,可以得到不同的形态结构。通常含量高的组分构成连续相,含量低的组分形成分散相;随着分散相含量的增加,其形态从球状分散到棒状分散,当两组分含量相近时,则可能形成层状结构;随着两种组分含量进一步变化,分散相和连续相构成将发生相反转,从而对聚合物的性能产生显著的影响。

研究共混聚合物的相结构的方法和手段比较多,常见的仪器如光学显微镜(偏光显微镜、相差显微镜等)、电子显微镜(扫描电子显微镜,Scaning Electron Microscope, SEM)、透射电子显微镜(Transmission Electron Microscope, TEM)、原子力显微镜(Atom Force Microscope, AFM)和X射线衍射仪(X-ray Powder Diffractometer, XRD)、差示扫描量热仪(DSC)等。一般光学显微镜主要用来进行聚合物内部结晶形态的研究,特别是用来研究共混聚合物中含有结晶组分的多相体系的相结构,其适用于研究相结构尺寸较大的聚合物。电子显微镜利用电磁波的反射或透射对聚合物的结构进行分析,其分辨能力比普通光学显微镜提高了几百至上千倍，高分辨能力的 TEM 分辨率可以达到 0.14 nm 左右。因此，电子显微镜可以用来研究聚合物中的微相结构，如可以用来研究聚合物多相体系的微观相态结构等。（图 2-24-1 为橡胶碳纳管填充增韧、增强环氧树脂的 TEM，可以清晰观察到不同填料在环氧树脂中的微观分散形态。）

图 2-24-2 为纳米二氧化硅改性的不同苯乙烯-丙烯腈嵌段共聚物在不同分子量聚甲基丙烯酸甲酯中的微观相态结构。以上说明，通过 TEM 可以直观地观察到共混聚合物内部微观相态结构和及其分布状态。

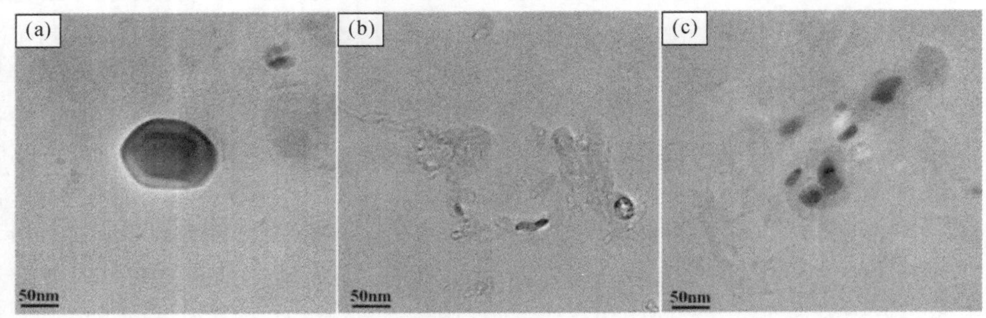

图 2-24-1 填充改性环氧树脂的 TEM 图

(a)端羧基聚丁二烯丙烯腈橡胶(CTBN)增韧环氧树脂；(b)碳纳米管(CNT)增强环氧树脂；(c)CTBN、CNT 与环氧树脂共混

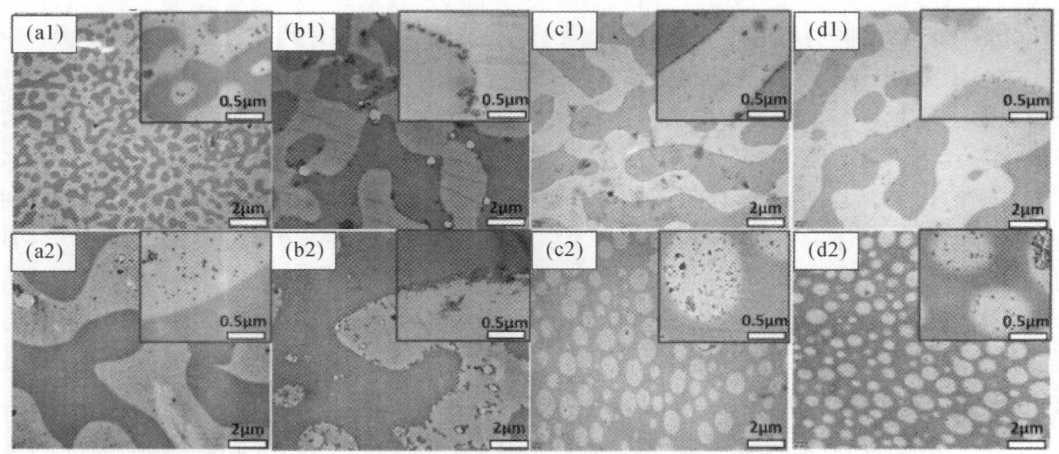

图 2-24-2 苯乙烯-丙烯腈嵌段共聚物与聚甲基丙烯酸甲酯共混聚合物的 TEM 图

一、实验目的

(1)熟悉 TEM 的基本结构，理解 TEM 的工作原理及像反差的形成原理；

(2)初步掌握 TEM 观察聚合物的制样方法和观察记录方法；

(3)初步掌握 TEM 观察聚合物相结构的基本方法。

二、实验原理

1. TEM的结构

图2-24-3为透射电子显微镜实物图，TEM主要由照明系统、成像系统、真空系统、观察和记录系统等几大部分组成。照明系统由电子枪和聚光镜组成。电子枪相当于光镜中的光源，由阴极、阳极、栅极组成，其作用是发射具有一定能量的电子，并初步汇聚。初步聚集的电子经聚光镜后进一步汇聚为具有一定能量和一定直径的电子束，电子束聚焦在样品上。成像系统由物镜、中间镜和投影镜组成，物镜位于样品下方，对成像质量具有决定性作用。观察和记录系统包括观察室、荧光镜和照相暗盒等。另外，真空系统和电子系统也是保证TEM正常工作的重要部件。真空系统确保在工作状态下为观察室提供较高的真空度。电子系统又分为使电子加速的高压电源以及使电子束聚焦和电磁透射成像的低压电源，对稳定性有很高的要求。

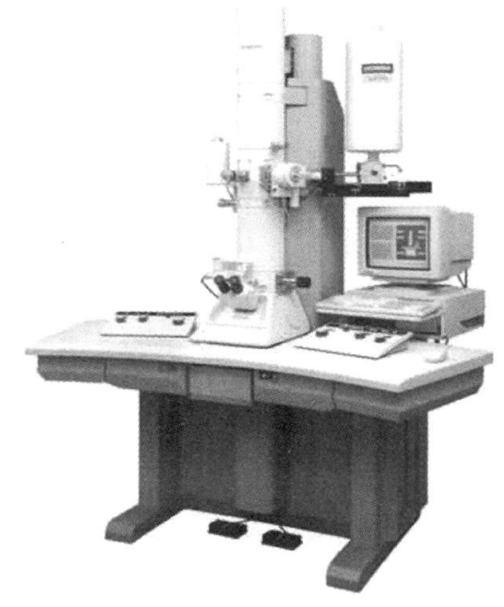

图2-24-3　透射电子电镜(TEM)

2. TEM的工作原理

透射电子显微镜是以电子束为光源，利用电磁透射成像，结合特定的机械装置和高真空技术而组成的一种精密电子光学仪器。在高真空的观察室中，电子枪发射出来的电子束在真空通道中沿着镜体光轴穿越聚光镜，汇聚形成一束细、亮、均匀的光斑，照射在样品室中的试样上。当试样的厚度小于入射电子穿透的深度时，部分电子穿透试样从下表面射出。若试样较薄(数十微米的厚度)，透射电子的主要部分为弹性散射电子，它包含着试样内部的结构信息。试样致密处透过的电子少，稀疏处透过的电子多，经过物镜的汇聚调焦和初级放大，电子束进入下级的中间透镜和投影镜进行综合放大成像，最终被放大的电子影像投射在荧光显示屏上，由显示屏将电子影像转化为可见光影像，从而观察记录。使用TEM的过程中，通过调节电子枪阳极正电压的大小来选择电子束的波长，通过调节中间镜电流的大小来选择放大倍数，通过调节电磁透镜电流的大小实现聚焦。

TEM工作过程如下：

(1)由电子枪发射电子流，在阳极的加速下，电子束射向镜筒。

(2)聚光镜将电子束进一步汇聚,形成 1～2 μm 的电子束斑,并投射在样品上。

(3)物镜将穿过样品并带有样品结构信息的电子束放大聚焦形成第一级放大像。

(4)中间镜以物镜放大像为物,形成第二级放大像。

(5)投影镜以中间镜的放大像为物,形成第三级放大像。

(6)第三级放大像被投射在荧光屏上。

3. 像反差的形成原理

当在透射电镜的照明源中插入了样品的膜之后,原来均匀的电子束就变得不均匀。样品膜中厚度大的区域因散射电子多而出现电子数的不足,这样的区域经放大后就成了暗区,而样品膜中质量厚度小的区域因透过电子较多,散射电子较少而成为亮区。通过样品后的这种不均匀的电子束被荧光屏截获后,即成为反映样品信息的透射电镜黑白图像。

对于那些质量厚度差别不大的样品,常常需要用电子染色的方法来加强样品本身或样品四周(背景)或样品的某些部分的电子密度,从而使不同区域散射电子的数量差别增大,进而改善图像的明暗差别,即增强反差。

三、实验仪器与材料

1. 实验仪器

美国 FEI 的 Talos F200X 型 TEM 如图 2 - 24 - 3 所示。该型号 TEM 加速电压为 200 kV,电子枪为肖特基热场发射,TEM 点分辨率为 0.25 nm,TEM 信息分辨率为 0.12 nm,STEM 分辨率为 0.16 nm,样品倾斜角度(X/Y)为±30°,可同时采集 4 幅来自不同角度的电子信号,包括明场、环形明场、环形暗场和大角度环形暗场的图像。

另需 DM220 高真空镀膜台、超声波清洗器各一台。

2. 实验材料

苯乙烯-丁二烯-苯乙烯的嵌段共聚物,橡胶增韧环氧树脂等;1.5%火棉胶,1.5%磷钨酸水溶液,2%乙酸铀水溶液,青霉素小瓶,玻璃棒,铜/镍网,弯头镊子,培养皿,滤纸,碳棒等。

四、实验步骤

1. 制作复膜铜网(火棉胶膜加碳膜)

(1)覆火棉胶膜。在直径约为 10 cm 的培养皿中装适量双蒸水,滴一滴 1.5%火棉胶液于水面上,一段时间后,水面上即有一层火棉胶膜。通过观察膜的颜色判断膜的厚度及好坏,以平展、光滑的银白色为佳。将铜/镍网铜面朝下放置在理想的火棉胶膜上,用镊子轻轻按一下网,使之与膜贴紧。用滤纸沾起网膜,自然干燥或经 30～60℃烘干后即可加镀碳膜。此过程要防止灰尘和空气流动,以免膜被弄脏和发皱。

(2)镀碳膜。

1)磨碳棒:将直径为 3 mm 的两根碳棒(长约 3 cm)一根一端磨平,一根一端磨尖。清除所有松动的部分,并擦拭干净。

2)安装碳棒:将一根固定在支持架上,另一根安装在有弹簧的另一支持架上。将两个支持架分别装在钟罩内的两极上,借助弹簧的轻微推力保证两根碳棒的接触,而且对中(即成一直线)要尽量准确。旋紧各处螺钉。

3)安置载网:将沾有网膜的滤纸放在一小培养皿中,将培养皿放置在距离碳棒接触点正下方 10 cm 处。

4)抽真空:开启 DM220 高真空镀膜台,抽真空至钟罩内真空度达 10^{-5} Pa。

5)镀碳:先通小电流,使接触点慢慢呈橙红色。然后迅速提高电流,使接触点成白灼状态,碳即开始蒸发,此时电流保持在 35 A 左右,保持此状态 1～2 min,碳膜即镀好。取出镀好碳膜的载网备用。

经上述步骤制得的火棉胶加碳的复合膜,在电镜下既有良好的透明度,又比较坚固,能较好地经受电子束的轰击而不漂移。

2.样品的制备

(1)试样的稀释或分散:稀释试样是为了使样品颗粒尽量分散开来。根据试样的状态可分为以下两种情况。

1)液体状:将水溶性试样用双蒸水稀释。用玻棒蘸取少许试样装入有双蒸水的试样瓶中,充分摇匀,若觉稀释不够,可倾去部分稀释液后再行稀释。对于很难分散的试样,可在双蒸水中加入少量乳化剂等促进分散,亦可将小瓶放入超声波清洗器中振荡片刻,一定要注意振荡时间不可过长(长时间的超声振荡不但不会促进分散,有时甚至会造成样品颗粒凝集)。对于溶剂型试样,方法同上,只需将双蒸水改换成相应的溶剂即可。

2)固体状:对于粉末状试样,取小许粉末入试样瓶中,注入双蒸水或溶剂,将小瓶置于超声波清洗器中振荡一段时间(一般为几分钟),待粉末与液体混合成均匀的浊液即可。若嫌浊液浓度过大,可倒去一部分,再行稀释。对于块状和膜状试样,特别对于样品厚度超过 100 nm 的膜状甚至块状样品,应考虑超薄切片或离子减薄技术。一般利用超薄切片机进行固体试样的切片操作,要求试样有合适的硬度,切片的环境温度需低于试样的玻璃化转变温度。室温下处于高弹态的聚合物需要用液氮冷冻到低于玻璃化转变温度以下进行切片。

对于小尺寸的、不能直接进行切片的颗粒、粉末、薄膜或纤维等样品,需要先制作镶嵌试样,即将样品用环氧树脂等包埋剂镶嵌住,然后对镶嵌试样进行打磨、抛光处理,最后利用超薄切片机进行切片制样。

(2)试样的装载:对于粒径较大或粒径虽不大,但其组成中含有较重元素的试样,可不经电子染色。具体操作如下:用镊子轻轻夹住复膜铜网的边缘,膜面朝下沾取已分散完好的试样稀释液,小心地将铜网放在做记号的小滤纸片上,待网上液滴充分干燥后,即可上镜观察。

(3)电子染色:对于粒径很小且由轻元素组成的试样,应考虑采用电子染色技术帮助增大试样不同区域散射电子数量的差别,从而增强图像的反差,使之可供观察者肉眼清晰分辨。常用的电子染料是含有重金属元素的盐或氧化物,如磷钨酸、乙酸铀、四氧化锇、四氧化钌等。常用的染色方法有以下两种:

1)混合染色法:此法适合可以用水分散的试样。因为绝大多数的电子染料都是能溶入水的盐类,试样与电子染料都以水为介质,很容易混合。具体操作如下:取稀释完好的试样液 2 mL,往稀释液中滴加染液 1～3 滴,迅速混合均匀,立即沾样或经 2～5 min 后沾样,充分干燥后,即可上镜观察。

2)漂浮染色法:溶剂型试样和其他不适合用混合染色法的试样,可用漂浮染色法。具体操作如下:用复膜铜网沾上试样稀释液,待网上液滴将干未干时,将复膜铜网膜面朝下漂浮于染液液滴上(所用染液浓度以小于 0.5%为好)。一段时间(2～10 min)后,捏起铜网,用滤纸吸去多余染液,待网上液体充分干燥后,即可上镜观察。若试样为溶剂型聚合物,沾样后应让溶剂充分挥发，若想溶剂在短时间内挥发干净，可将铜网放入真空中抽提，然后进行漂浮染色。在上述制样过程中，应注意以下事项：

a. 所用器皿一定要干净。

b. 放置铜网时要小心，膜面不能有破损和污染。

c. 风干过程要避污染。

3. 仪器调试

开启 TEM，至真空抽好。调试仪器，经合轴、消像散以后，即可送样观察。

4. 观察记录

将欲观察的铜网膜或超薄切片面朝上放入样品架中，送入镜筒观察。先在低倍下观察样品的整体情况，然后选择好的区域放大。变换放大倍数后，要重新聚焦。将有价值的信息以拍照的方式记录下来，并在记录本上记录观察要点和拍照结果。将样品更换杆送入镜筒，撤出样品，换另一样品进行观察。

5. 图片解析

根据制样条件、观察结果及样品的特性等综合分析，对图片进行合理的解析。

六、实验注意事项

(1)TEM 为高精密电子光学设备，必须严格按照规范操作！

(2)对于明确禁止拍摄的磁性材料，切勿擅自拍摄！

(3)工作状态下的 TEM 是一个 X 射线源，在使用过程中应注意以下事项：

1)加光阑，特别是聚光镜光阑。

2)观察时戴铅眼镜。

3)穿防护背心。

七、课后思考

(1)简述像反差的形成原理。

(2)电子染色意义何在？

(3)常见的电子染色法有哪几种？各适于哪些情况？

课辅资料

一、成像原理及衬度

透射电镜的样品需用很薄的薄片，称为超薄切片。当电子束打在样品上时，电子易透过，透过的电子称为透射电子。而有的电子碰到原子核被散射，其运动方向和速度发生变化，这些电子被称为散射电子。透射电镜就是利用透射电子和部分散射电子成像，其像显示出不同的明暗程度，即衬度。成像的衬度主要有振幅衬度和相位衬度两种，而振幅衬度主要包括散射衬度和衍射衬度。

散射衬度是由样品对入射电子的散射而引起的，它是非晶态形成衬度的主要原因。散射衬度主要取决于样品各处参与成像的电子数目的差别，电子在试样中与原子相碰撞的次数愈多，散射量就愈大。因此总散射量正比于试样的密度和厚度的乘积，即试样的“质量厚度”。当部分散射电子被物镜光阑挡住而不能参与成像时，则样品中散射角度较大的部分在像中显得较暗，而散射角度较小的部分在像中显得较亮。试样中质量厚度低的地方由于散射电子少，透射电子多而显得较亮；反之，质量厚度大的区域则较暗。由不同质量厚度形成的衬度也称为质厚衬度。

衍射衬度是样品对电子的衍射引起的，是晶体样品的主要衬度。在观察结晶性试样时，由于布拉格反射，衍射的电子聚焦于物镜的一点，被物镜光阑挡住，只有透射电子通过光阑参与成像而形成衬度，这样所得到的像称为明场像。而当移动光阑，使透射电子被光阑挡住，衍射的电子透过光阑成像时，则可得到暗场像。相位衬度是由电子的干涉所产生的，即散射电子波与入射电子波产生位相差，在非高斯聚焦的情况下，在像平面上干涉而形成的衬度。高分辨电子显微像给出的是相位衬度。

二、高聚物样品的制备方法

用 TEM 可以观察到非常细小的结构，但通常不能直接观察高聚物材料，而是通过各种技术将高聚物制备为适合 TEM 观察的样品。因此 TEM 制样技术对图像的质量至关重要。

(1)载网与支持膜：标准载网是直径为 3.05 mm、内含 200 个方孔或圆孔的铜网，用于承载样品。在载网上涂一层薄膜，可防止样品从孔中掉落，这层用于支承样品的薄膜叫支持膜，常用火棉胶、碳膜等。它们有一定的强度，而本身没有特殊的结构，即对电子束是“透明”的。

(2)溶液浇铸成膜：用质量分数为 0.001～0.005 的高聚物稀溶液直接滴到铜网的支持膜上，溶剂挥发后留下高聚物薄膜，或将高聚物溶液滴在甘油或水表面上，展成薄膜后用钢网承接，再经真空喷镀金后，就可以进行电镜观察。在一定条件下形成的高聚物单晶、球晶等结晶形态，或接枝、嵌段共聚物及共混物的相态分布、形变过程等结构可用此法制样，改变温度等条件可以得到不同结构的样品。

(3)超薄切片：直接从块状聚合物切成薄片供电镜观察，更具有实际意义，这可把高聚物的微观结构与宏观性能联系起来。利用超薄切片机可成功切出足够薄的切片，但其在电镜下反差较弱，还需要进行如下一些辅助处理：

1)被切样品需有合适的硬度，切片的环境温度需低于试样的玻璃化转变温度 T_g。室温下处于高弹态的聚合物需用液氮冷冻到一定的低温才能切片。

2)对于不能直接切片的粉末、颗粒、薄膜或纤维等样品，需用包埋剂(常用甲基丙烯酸酯、邻苯二甲酸二丙烯酯预聚体或环氧树脂等)将样品包埋固定后再行切片。

3)对样品进行物理或化学染色，提高样品内部结构的反差，便于观察。四氧化锇(OsO_4)或四氧化钌(RuO_4)可与大分子链中的双键作用形成环状锇(钌)化物，致使分子链中引进重金属原子，成像时它显示为黑色，这样既固定了样品又增大了反差。此法常用于处理橡胶类试样。氯磺酸-乙酸铀染色法常用于聚烯烃，氯磺酸只与非晶区的分子链反应，而交联后易于接受乙酸铀 UO_2 基团，致使非晶区质量密度高于晶区的质量密度而使成像衬度提高。

(4)复型法：对于一些厚度大而无法切片的、易受温度和真空影响的、表面不能损伤的样品可以采用复型法。用一种对电子束“透明”又不与被研究样品发生作用的膜(如聚乙烯醇缩甲醛、火棉胶等)对样品进行复型。所得复型膜依据不同要求分为一级复型(负复型)和二级复型(正复型)两种。为了提高复型膜在电镜中的反差，可用重金属投影。

(5)投影法:在用 TEM 观察时,高聚物试样的反差较小,可用重金属从某个角度往样品上蒸发,形成一层金属膜以提高衬度,并使其具有较强的立体感和层次。

(6)样品的蚀刻:利用蚀刻剂与样品中形态结构不同的区域(如晶区与非晶区)或不同组分(如共混高聚物、填充高聚物等)之间相互作用的速率或程度不同,在蚀刻过程中有选择地或优先溶解或破坏其中某一相而保留另一相,从而可以了解各相分布及相互作用状况。常用的蚀刻方法如下:①溶剂蚀刻。选择对不同组分溶解能力不同的溶剂,使其中一组分被溶剂作用而另一相保留。②氧化剂蚀刻。利用样品中不同组分或不同相区承受氧化降解能力的差异进行蚀刻,如硝酸、硫酸、硫酸-铬酸混合液、重铬酸钾溶液、高锰酸钾溶液等,对聚乙烯、聚丙烯、涤纶等都是较好的氧化蚀刻剂。③等离子体蚀刻。在专用的等离子蚀刻仪中,在一定真空下在两极间加一电压使气体分子(氧、氩或空气)电离,利用由此产生的具有一定能量的离子轰击样品表面,一些结构较薄弱的区域受到的蚀刻作用较大。

实验二十五　热塑性塑料熔体流动速率的测定

在温度超过高分子材料的流动温度后,热塑性高分子材料开始变为流动态。流动态是高分子材料加工成型依赖的主要状态。高分子材料的熔体受外力作用,表现出流动和变形,这种流动和变形行为强烈依赖于高分子材料结构和外在条件,高分子材料的这种性质称为流变行为(流变性能)。尽管塑料制品的加工技术很多,如可以机械加工、热焊接或胶接等,然而最有意义的还是经一次加工即可成型的各种模塑法。而热塑性高分子材料的压制、压延、挤出、注射等工艺及纤维的纺丝无一不是在熔融流动态下实现的。因此,高分子材料加工过程中常见的挤压作用有物料在挤出机和注射机料筒中、压延机辊筒间,以及在模具中所受到的挤压作用。衡量聚合物可挤出性的物理量是熔体的黏度(剪切黏度和拉伸黏度)。熔体黏度过高,则物料通过形变而获得形态的能力差(固态聚合物是不能通过挤压成型的);反之,熔体黏度过低,虽然物料具有良好的流动性,易获得一定形状,但保持形态的能力较差。因此,适宜的熔体黏度是衡量聚合物可挤压性的重要标志。聚合物的可挤压性不仅与其分子结构、相对分子质量和组成有关,而且与温度、压力等成型条件有关。评价聚合物挤压性的方法,是测定聚合物的流动性(黏度的倒数)。通常简便实用的方法是测定聚合物的熔体流动速率。

一、实验目的

(1)测定聚乙烯、聚苯乙烯等热塑性聚合物的熔融指数;

(2)了解热塑性塑料在熔融状态(即黏流态)时流动黏性的特性及其重要性;

(3)了解热塑性塑料熔体流动速率与加工性能之间的关系;

(4)学习和掌握使用熔融指数仪测定热塑性塑料熔体流动速率的方法。

二、实验原理

在塑料成型加工中,衡量聚合物流动性难易程度的指标有表观黏度、门尼黏度、熔体流动速率、流动长度和可塑度等。大多数热塑性塑料都可以用它的熔体流动速率来表示它的流动性。而对热敏性聚氯乙烯树脂通常是测定其二氯乙烷溶液的绝对黏度来表示其流动性能。通常采用落球黏度或滴落温度来衡量其流动性。热固性塑料的流动性通常是用拉西格流程法测量流动长度来表示其流动性。橡胶的加工流动性常用威廉可塑度和门尼黏度等表示。

熔体流动速率(Melt mass Flow Rate，MFR)是指在规定的温度、压力条件下，热塑性高聚物熔体在10 min内通过标准毛细管的质量值，其单位是g/10 min，习惯用熔融指数(Melt Index，MI)表示，人们又称之为熔融流动指数(Melt mass-Flow Index，MFI)。因此，熔体流动速率仪(熔融指数仪)实际上是简单的毛细管黏度计，它所测量的是熔体流经毛细管的质量。由于熔体密度数据难以获得，故不能计算表观黏度。但由于质量与体积成一定比例，因此熔体流动速率也就表示了熔体的相对黏度。因此，熔体流动速率可以用作区别各种热塑性材料在熔融状态时的流动性指标。对于同一种聚合物，在相同的条件下，流出的质量大，MI越大，说明其流动性越好。但对不同的聚合物来说，由于测定时所规定的条件不同，因此，不能用熔融指数的大小来比较它们的流动性。同时，对于同一种聚合物来说，还可用MI来比较其相对分子质量的大小。MI越小，其相对分子质量越大；反之MI越大，其相对分子质量越小。因此，一般来说，分子量越大，或分子链越长，或支链越多，熔融指数越小，加工性越差。但熔融指数小的高分子材料生产出来的塑料制品的应用性能(如断裂强度、硬度、韧性、缺口冲击、耐老化稳定性等)越好。在塑料加工成型中，对其流动性常有一定的要求。如压制大型或形状复杂的制品时，需要塑料有较大的流动性。如果塑料的流动性太小，常会使塑料在模腔内填充不紧或树脂与填料分头聚集(树脂流动性比填料大)，从而使制品质量下降，甚至成为废品。而流动性太大，会使塑料溢出模外，造成上、下模面发生不必要的黏合或使导合部件发生阻塞，给脱模和后处理工作造成困难，同时还会影响制品尺寸的精度。因此，聚合物生产要在加工性能和应用性能间找到平衡，根据产品的特点，设计最佳参数。而用MI表征高聚物熔体的黏度，作为高分子材料加工流动性能的指标已在国内外广泛采用。由此可见，高聚物流动性的好坏，与加工性能关系非常密切，是成型加工时必须考虑的一个很重要的因素。不同用途、不同加工方法对高聚物MI值有不同的要求，同时对选择加工工艺参数(加工温度、螺杆转速、加工时间等)具有实际的指导意义。通常，注射成型要求树脂的熔融指数较高，即流动性较好；挤出成型熔融指数较低为宜；吹塑成型用的树脂，其熔融指数介于以上二者之间。以高密度聚乙烯(HDPE)为例，在190℃、2 160 g荷重条件下测得的熔融指数可表示为$MI_{190/2160}$。表2-25-1列出了不同MI的高密度聚乙烯(密度为0.94～0.96 g/cm^3)的应用范围。

表2-25-1　不同MI的HDPE的加工应用范围

熔融指数	适用加工工艺	熔融指数	适用加工工艺
0.3～1.0	挤出线缆	2.5～9.0	薄膜吹塑
<0.2	挤出管材	0.2～8.0	注射成型
0.2～2.0	吹塑	4.0～7.0	涂层

使用熔体流动速率仪(也叫作熔融指数仪)测定熔体流动速率简便、易行，对材料的选择和成型工艺条件的确定有其重要的实用价值，因此在塑料工业生产上得到广泛使用。但此法测定的熔体流动速率指标是在低剪切速率下的，不存在广泛的应力-应变速率关系，因而不能用来研究塑料熔体黏度与温度、黏度与剪切速率的依赖关系，仅能比较相同结构聚合物的分子量或熔体黏度的相对值。

用熔体流动速率仪测定高聚物的流动性，是在给定的剪切速率下测定其黏度参数的一种简易方法。ASTMD 1238 中规定的常用高聚物的测试方法和测试条件为：试验温度范围为 125～300℃，负荷范围为 0.325～21.6 kg(相应的压力范围为 0.046～3.04 MPa)。在这样的测定范围内，MFR 值在 0.15～25 之间的测量是可信的。熔融指数仪是根据 ISO1133：1997(E)，ASTM D11238－95，JIS－K72A 以及国家标准 GB 3682－2018，JB/T 5456－2016《熔体流动速率仪技术规范》、JJG 878－1994《熔体流动速率仪》和其他相应标准制定其相应的技术指标的。该仪器具有测定熔体流动速率 MFR、测定熔体体积流动速率 MVR(Melt Volume－flow Rate)、测定熔体密度 ρ 等功能。

测定不同结构的树脂熔体流动速率所选择的测试温度、负荷压强、试样的用量以及实验时取样的时间等都有所不同。推荐试验的温度、口模内径与负荷关系的标准试验条件见表 2－25－2(参阅 GB/T 3682.1－2018《塑料　热塑性塑料熔体质量流动速率(MFR)和熔体体积流动速率(MVR)的测定　第一部分：标准方法》。常用塑料可按表 2－25－3 选用，共聚、共混和改性等类型的塑料，也可参照此分类试验条件选用。

表 2－25－2　聚合物溶体流动速率测试的标准试验条件

<table>
<tr><th>标准口模</th><th>试验温度 T/℃</th><th>标称负荷(组合的)质量 m/kg</th></tr>
<tr><td rowspan="15">内径：2.095 mm
标称长度 8.00 mm</td><td>100</td><td rowspan="15">0.325
1.20
2.16
3.80
5.00
10.00
21.60</td></tr>
<tr><td>125</td></tr>
<tr><td>150</td></tr>
<tr><td>190</td></tr>
<tr><td>200</td></tr>
<tr><td>220</td></tr>
<tr><td>230</td></tr>
<tr><td>235</td></tr>
<tr><td>240</td></tr>
<tr><td>250</td></tr>
<tr><td>260</td></tr>
<tr><td>265</td></tr>
<tr><td>275</td></tr>
<tr><td>280</td></tr>
<tr><td>300</td></tr>
</table>

表 2-25-3　热塑性塑料相关材料标准规定的测定熔体流动速率的试验条件

材　料	相关标准[①]	测定熔体流动速率的试验条件[②]		
		条件代号	试验温度 T/℃	标称负荷（组合）m_{nom}/kg
ABS	GB/T 20417	U	220	10
ASA,ACS,AEDPS	ISO 6402	U	220	10
E/VAC	GB/T 39204	D B Z	190 150 125	2.16 2.16 0.325
MABS	ISO 10366	U	220	10
PB	ISO 986	D F	190	2.16 10
	GB/T 19473	T	190	5
	ISO 15494	D T	190	2.16 5
PC	ISO 7391	W	300	1.2
PE	GB/T 1845	E D T G	190	0.325 2.16 5 21.6
	SH/T 1758 SH/T 1768	T	190	5
	GB/T 13663 GB 15558 GB/T 28799 ISO 15494	T	190	5
PMMA	GB/T 18897	N	230	3.80
POM	GB/T 22271	D	190	2.16
PP	GB/T 2546	M P	230	2.16 5
	SH/T 1750	M	230	2.16
	GB/T 18742	M	230	2.16
	ISO 15494	M T	230 190	2.16 5

续 表

材　料	相关标准[①]	测定熔体流动速率的试验条件[②]		
		条件代号	试验温度 T/℃	标称负荷（组合）m_{nom}/kg
PS	GB/T 6594	H	200	5
PS-Ⅰ	GB/T 18964	H	200	5
SAN	GB/T 21460	U	220	10

注：① 材料标准中可能会给出该类材料熔体密度的理论值。

② GB/T 3682 各部发布时，相关材料标准中规定或列出了这些试验条件。GB/T 3682 各部分的使用者在使用这些试验条件以前，应从这些材料标准的最新发布版本或其他新发布的材料标准中确认这些试验条件的有效性。随着材料的发展，研究和采用其他试验温度和标称负荷的组合是必要和可能的。

对不同塑料测定熔体流动速率时应选择不同的试验条件，其有关塑料试验条件按表 2-25-4 选用。试样不同，熔体流动速率、试样用量以及试验时取样的时间等有所不同，可按表 2-25-5 设定试样加入量和切样时间。但需要注意，当材料的密度大于 1.0 g/cm^3 时，需增加样品的用量。根据标准或第三方约定，当 MI>25 g/10min 时，可采用较小内径的标准口模。若按 JIS 标准或 ASTM 方法取样，则试样加入量和切样时间见表 2-25-6。

表 2-25-4　不同高分子材料测定溶体流动速率的标准试验条件选用

塑料名称	条件序号	塑料名称	条件序号
聚乙烯	1、3、4、5、7	聚碳酸酯	21
聚甲醛	4	聚酰胺	10、16
聚苯乙烯	6、8、11、13	丙烯酸酯	9、11、13
ABS	8、9	纤维素酯	3、4
聚丙烯	12、14		

表 2-25-5　不同测试标准中试样加入量与切样时间间隔

熔体流动速率/(g·10 min^{-1})	试样加入量/g		切割时间间隔/s	
	ISO 标准	GB 标准	ISO 标准	GB 标准
0.1～0.5	4～5	3～4	240	120～240
0.5～1	4～5	3～4	120	60～120
1～3.5	4～5	4～5	60	30～60
3.5～10	6～8	6～8	30	10～30
>10	6～8	6～8	5～15	5～10

表 2-25-6　ASTM 和 JIS 测试标准中试样加入量与切样时间间隔

ASTM 标准			JIS 标准		
熔体流动速率 g/10 min	试样加入量 g	切割时间间隔 s	熔体流动速率 g/10 min	试样加入量 g	切割时间间隔 s
0.15～1.0	2.5～3	360	0.1～0.5	3～5	240
1.0～3.5	3～5	180	0.5～1.0	3～5	120
3.5～10	5～8	60	1.0～3.5	3～5	60
10～25	4～8	30	3.5～1.0	5～8	30
>25	4～8	15	10～25	5～8	5～15

熔融指数仪可以测定熔融体积流动速率，也可以测定熔融质量流动速率。熔体体积流动速率为

$$\mathrm{MVR}(\theta,m_{\mathrm{nom}})=\frac{A\times t_{\mathrm{ref}}\times L}{t}=\frac{427\times L}{t}\tag{2-25-1}$$

式中：θ 为试验温度(℃)；m_{nom} 为标称负荷(kg)；A 为活塞和料筒的截面积平均值(mm^2)；t_{ref} 为参比时间，一般为 10 min 或 600 s；t 为预定测量时间或各个测量时间的平均值(s)；L 为活塞预定移动测量距离或各个测量距离的平均值(cm)。熔体质量流动速率为

$$\mathrm{MFR}(\theta,m_{\mathrm{nom}})=\frac{A\times t_{\mathrm{ref}}\times L\times\rho}{t}=\frac{427\times L\times\rho}{t}\tag{2-25-2}$$

式中：ρ 为熔体在测量温度下的密度，单位为 $\mathrm{g/cm^3}$；$\rho=m/(0.711\times L)$，m 为称量测得的活塞移动 L(cm)时挤出的试样质量。由于样品质量 $W=A\times L\times\rho$，所以公式(2-25-2)也可以转变为

$$\mathrm{MVR}(\theta,m_{\mathrm{nom}})=\frac{A\times t_{\mathrm{ref}}\times L\times\rho}{t}=\frac{600\times W}{t}\tag{2-25-3}$$

同时，该仪器也可以测定热塑性塑料熔融状态下物料的密度。具体的做法是利用体积法测定熔融体积流动速率，试验后，将有效样条称重，并根据下式计算样品熔融状态下的密度，即

$$\rho=\frac{14m}{L}\tag{2-25-4}$$

式中：m 为样条质量(g)；L 为各个测量距离的平均值(cm)。

三、实验仪器和材料

1. 实验仪器

本实验使用的是熔体流动速率仪(见图 2-25-1)，其主要由料筒、料杆、口模、控温系统、负荷、自动测试机构及自动切割装置等部分组成。

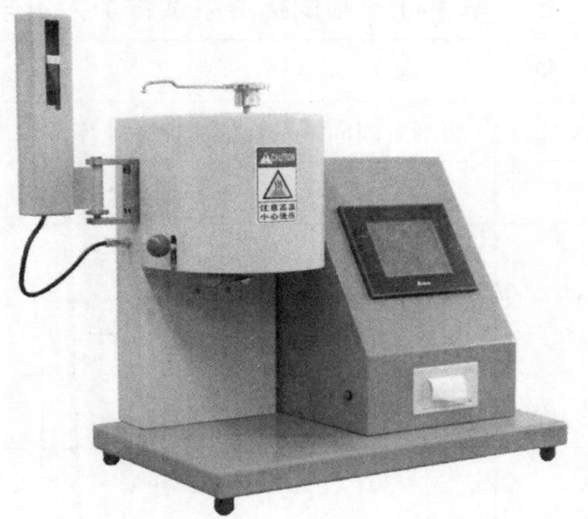

图 2-25-1　熔体流动速率仪

(1)料筒:采用氮化钢材料,并经氮化处理制作,维氏硬度 HV≥700。由主体和加热控制系统(电子控温仪)两部分组成。

(2)料杆(活塞杆):采用氮化钢材料,并经氮化处理制作,维氏硬度 HV≥600,头部比料筒内径小,顶部装有一隔热套,使料杆与负荷隔热。在料杆上有两道相距 30 mm 的刻线作为参考标记,它们的位置是当料杆头下边缘与口模顶部相距 20 mm,上标记线正好与料筒口持平。

(3)口模:直径为(2.095±0.005)mm,维氏硬度 HV≥700。

(4)控温系统:该系统采用铂电阻作温度传感器,以 E5AZ-Q3 控制仪表作温度控制器。它采用 PID 调节,能自动补偿电源电压波动及环境温度对温度控制的影响。

(5)负荷:负荷是砝码与料杆组件的质量之和。砝码的质量和试验负荷的配用见表 2-25-7。

表 2-25-7　砝码质量和试验负荷的配用

负　荷	砝码组合/g
325	T 形砝码+料杆组件
1 200	325+875
2 160	325+875+960
3 800	325+875+960+1 640
5 000	325+875+960+1 640+1 200
10 000	325+875+960+1 640+1 200+2 500+2 500
12 500	325+875+960+1 640+1 200+2 500+2 500+2 500
21 600	325+875+960+1 640+1 200+2 500+2 500+2 500+2 500+2 500+2 500+1 600

(6)自动测试机构:熔体流动速率仪的自动测试机构采用微电脑控制器,可自动计时,控制试验过程。

(7)自动切割装置:自动切割装置由驱动电路、电动机、刀片组成,安装在料筒底部,体积小巧,动作灵活。

2. 实验材料

聚乙烯、聚苯乙烯、聚丙烯等热塑性塑料,可以是粉料或粒料等。

四、实验步骤

(1)熟悉仪器,并检查仪器是否水平,料筒、压料杆、毛细管是否清洁。

(2)样品准备。

试样形状可以是粒状、片状等,也可以是粉状。在测试前根据塑料种类要求,进行去湿烘干处理。当测试数据出现严重的无规则的离散现象时,应考虑试样性质的不稳定因素而掺入稳定剂(特别是粉料)。

1)称料:根据试样,预计熔体流动速率,按表 2-25-5 称取试样。

2)试验条件的选择:根据表 2-25-2 和表 2-25-3 中规定,选择好试验条件。

(3)开始试验。

1)开启电源,根据试验要求设置温度。

2)程序设置:在初始状态下进入设置状态。其具体设置过程见表 2-25-8。

表 2-25-8　熔融指数仪试验参数设置

上排数码管显示				下排数码管显示	操　作
2	*	0	1	试验方法	初始状态下按【ESC】键,进入试验方法设置状态。按【▲】【▼】改变数值,按【ENTER】键进入下一参数设置,按【ESC】退回初始状态。方法设置为 1,则进入质量法的切割间隔时间设置;方法设置为 2,则进入体积法的行程设置
2		1	1	切割间隔时间 min 或 s	方法设置为 1,按【▲】【▼】【△】【△】改变数值,按【ENTER】键返回初始状态,按【ESC】返回试验方法的设置
2		2	1	行程/mm	方法设置为 2,按【▲】【▼】【■】【■】改变数值,按【ENTER】键进入砝码质量设置,按【ESC】返回试验方法的设置
2		2	2	砝码质量/kg	按【▲】【▼】【■】【■】改变数值,按【ENTER】键进入试验温度设置,按【ESC】返回行程的设置
2		2	3	试验温度/℃	按【▲】【▼】【■】【■】改变数值,按【ETER】键进行试样密度设置,按【ESC】返回砝码质量的设置
2		2	4	试样密度/(g/cm^3)	按【▲】【▼】【■】【■】改变数值,按【ENTER】键返回初始状态,按【ESC】返回试验温度的设置
1		1	1	时钟	预热 4min,结束前 10s 报警,时间进入压料过程,在试验温度稳定后,可按【ESC】键进入压料过程

续　表

上排数码管显示				下排数码管显示	操作
1		1	2	时钟	压料 1min,结束前 10s 报警,时间到,自动进入切料过程,如果试样流出的量可以保证取到有效的起始点,按【ESC】键进入切料过程
1		1	3	时钟	切料 10 次,结束后返回初始状态。如果第一根有效样条长度不合适,可按【SET】键重新设置切料间隔时间,然后按【 ENTER】返回,系统则重新开始本过程

实验前应保证炉膛、口模已清理干净,否则将影响实验的准确性。将口模、料杆放入炉膛,等温度稳定后即可开始实验。

(1)质量法:温度稳定后,迅速用漏斗将备好的物料装入,随即装上压料杆,轻轻将料压紧,加料完毕后开始试验。

(2)体积法:设置完毕后,加料,用压料杆将料压实,再插入料杆,第一刻度线高于定位套上边缘。将测试杠杆翘起,然后在砝码托盘上加所需负荷。料杆下移(如 MFR 较大,下移过快,负荷可在料杆自由下移至第一刻度线时加上;如 MFR 过小,下移过慢,负荷加上后还可以借助人工压力,使料杆快速下移,注意加压时不要使料杆弯曲),当达到预定位置时,开始重新计时,并切料一次。当达到预定行程时,计时停止,再次切料,并自动显示 MVR 值。体积法试验完成后可根据实际需要切换到质量法继续试验,体积法试验完成后控制器返回初始状态。

(4)实验完毕。在砝码上方加压,将余料快速挤出后,抽出料杆,用清洁纱布趁热将其擦洗干净。然后,在料筒上部加料口铺上干净纱布,将清洗杆压住纱布插入料筒内,反复旋转抽拉多次,再用口模顶杆将口模自下而上顶出料筒,用口模清洗杆及纱布清洗口模内外表面。对于不易清洗干净的物料可趁热在需要清洗的地方(料筒内壁、口模,内外、料杆)涂一些润滑物,如硅油、十氢萘石蜡等。

(5)清理后切断加热电源。

(6)称重,计算。

五、实验数据记录及处理

1. 实验记录

仪器型号:____________;

样品名称及牌号:____________;

样品干燥温度:____________;

样品干燥时间:____________;

样品质量:____________;

取样时间间隔:____________。

将实验数据记于表 2-25-9 中。

表 2－25－9　实验数据记录表

项　目	第一次					第二次				
	1	2	3	4	5	1	2	3	4	5
时间/s										
质量/g										

注：每个样品一次可以切割 10 个样条，应选取 5 个无气泡、离散度小的样条进行数据处理，计算熔体流动速率 MFR。

2. 数据处理

将每次测试所取得的 5 个无气泡、离散度小的切割样条分别在精密电子天平上称重，精确到 0.000 1 g，取算术平均值，按式(2－25－2)或式(2－25－3)计算熔体流动速率。将数据处理结果填于表 2－25－10 中。

表 2－25－10　数据处理表

项目	第一次					第二次				
	1	2	3	4	5	1	2	3	4	5
$\frac{时间}{s}$										
$\frac{质量}{g}$										
$\frac{MFR}{g/10\ min}$										
$\frac{MFR 平均值}{g/10\ min}$										

六、实验注意事项

(1)切勿用料杆压紧物料，以免损坏料杆与料筒。

(2)由于料斗与料筒壁接触后，高温传向料斗，使料斗下端温度升高以至黏住样料，因此，使用时应尽量避免料斗与料筒壁接触。

(3)加料前取出料杆，置于耐高温物体上，避免料杆头部碰撞。把加料漏斗插入料筒内(尽量不与料筒相碰，以免发烫)，边加料边振动漏斗使料快速漏下。加料完毕，用压料杆压实(以减少气泡)，再插入料杆，套上砝码托盘。插入料杆时，料杆上的定位套要放好，其外缘嵌入料筒。

(4)在试验过程中，如需要更换口模，先将口模从料筒中取出，再用口模清洗杆将口模放入料筒中，操作过程中，需小心谨慎，以免烫伤。

(5)更换或加载砝码以及操作和清洗时必须戴上手套，防止烫伤。

七、课后思考

(1)测量高聚物熔体流动速率的实际意义是什么？

(2)讨论影响熔体流动速率的因素有哪些。

(3)聚合物的熔体流动速率与分子量有什么关系？熔体流动速率值在结构不同的聚合物之间能否进行比较？

(4)即使测试条件相同，对不同的高聚物，已知其 MFR 的大小也不能预测实际加工过程中的流动性，为什么？

实验二十六　聚合物加工流变性能的测定

高分子材料的成型过程，如塑料的压制、压延、挤出、注射等工艺，再如化纤抽丝和橡胶加工过程等都是在高分子材料处于熔体状态下进行的。高分子材料熔体受力的作用，表现出流动和变形，这种流动和变形行为强烈地依赖于高分子材料结构和外在条件。高分子材料的这种性质称为流变行为，即流变性。

聚合物流变学是研究聚合物的流动与变形和造成聚合物流变的各种因素间关系的一门科学。了解聚合物的流变性能，可以指导聚合物的加工，选择合理的成型方法。应用流变数据，确定聚合物加工的最佳工艺条件(温度、压力、时间等工艺参数)，合理设计成型加工数据可以指导高聚物的研究和生产，因此，测定聚合物的流变性能有非常重要的现实意义。

聚合物的流变性不仅与其分子结构、分子量和组成有关，而且与温度、压力、时间等成型条件有关。一般使用转矩流变仪测定高分子材料熔体的流变行为。

一、实验目的

(1)了解高分子材料熔体的流动特性，以及其随温度、应力、材料性质的变化规律；

(2)掌握使用转矩流变仪测定高分子材料的剪切速率、剪切应力、表观黏度等物理量的实验方法和数据处理方法。

二、实验原理

聚合物熔体流变性能的测定有多种方法，测量流变性能的仪器按施力状况的不同主要分为毛细管流变仪、旋转流变仪、落球流变仪和转矩流变仪等类型。不同类型的流变仪适用于不同黏度流体在不同剪切速率范围内的测定(见表 2-26-1)。

表 2-26-1　不同流变仪的适用范围

流变仪	黏度范围/(Pa·s)	剪切速率/s^{-1}
毛细管挤出式	$10^{-1}\sim10^{7}$	$10^{-1}\sim10^{6}$
旋转圆筒式	$10^{-1}\sim10^{11}$	$10^{-3}\sim10$

续　表

流变仪	黏度范围/(Pa・s)	剪切速率/s^{-1}
旋转椎板式	$10^2\sim10^{11}$	$10^{-3}\sim10$
平行平板式	$10^2\sim10^3$	极低
落球式	$10^{-3}\sim10^3$	极低

毛细管流变仪是研究聚合物流变性能最常用的仪器之一，具有较宽的剪切速率范围。毛细管流变仪既可以测定聚合物熔体的剪切应力和剪切速率的关系，又可以根据毛细管挤出物的直径和外观，以及在恒应力下改变毛细管的长径比来研究聚合物熔体的弹性和不稳定流动现象。这些研究为选择聚合物及进行配方设计、预测聚合物加工行为、确定聚合物加工的最佳工艺条件(温度、压力和时间等)、设计成型加工设备和模具提供了基本数据。

聚合物的流变行为多属非牛顿流体，即聚合物熔体的剪切应力与剪切速率之间呈非线性关系。用毛细管流变仪测试聚合物流变性能的基本原理是：在一个无限长的圆形毛细管中，聚合物熔体在管中的流动是一种不可压缩的黏性流体的稳定层流流动，毛细管两端压力差为 Δp。由于熔体具有黏性，它必然受到来自管体与流动方向相反的作用力，根据黏滞阻力与推动力相平衡等流体力学原理进行推导，可得到毛细管管壁处的剪切应力 σ 和剪切速率 γ 与压力、熔体流率的关系。不同类型的流变曲线如图 2-26-1 所示，并可用下式表示它们之间的关系：

$$\gamma=\frac{(\sigma-\sigma_{v})^{n}}{\eta} \tag{2-26-1}$$

式中：γ 为剪切速率，也可用 $\mathrm{d}v/\mathrm{d}t$ 表示，v 为应变；σ 为切应力；σ_v 为屈服切应力；n 为非牛顿指数；η 为黏度。当 $n=1$，$v=0$ 时，式(2-2-1)就变成牛顿黏性流动定律：$\gamma=\sigma/\eta$。用毛细管流变仪可以方便地测定高聚物熔体的流动曲线。

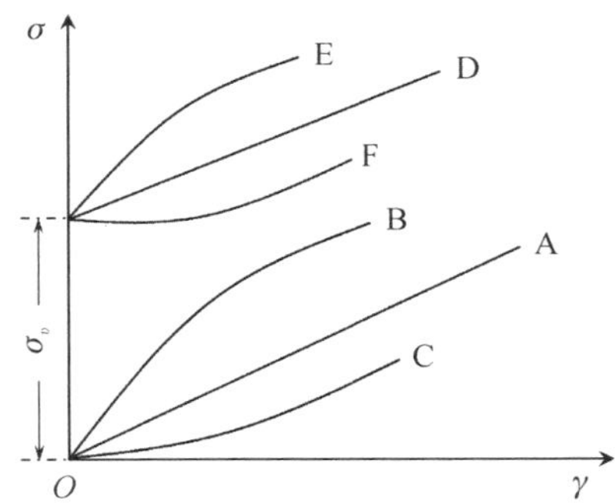

A—牛顿流体；B—假塑性流体；C—剪切增稠的胀流体；D—宾汉塑性流体；

E—屈服-假塑性流体；F—屈服-膨胀塑性流体；

图 2-26-1　不同类型的流变曲线

高聚物熔体在一个无限长的圆管中稳定流动时，可以认为流体某一体积单元(其半径为 r，长为 L)上承受的液柱压力与流体的黏滞阻力相平衡，即

$$\Delta p(\pi r^{2})=\sigma(2\pi rL) \tag{2-26-2}$$

式中：Δp 为此体积单元流体所受压力差；σ 为切应力，有

$$\sigma = \frac{1}{2} \times \frac{\Delta p r}{L} \tag{2-26-3}$$

当压力梯度一定时，σ 随 r 增大而线性增加。在管壁处，即 $r=R$ 时，管壁切应力为

$$\sigma_{\mathrm{w}} = \frac{\Delta p R}{2L} \tag{2-26-4}$$

式中：R 和 L 为毛细管的半径和长度；Δp 为流体流过毛细管长度 L 时所引起的压力降。牛顿流体在毛细管中流动时，具有抛物线状的速度分布。其平均流动线速度为

$$v = \frac{\Delta p R^2}{8L\eta} \tag{2-26-5}$$

在 r 处的切变速率 γ 为

$$\gamma = -\frac{\mathrm{d}v}{\mathrm{d}r} = \frac{\Delta p r}{2L\eta} \tag{2-26-6}$$

对 r 积分可得流体的流动线速度方程为

$$V(r) = \frac{\Delta p R^2}{4pL}\left[1-\left(\frac{r}{R}\right)^2\right] \tag{2-26-7}$$

式(2-26-7)对截面积分，可得体积流速为

$$Q = \int_0^R V(r) 2\pi r \mathrm{d}r = \frac{\Delta p \pi R^4}{8L\eta} \tag{2-26-8}$$

由此得到哈根-泊肃叶(Hagen-Poiseuille)的黏度方程，即

$$\eta = \frac{\Delta p \pi R^4}{8QL} \tag{2-26-9}$$

在毛细管管壁处($r=R$)的切变速率为

$$\gamma_{\mathrm{w}} = \frac{\mathrm{d}v}{\mathrm{d}r} = \frac{\Delta p R}{2L\eta} = \frac{4Q}{\pi R^3} \tag{2-26-10}$$

但聚合物流体一般不是牛顿流体，需要进行非牛顿改正，经推导可得

$$\gamma_{\mathrm{w}}^{\text{改正}} = \frac{3n+1}{4n}\gamma_{\mathrm{w}} \tag{2-26-11}$$

其中，n 为非牛顿指数，一般可由未改正的流变曲线斜率计算得到：

$$n = \frac{\mathrm{dlg}\sigma_{\mathrm{w}}}{\mathrm{dlg}\,\gamma_{\mathrm{w}}} \tag{2-26-12}$$

聚合物的表观黏度可由下式计算：

$$\eta_{\mathrm{a}} = \frac{\sigma_{\mathrm{w}}}{\gamma_{\mathrm{w}}^{\text{改正}}} \tag{2-26-13}$$

在实际的测定中，毛细管的长度都是有限的，故对式(2-26-13)应进行修正。同时，由于流体在毛细管入口处的黏弹效应，毛细管的有限长度变长，因此也需要对管壁的切应力进行改正，这种改正叫作入口改正。常用 Bagley 校正，即

$$\sigma_{\mathrm{w}}^{\text{改正}} = \frac{\Delta p}{2}\left(\frac{L}{R}+e\right)^{-1} \tag{2-26-14}$$

其中，e 为校正因子，其测定方法如图 2-26-2 所示，在恒定剪切速率下测定几种不同长径比的毛细管的压力降 Δp，然后把 $\Delta p-\frac{L}{R}$ 曲线外推至 $\Delta p=0$，便可得到 e 值，从而得到

$$\sigma_{w}^{改正}=\frac{1}{\left(1+\frac{Re}{L}\right)}\sigma_{w} \tag{2-26-15}$$

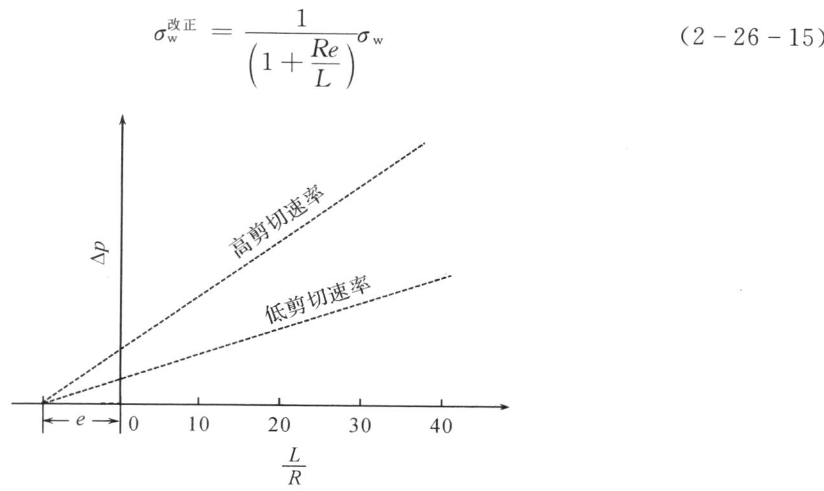

图 2-26-2　毛细管黏度计的 Balgey 修正

一般毛细管较短时，入口效应不可忽略，当长径比$\frac{L}{R}$增加到约为 4 时，则入口效应可忽略不计。

转矩流变仪的原理：物料被加到混炼室中，受到转速不同、转向相反的两个转子所施加的作用力和温度(T)作用，使物料在转子与室壁间进行混炼剪切，物料对转子凸棱施加反作用力，这个力由测力传感器测量。在经过机械分级的杠杆力臂转换成转矩(M)值，其大小反映了物料黏度的大小。通过热电偶对转子温度的控制，可以得到不同温度下物料的转矩。作图得到转矩-温度的流变曲线，如图 2-26-3 所示，各段可能代表的意义如下：

NA：在给定温度和转速下，物料开始粘连，转矩上升到 A 点。

AB：受转子旋转作用，物料很快被压实（赶气），转矩下降到 B 点（有的样品没有 AB 段）。

BC：物料在热和剪切力的作用下开始塑化或熔融，物料即由粘连转向塑化，转矩上升到最高点 C。

CD：物料在混合器中塑化，逐渐均匀。达到平衡，转矩下降到 D。

DE：维持恒定转矩，物料平衡阶段（至少 90s 以上）。

E 以后：继续延长塑化时间，将导致物料发生分解、交联、固化，使转矩上升或下降。

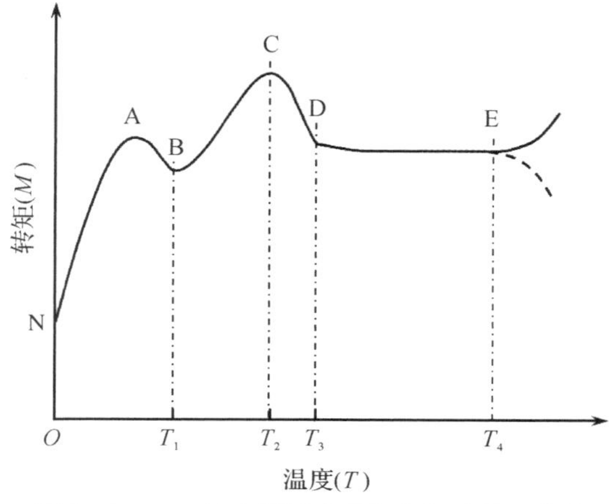

图 2-26-3　流变测试中转矩与温度关系曲线

由转矩流变曲线获得的信息如下：

(1)可加工性判断。由于转矩值的大小直接反映了物料的黏度和消耗的功率，由此可以看出此配方是否具有加工的可能性。若转矩太大，则在加工中需要消耗许多电力，或在更高的温度下，才能降低转矩，也需耗电，成本提高，这时应考虑改变配方，下调转矩。

(2)加工时间(物料在成型之前的时间)。热塑性材料：要求到达 E 点的时间不能太短，否则还未成型就已分解、交联。热固性材料：若要求到达 E 点的时间不能太长，否则固化时间长，效率低，需等待很多时间才能固化、脱模，周期长。但到达 E 点的时间也不宜太短，否则来不及出料就已固化在螺杆或模具中。

(3)加工温度。可以测定不同温度下的转矩流变曲线，得到 $M-T$ 关系。

(4)材料的热稳定性，用以研究分解时间的长短。

(5)可将转矩换算成剪切应力、剪切速率或黏度，得到流变曲线。

三、实验仪器及材料

1. 实验仪器

德国热电公司(Thormo Electron)的 HAAKE(哈克)转矩流变仪如图 2-26-4 所示。

转矩流变仪的设计目的是在高剪切效果下使聚合物熔体的多相组分得以良好混合，在此工艺条件下，被高度剪切的物料反抗混合的阻力与其黏度成正比。转矩流变仪通过扭矩传感器测量这种阻力，得到扭矩(M)随时间(t)或温度(T)的变化曲线，用来分析高分子材料的加工和流变性能，同时可用作密炼机使用，用于制备预混试样。转矩流变仪在共聚物性能研究方面应用最为广泛，可以用来研究热塑性材料的剪切稳定性、热稳定性、加工流变性能和固化行为，其最大特点是能在类似实际加工过程的条件下连续、准确地对聚合物体系的流变性能进行测定。

图 2-26-4　HAAKE(哈克)转矩流变仪

主机是转矩流变仪的控制中心，具有驱动和控制测量单元的功能。受控辅机(如混合单元和挤出单元)是智能化地针对特定应用的测量单元，可通过总线系统将测量数据传输到主机。流变测量系统可测量高分子材料熔体的流变特性，即剪切黏度对剪切速率变化曲线。转矩流变仪的结构为一个由热电偶控温的混合室及混合室内的转子，这两个转子相隔一段距离并平行对齐。两个转子齿型相互切合，并逆向转动。通常左侧转子顺时针转动，右侧转子逆时针转动。为了使不同的物料都能取得最佳的混合效果，设计了多种转子的形状，可以随时更换。

2. 实验材料

聚乙烯、聚苯乙烯、聚丙烯等热塑性塑料，可以是粉料、粒料、薄片等。样品质量 m 为

$$m=[(V-V_D)\times 65\%]\times\rho \tag{2-26-16}$$

式中：V 为没有转子时混炼腔的容积；V_D 为转子的体积；ρ 为试样的密度(g/mL)。

注意：每次加入的样品质量要相同和适当。装入量一般为总容量的 65%～85%。原因是有部分空间存在便于物料混炼均匀，转矩值易于稳定。另外，一般来讲，随着物料加入量的增多，其黏流阻力会增加，因此为便于对试样的测试结果进行比较，每次应称取相同质量的样品。

四、实验步骤

(1)熟悉仪器，并检查仪器是否水平、电路是否正确连接等，检查料筒是否清洁。

(2)准备样品。试样形状可以是粒状、片状、薄膜和碎片等，也可以是粉状。在测试前根据塑料种类要求，先进行真空干燥 2 h 以上的去湿烘干处理，除去水分及其他挥发性杂质。

(3)流变曲线的测定。

1)打开动力箱总电源。

2)按照转子、密炼腔、挡板顺序安装流变测试工作单元。

3)拧开工作区钥匙开关，打开流变仪的主机电源。

4)调节显示屏，设置实验条件。

5)设置实验温度、转子转速和加工时间等相关参数后，开始使仪器升温。

6)观测实验温度，待达到设置温度并稳定后，安装加料斗。

7)将实验原料加入后，拉下加料口推杆，压紧后插上安全栓，开始密炼加工，监测流变速率曲线。

8)以上所有控制过程都可在软件上完成，利用分析软件可对测试中保存的数据进行分析和拟合，并导出数据。

9)实验结束后，拔开安全栓，拉开加料口推杆，取下加料斗。

10)将流变仪密炼腔的挡板、密炼腔、两根转子分别按顺序取下，趁热用铜刷、铜刀进行清洗。

11)关闭流变仪的主机电源，关闭动力箱总电源。

五、实验数据记录及处理

1. 实验记录

仪器型号：____________；样品名称：____________；

样品状态：____________；样品质量：____________。

2. 数据处理

(1)数据分析：可利用分析软件对测试中保存的数据进行分析、拟合并导出数据。

(2)剪切速率的估算过程如下：

密炼机腔体半径为：$R=D_a/2=19.65$ mm；

转子最大半径为：$r_1=18.2$ mm；

转子最小半径为：$r_2=11.0$ mm；

最宽间隙尺寸为：$y_2=8.6$ mm；

最窄间隙尺寸为：$y_1=1.4$ mm；

最大剪切速率为：$\gamma_1 = v_1/(y_1 \cdot y)$；

最小剪切速率为：$\gamma_2 = v_2/y_2$；

假定转子速度为：$n_{11} = 90$ r/min；

将转速单位转换成：$n_{12} = n_{11}/60 = 1.5$r/s；

左侧腔体内的剪切速率为

$$\dot{\gamma}_1 = 2r\pi n_{12}/y_1 = (2 \times 18.2 \times 3.14 \times 1.5/1.4)(\text{r/s}) = 122.5\ \text{r/s}$$

$$\dot{\gamma}_2 = 2r\pi n_{12}/y_2 = (2 \times 11.0 \times 3.14 \times 1.5/8.6)(\text{r/s}) = 12.05\ \text{r/s}$$

右侧腔体内的剪切速率为

$$\dot{\gamma}_3 = 81.6\text{r/s} \text{ 和 } \dot{\gamma}_4 = 8.03\text{r/s}$$

于是左转子的剪切速率比为

$$\frac{\dot{\gamma}_1}{\dot{\gamma}_2} = 122.5/12.05 \approx 10$$

右转子的剪切速率比为

$$\frac{\dot{\gamma}_3}{\dot{\gamma}_4} = 81.6/8.03 \approx 10$$

左、右转子的最大剪切速率比为

$$\frac{\dot{\gamma}_1}{\dot{\gamma}_4} = 122.5/8.03 \approx 15$$

3.分析流变曲线

通过转矩流变仪获得转矩-时间或转矩-温度曲线，从流变曲线不同时间段的转矩变化可以监测聚合物加工过程中的挤压-塑化-熔融等状态变化和黏度变化。通过聚合物试样的流动类型，考察聚合物在不同温度下的物理、化学变化，分析试样加工过程各阶段转矩/黏度变化的内在因素。图 2-26-5 所示为聚乳酸和热塑性聚氨酯弹性体橡胶的转矩-时间曲线，聚合物粒料随转子转动被挤压压实使得初始转矩急剧增加；随温度升高，达到聚合物玻璃化转变温度后，聚合物软化，转矩急剧下降；温度继续升高，超过聚合物熔点后，转矩下降到较低值；温度再升高，转矩趋于稳定。

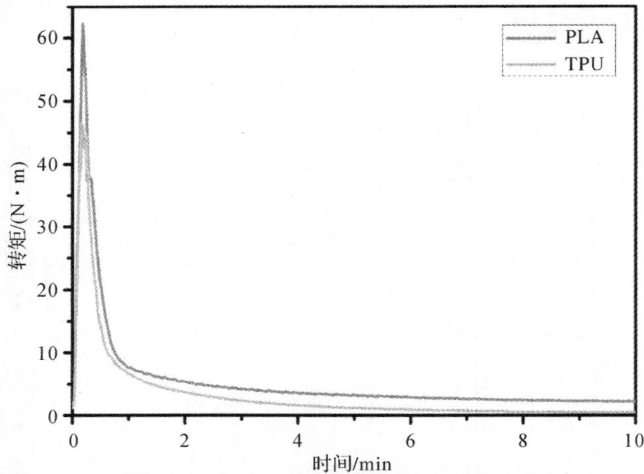

图 2-26-5　HAAKE 测定的聚乳酸(PLA)及热塑性聚氨酯弹性体橡胶(TPU)加工流变曲线

六、实验注意事项

(1)实验开始前务必检查转子、混炼腔和挡板是否清理干净。

(2)如转子、混炼腔或挡板紧固难以拆卸,切不可用大力拆卸,而应升高温度到聚合物熔点以上,待残余物熔融后再取下挡板等。

(3)流变试验时,若出现数据点显示不正确,必须重做。

(4)流变仪各段温度未达到工艺要求时,不得进行实验。

(5)实验过程中,注意观察扭矩、温度、压力等工艺参数的变化,并进行记录。

(6)实验原料进入流变仪前应检查,严禁铁屑、铁钉之类金属零件混入物料,以免在螺杆旋转时损坏仪器。

(7)应严格按照仪器的操作流程进行操作,以免损坏仪器。

(8)实验结束,应挤出余料,并将各部件用铜铲或铜刷等清理干净,切不可使用铁、钢等材质工具清理仪器。

七、课后思考

(1)转矩流变仪能进行哪些方面的测试?

(2)加料量、加料速率、转速、测试温度对实验结果有哪些影响?

(3)从流变曲线上可得到哪些信息? 如何从流动曲线上求出零剪切黏度? 并讨论其与聚合物分子参数的关系。

(4)聚合物流变曲线对拟定成型加工工艺有何指导作用?

(5)影响聚合物流变性能测定的因素有哪些?

实验二十七　电子万能试验机测定聚合物拉伸应力-应变曲线

聚合物的力学性能在作为结构材料的应用中是很重要的。研究聚合物力学性能的常用方法之一是测试它的应力-应变曲线。测试可以采用不同形式的应力,如拉伸、压缩、弯曲和剪切等,其中最常用的是拉伸应力。

拉伸性能是聚合物材料力学性能中最重要、最基本的性能之一,聚合物在拉伸作用力下的应力-应变测试是一种广泛使用的、最基础的力学实验。拉伸实验是在规定的实验速度和温、湿度条件下,对聚合物标准试样沿轴向施加静态拉伸负荷,直到试样被拉伸破坏。聚合物的应力-应变曲线提供了力学行为的许多重要线索及表征参数,如拉伸弹性模量、屈服强度、拉伸强度、断裂伸长率等,可以用来评价材料抵抗载荷能力和抗变形能力。从不同的实验温度和实验速度测得的应力-应变曲线有助于判断聚合物材料的强弱、软硬、韧性等,从而为相关生产企业质量控制、研发设计及材料选用等提供实验数据支持。

一、实验目的

(1)通过实验了解聚合物材料弹性模量、屈服强度、拉伸强度及断裂伸长率的意义,熟悉它们的测试方法;

(2)能通过测试应力-应变曲线来判断不同聚合物材料的力学性能。

二、实验原理

评价聚合物材料的力学性能，通常用等速加载下所获得的应力-应变曲线来进行。所谓应力是指拉伸力引起的在试样内部单位横截面上产生的内力，而应变是指试样在外力作用下发生形变时，相对其原尺寸的相对形变量，不同种类聚合物有不同的应力-应变曲线。

等速条件下，聚合物典型的应力-应变曲线如图 2-27-1 所示。图中的 a 点为弹性极限点，σ_a 为弹性极限强度，ε_a 为弹性极限伸长率。在 a 点前，应力应变服从胡克定律，此时曲线的斜率 E 称为弹性模量，也叫杨氏模量，其反映聚合物材料抵抗形变的能力。y 称为屈服点，对应的 σ_y 和 ε_y 为屈服强度和屈服伸长率，聚合物屈服后出现应变软化，其应力-应变曲线的斜率减小。屈服点以后，聚合物进入塑性区域，卸载后形变不可能完全恢复，出现永久形变。t 为断裂点，σ_t 为断裂强度，也称拉伸强度，ε_t 为断裂伸长率，反映聚合物的塑性。对于无定形聚合物，材料屈服后即可发生断裂，断裂强度可能大于也可能小于屈服强度。对于结晶型聚合物，c 点以后晶体出现取向，沿拉伸应力的方向进行重排，甚至某些晶体可能破裂成较小的单位，在取向的情况下再结晶，呈现强烈的各向异性。应力-应变曲线上表现为应力基本保持不变，应变增加(cd 段)，宏观上聚合物会出现细颈，出现大形变，至 d 点时细颈发展完全，然后发生应变硬化，应力继续增大到 t 点时，材料断裂。

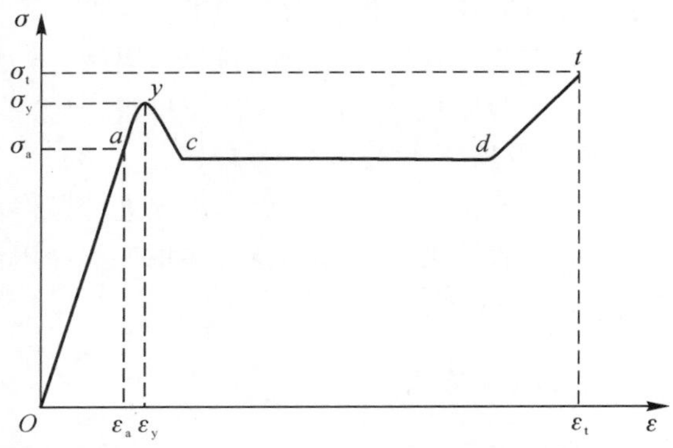

图 2-27-1　聚合物典型应力-应变曲线

由曲线的形状以及 σ_t、ε_t 的大小可以看出聚合物材料的性能，并可以借此判断其可应用的工况。如由 σ_t 的大小可以判断材料的强与弱，而从 ε_t 的大小可以判断材料的韧性。从微观结构看，在外力的作用下，聚合物产生大分子链的运动，包括大分子内的键长、键角变化，分子链段的运动，以及分子间的相对位移。大分子沿力方向的整体运动是通过上述各种运动来达到的。由键长、键角产生的普弹形变一般较小，而链段运动和分子间的相对位移产生的形变较大。若某种聚合物材料在拉伸到破坏时，基本上仍未发生链段运动或分子位移，或只是很小，此时材料就呈脆性。若某种聚合物达到一定负荷，可以克服大分子链段运动及大分子位移所需的能量，其形变就较大，表现为韧性。如果要使聚合物产生大分子链段运动或大分子位移所需的外力较大，则该聚合物的拉伸强度就较高。

对于结晶型聚合物，当结晶度较高时，尤其以较大球晶为主时，该聚合物在拉伸载荷下会出现脆性断裂。但一般聚合物结晶度增加，其模量、屈服强度和断裂强度也会增加，屈服形变和断裂形变减少。无论非晶聚合物还是结晶性聚合物，在拉伸屈服冷拉过程中都会产生取向态结构。但是，聚合物结构不同：一般脆性聚合物在拉伸应力下不发生屈服冷拉现象，易形成银纹结构。韧性聚合物可发生屈服和冷拉现象，在局部薄弱区域易形成剪切带结构。某些嵌段结构的热塑性弹性体则会在拉伸应力下发生多相体系织态结构的变化，导致塑料与橡胶力学行为的转变。

聚合物材料的品种繁多，它们的应力-应变曲线呈现多种多样的形式。若按照在拉伸过程中屈服表现、断裂伸长率大小及其断裂情况的不同（见图 2-27-2），大致可以分为五种类型：

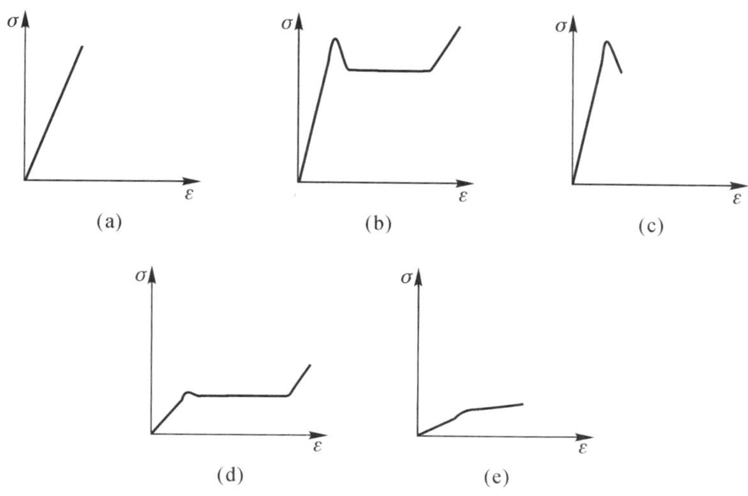

图 2-27-2 五种类型聚合物的应力-应变曲线

(a)硬而脆；(b)硬而韧；(c)硬而强；(d)软而韧；(e)软而弱

(1)硬而脆：拉伸强度和弹性模量都较高，断裂伸长率小，如聚苯乙烯等。

(2)硬而韧：弹性模量高、拉伸强度和断裂伸长率大，如尼龙、聚对苯二甲酸乙二醇酯等。

(3)硬而强：拉伸强度和弹性模量较大，且有适当的断裂伸长率，如硬聚氯乙烯等。

(4)软而韧：断裂伸长率大，拉伸强度也较高，但弹性模量低，如天然橡胶、顺丁橡胶等。

(5)软而弱：拉伸强度低，弹性模量小，且断裂伸长率也不高，如溶胀凝胶等。

除聚合物本身的结构因素外，其拉伸性能还受实验条件的影响。由于聚合物材料的黏弹性本质，拉伸过程中明显受到外界条件（实验速率、实验环境温度等）的影响。当实验的温度或速度改变时，聚合物的应力-应变曲线会出现明显的变化。因此，必须了解聚合物材料在拉伸过程中应力-应变曲线随各因素变化而改变的情况，根据使用环境的要求，在规定的实验速度和温度等条件下进行测试，才能选出合适的聚合物材料进行设计和应用。

三、实验仪器与试样

1. 实验仪器

电子万能试验机 1 台（见图 2-27-3），大变形测量装置一套，游标卡尺 1 把。

2. 实验材料

尼龙哑铃试样（按照 GB/T 1040.2—2018 中规定，制备 1A 型试样）。按照国家标准 GB 1040－2018，本实验中一般采用 1A 型哑铃试样，试样标准图如图 2-27-4 所示，其尺寸见表 2-27-1，每组试样应不少于 5 个。试验前，需要对试样的外观

图 2-27-3 电子万能拉力试验机

进行检测，试样应表面平整，无气泡、裂纹、分层和机械损伤等缺陷。另外，为了减小环境对试样性能的影响，应在测试前将试样在测试环境中放置一定时间，使试样与测试环境达到平衡。

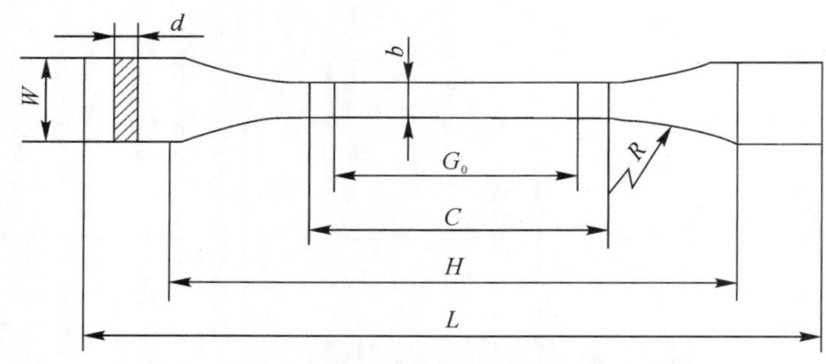

图 2-27-4 1A 型哑铃试样标准图及尺寸示意图

表 2-27-1 推荐试样尺寸

符 号	名 称	尺寸/mm	公差/mm	符 号	名 称	尺寸/mm	公差/mm
L	总长	150	—	W	端部宽度	20	±0.2
H	加持段长度	115	±5.0	d	厚度	4	±0.2
C	平行段长度	60	±0.5	b	平行段宽度	10	±0.2
G_0	工作段长度	50	±0.5	R	半径	60	

四、实验步骤

(1)取合格的试样进行编号，在试样中部取 50 mm 长的区域作为有效段，在有效段均匀取 3 点，测量试样的宽度和厚度，取算术平均值，精确到 0.01 mm。

(2)接通试验机电源，打开计算机，打开测试软件，选择相应的传感器和大变形装置，接通计算机与试验机的数据连接。

(3)选择试验方案，编辑输出图形横、纵坐标的内容，设定实验自动结束的参数限制。按照标准规定，设定实验速度为 5.0～10.0 mm/min，输入试样尺寸。

(4)选择合适的夹具，将夹具安装好，根据试样拉伸长度调整限位块位置，将软件上的力值示数调零。

(5)将试样安装在上夹具上，使试样中心线与上、下夹具中心线一致，夹紧上、下夹具，将软件上的位移示数调零。

(6)将大变形测量装置安装在试样有效段中间部位，调整、设定大变形的原始标距为 50 mm，将标距值输入软件。

(7)在软件中输入 0.5～1.0 mm/min 的速度，对试样进行预加载，然后卸载到零点。

(8)在软件中将位移和变形分别清零，选择对应编号的试样，开始实验。

(9)实验过程中注意观察，持续加载直至试样断裂，拉伸自动停止(如不能停止，则按下停止键)，夹具自动返回原初始位置。

(10)电子万能试验机自动记录试样的拉伸强度、屈服强度、断裂伸长率和弹性模量，并绘制试样的应力-应变曲线或力-位移曲线。

(11)实验结束后,取下试样,记录试样的破坏模式,重复步骤(5)～(10),测量得到5个实验结果。

五、实验数据记录与处理

(1)拉伸强度σ_t(MPa)按照下式计算:

$$\sigma_t = \frac{P}{bd} \tag{2-27-1}$$

式中:P为最大破坏载荷(N);b为试样的宽度(mm);d为试样的厚度(mm)。

(2)拉伸断裂伸长率ε_t按照下式计算:

$$\varepsilon_t = \frac{L - L_0}{L_0} \times 100\% \tag{2-27-2}$$

式中:L_0为大变形装置设定的初始标距(mm);L为试样断裂时标距内的有效距离(mm)。

(3)拉伸弹性模量E(MPa)按照下式计算:

$$E = \frac{\Delta\sigma_i}{\Delta\varepsilon_i} \tag{2-27-3}$$

式中:$\Delta\sigma_i$为应力-应变曲线上弹性比例极限范围内某一点的应力增量;$\Delta\varepsilon_i$为应力-应变曲线上弹性比例极限范围内某一点的应变增量。

六、实验注意事项

(1)实验前务必对试样进行检查,在拉伸载荷作用下,试样局部微小缺陷易引发应力集中现象,导致拉伸实验结果的较大偏差。

(2)试样尺寸测量应规范、准确,特别是试样厚度方向尺寸,其对实验结果影响较大。测量尺寸过程中游标卡尺对试样的卡紧力应适当,防止过大卡紧力对试样造成缺陷。

(3)在夹具安装后,试样安装前,一定注意将试验机力值清零。

(4)试样的安装应保证其中轴线与上、下夹具中轴线平行对齐。

(5)大变形测量装置安装过程应注意夹持在试样的有效工作段的中部,其标距调整应准确,可在设定好后用卡尺测量、检验。

(6)试样安装完毕后,调节上、下限位开关的位置,防止实验前、后及实验过程中撞击传感器。

(7)实验开始后注意观察试验过程,试样载荷、记录的曲线等出现异常时应立即暂停实验。

七、课后思考

(1)如何根据聚合物材料的应力-应变曲线来判断材料的性能?

(2)什么是聚合物的屈服现象?你对聚合物材料拉伸时特有的应变软化现象是如何理解的?

(3)影响拉伸实验结果的因素有哪些?它们是如何影响的?

(4)如何提高拉伸实验的有效性和可靠性?

(5)在拉伸实验过程中,用手摸聚合物材料应变软化部分时会感觉到稍微发热,为什么?

第三章 综合实验部分

实验二十八 聚合物的定性鉴别

随着人们生活和科学技术的发展，高分子材料在人类生活和工业中的应用越来越广泛，同时高分子材料的品种也越来越丰富。因此，高分子材料是当前日常生活和生产中使用材料的重要组成部分。同时，随着人类环境保护的意识增强，越来越多的高分子材料需回收分类，再重新加工利用。在采用各种塑料再生方法对废旧塑料进行再利用前，大多需要将塑料分拣。由于塑料消费渠道多而复杂，有些消费后的塑料又难于通过外观简单将其区分，需要掌握鉴别不同塑料的知识和简易方法，因此对聚合物的鉴别也显得越来越重要了。高分子化合物的鉴别可以用红外光谱、核磁共振、质谱、X 射线衍射等方法。但这些方法需要精密仪器，尽管精确度高，但一般场合不易做到。因此采用一些简单的物理或化学方法，如水中的沉浮、燃烧法、溶解法、元素分析法以及特征实验法来初步鉴定聚合物是有一定实际意义的。由于大多数高聚物都是分子量不等，或存有杂质、填料的共混物，为了正确判断试样类别，应尽量采用多种分析方法，以便对不同方法所测得的结果进行比较。

一、实验目的

(1)了解聚合物种类与其制品外观的联系，学会利用外观初步区分聚合物的类别。

(2)掌握聚合物显色反应的原理，掌握显色反应鉴别聚合物种类的实验方法。

(3)了解聚合物的燃烧特性，掌握以聚合物燃烧特性鉴别聚合物种类的实验方法。

(4)了解聚合物的溶解特性，掌握利用溶解特性鉴别聚合物种类的实验方法。

(5)了解钠熔法进行简易的元素定性分析鉴别聚合物的实验方法。

二、实验原理

1.根据聚合物材料的外观鉴别

对一个未知的高分子试样进行剖析时，首先应该通过眼看、手摸，从其外观上初步判断其属于哪一类，然后要了解其来源，并尽可能多地知道使用情况。这些信息对指引下一步的剖析方向是很重要的。

(1)根据透明性和颜色鉴别：大部分塑料由于部分结晶或有填料等添加剂而呈半透明或不透明，大多数橡胶也因为含有填料而不透明，所以完全透明的塑料制品较少。常见用于透明制品的高分子材料主要有丙烯酸酯和甲基丙烯酸酯类、聚碳酸酯、聚苯乙烯、聚氯乙烯、聚对二甲酸乙二醇酯等。

透明性一般与试样的厚度、结晶性、共聚组成和所加的填料等有关。一些材料往往在厚度较大时呈半透明或不透明状态，而在厚度小的时候呈现透明状态。少量的有机颜料对制品的透明性影响不大，但无机颜料则会明显影响试样透明性。一些塑料材料在结晶度低的时候是透明的，但结晶度高时则成为不透明的。

大多数塑料制品和化纤制品可以自由着色，只有少数有相对固定的颜色。未加填料或颜料的塑料的本色可分为无色透明或半透明、白色、其他颜色三类。固态树脂通常有粉末和颗粒两种形态。

(2)根据塑料制品的外形鉴别方法如下：

1)塑料薄膜常见的品种有聚乙烯膜、聚氯乙烯膜、聚丙烯膜、聚对苯二甲酸乙二醇酯膜、尼龙膜等。

2)塑料板材主要有聚氯乙烯硬板、聚丙烯板、尼龙板、塑料贴面板、酚醛层压纸板、酚醛玻璃布板等。

3)塑料管材用的树脂有聚乙烯、聚氯乙烯、聚丙烯、尼龙、ABS、聚碳酸酯、聚四氟乙烯等。

4)泡沫塑料主要有聚苯乙烯泡沫、聚氨酯泡沫、聚氯乙烯泡沫、聚乙烯泡沫、聚丙烯泡沫、酚醛树脂泡沫、脲醛树脂泡沫等。

(3)根据聚合物的手感和力学性能进行鉴别：

1)如高密度聚乙烯、聚丙烯、聚甲醛、尼龙-6、尼龙-610和尼龙-1010等，表面光滑、较硬、强度较大，尤其尼龙的强度明显优于聚烯烃。

2)如低密度聚乙烯、聚四氟乙烯、EVA、聚氟乙烯和尼龙-1010等，表面较软、光滑、有蜡状感，拉伸时易断裂，弯曲时有一定韧性。

3)如硬聚氯乙烯、聚甲基丙烯酸甲酯等，表面光滑、较硬、无蜡状感，弯曲时会断裂。软聚氯乙烯、聚氨酯有类似橡胶的弹性。聚苯乙烯质硬、有金属感，落地有清脆的金属声。ABS、聚甲醛、聚碳酸酯、聚苯醚等质地硬，强韧，弯曲时有强弹性。

(4)根据聚合物的密度进行鉴别：密度小于1.0 g/cm^3 的聚合物可以在水中漂浮，大多是聚乙烯和聚丙烯；而密度大于1.0 g/cm^3 的聚合物在水中沉降，大多是聚氯乙烯。这种简单的鉴别方法对于透明类薄膜比较有效。

2.根据聚合物的显色反应鉴别

显色试验是在微量或半微量范围内用点滴试验来定性鉴别高聚物的方法。一般添加剂通常不参与显色反应，所以可直接采用未经分离的高聚物材料，但为了提高显色反应的灵敏度，最好还是先将其分离再测定。

(1)塑料的显色实验。

1)李柏曼-斯托希-莫洛夫斯基(Liebermann-Storch-Morawski)显色试验：取微量(几毫克)试样溶于热乙酐中，待冷却后滴加3滴质量分数为50%的硫酸，立即观察其颜色变化。10 min后用水浴加热至约100 ℃(比沸点略低)后，再次观察、记录其颜色变化。该方法中要求试剂的温度和浓度必须稳定，否则同一聚合物会出现不同的颜色。不同聚合物材料的Liebermann-Storch-Morawski显色试验结果见表3-28-1。

表 3-28-1　聚合物材料的 Liebermann-Storch-Morawski 显色试验结果

聚合物材料	立即观察	10 min 后观察	加热到 100℃后观察
聚乙烯醇	无色或微黄色	无色或微黄色	绿至黑色
聚醋酸乙烯酯	无色或微黄色	无色或蓝灰色	海绿色，然后棕色
乙基纤维素	黄棕色	暗棕色	暗棕至暗红色
酚醛树脂	红紫粉红或黄色	棕色	红黄至棕色
不饱和聚酯	无色 不溶部分为粉红色	无色 不溶部分为粉红色	无色
环氧树脂	无色至黄色	无色至黄色	无色至黄色
聚氨酯	柠檬色	柠檬色	棕色，带绿色荧光
聚丁二烯	亮黄色	亮黄色	亮黄色
氯化橡胶	黄棕色	黄棕色	红黄至棕色
聚乙烯醇缩甲醛	黄色	黄色	暗褐色
醇酸树脂	无色或黄棕色	无色或黄棕色	棕至黑色

2)对二甲氨基苯甲醛显色试验：在试管中小火加热将试样裂解，冷却后滴加 1 滴浓盐酸，然后滴加 10 滴质量分数为 1%的对二甲氨基苯甲醛的甲醇溶液，然后加 0.5 mL 左右的浓盐酸，最后用蒸馏水稀释，观察整个过程中颜色的变化。不同的聚合物材料与对二甲氨基苯甲醛的显色试验结果见表 3-28-2。

表 3-28-2　聚合物材料与对二甲氨基苯甲醛的显色试验结果

聚合物	加浓盐酸后	加对二甲氨基苯甲醛后	再加浓盐酸后	加蒸馏水后
聚乙烯	无色至淡黄色	无色至淡黄色	无色	无色
聚丙烯	淡黄色至黄褐色	鲜艳的红紫色	颜色变淡	颜色变淡
聚苯乙烯	无色	无色	无色	乳白色
聚甲基丙烯酸甲酯	黄棕色	蓝色	紫红色	变淡
聚对苯二甲酸乙二醇酯	无色	乳白色	乳白色	乳白色
聚碳酸酯	红至紫色	蓝色	紫红至红色	蓝色
尼龙 66	淡黄色	深紫红色	棕色	乳紫红色
聚甲醛	无色	淡黄色	淡黄色	更淡的黄色
聚氯丁二烯	不反应	不反应	不反应	不反应
酚醛树脂	无色	微浑浊	乳白至粉红色	乳白色

续 表

聚合物	加浓盐酸后	加对二甲氨基苯甲醛后	再加浓盐酸后	加蒸馏水后
环氧树脂（未固化）	无色	微浑浊	乳白至乳粉红色	乳白色
环氧树脂（固化）	无色	紫红色	淡紫红至乳粉红色	变淡
不饱和醇酸树脂（固化）	无色	淡黄色	微浑浊	乳白色

3)吡啶显色试验鉴别含氯高聚物：①与冷吡啶的显色反应。取少许无增塑剂的聚合物试样，加入约 1 mL 的吡啶，放置几分钟后加入 2～3 滴氢氧化钠质量分数约为 5 %的甲醇溶液，立即观察产生的颜色，过 5 min 和 1 h 后分别观察并记录颜色变化。聚氯乙烯粉末与冷吡啶的显色反应见表 3-28-3。②与沸腾的吡啶的显色反应。取少许无增塑剂的聚合物试样，加入约 1 mL 吡啶煮沸。将溶液分成两份，第一份重新煮沸，滴加 2 滴氢氧化钠质量分数为 5%的甲醇溶液，分别记录立即滴加和滴加 5 min 后观察到的颜色变化。第二份在冷溶液中加入 2 滴同样的氢氧化钠的甲醇溶液，分别记录立即滴加和滴加 5 min 后观察到的颜色变化。表 3-28-4为用沸腾的吡啶处理不同的含氯高聚物显色反应试验结果。

表 3-28-3　冷吡啶处理含氯聚合物的显色反应试验结果

聚合物	开始	5 min 后	1 h 后
聚氯乙烯粉末	无色至黄色	亮黄至红棕色	黄棕至暗红色
聚氯乙烯模塑材料	无色	溶液无色，不溶物黄色	溶液暗棕色至暗红棕色
聚偏二氯乙烯	黑棕色	暗棕色	黑色
氯化聚氯乙烯	暗血红色	暗血红色	暗血红色至红棕色
氯化橡胶	橄榄绿至橄榄棕色	暗红棕色	暗红棕色

表 3-28-4　沸腾吡啶处理含氯聚合物的显色反应试验结果

聚合物材料	在沸腾的溶液中		在冷溶液中	
	开始	5 min 后	开始	5 min 后
聚氯乙烯	橄榄绿	红棕色	无色或微黄色	橄榄绿
氯化聚氯乙烯	血红色至棕红色	血红色至棕红色	棕色	暗棕红色
聚偏二氯乙烯	棕黑色沉淀	棕黑色沉淀	棕黑色沉淀	棕黑色沉淀
氯醋树脂	黄色，棕色	棕色，棕红色	无色	亮黄色
聚氯丁二烯	无反应	无反应	无反应	无反应

续 表

聚合物材料	在沸腾的溶液中		在冷溶液中	
	开始	5 min 后	开始	5 min 后
氯化橡胶	暗红棕色	暗红棕色	橄榄绿	橄榄棕
氢氯化橡胶	一般无可观察到的反应			

(2)橡胶的伯奇菲尔德(Burchfield)显色试验:在试管中裂解橡胶试样,将裂解气通入反应试剂中冷却观察其颜色变化。氯磺化聚乙烯的裂解产物会浮在液面上,丁基橡胶的裂解产物则悬浮在液体中,而其他橡胶的裂解产物或溶解或沉在底部。进一步将裂解产物用甲醇稀释,并煮沸 3 min 后观察其颜色变化。不同橡胶的伯奇菲尔德显色反应见表 3-28-5。

表 3-28-5 伯奇菲尔德显色反应试验结果

橡　胶	裂解产物	加甲醇煮沸后
天然橡胶、异戊橡胶	红棕色	红至紫色
聚丁二烯橡胶	亮绿	蓝绿
丁苯橡胶	黄至绿色	绿色
丁腈橡胶	橙至红色	红至红棕色
丁基橡胶	黄色	蓝至紫色
硅橡胶	黄色	黄色
聚氨酯弹性体	黄色	黄色

反应试剂的制备:将 1 g 对二甲氨基苯甲醛和 0.01 g 对苯二酚在温热的条件下溶解于 100 mL 甲醇中,加入 5 mL 浓盐酸和 10 mL 乙二醇,在 25℃下用甲醇或乙二醇调节溶液的相对密度到 0.851 g/cm^3,将该反应试剂保存在棕色瓶中。

3.根据聚合物的燃烧特性鉴别

因为每一种聚合物材料几乎都能释放它独特的气味,因此根据聚合物材料燃烧性能进行鉴别也成为初步定性分析中最主要的方法之一。

燃烧特性鉴别是对聚合物进行加热、干馏或直接燃烧,通过识别加热时产生的蒸气气味,观察试样火焰的颜色和干馏时分解产物的性质等,就可以得到被鉴定物质的某些信息。在受热时,热固性塑料变脆、发焦,但并不软化;而热塑性塑料则发软,甚至熔融、熔滴。

含有 N、F、S 的塑料都是不易着火的,或具有自熄性。相反,含有 C、H、O 等的塑料极易着火与燃烧。乙烯、丙烯、异丁烯等塑料制品与烷类化合物的结构相似,燃烧特性相同。有苯环或不饱和双键的塑料燃烧时会冒黑烟。塑料在受热时,会分解成为单体或其他结构的小分子化合物,产生特殊的气味。例如:聚甲基丙烯酸酯类、聚苯乙烯能分解成单体;聚乙烯、聚丙烯则裂解成碳数不等的碳氢化合物;聚氯乙烯、聚偏二氯乙烯则分解成大量氯化氢。这些现象都可以作为塑料分类及鉴别的依据。

图 3-28-1 是聚合物燃烧性能鉴定图,附表 22 为常见聚合物燃烧特性的简易识别方法,在通过燃烧法初步判断塑料制品的种类后,最好用已知的样品进行对比实验进行验证。

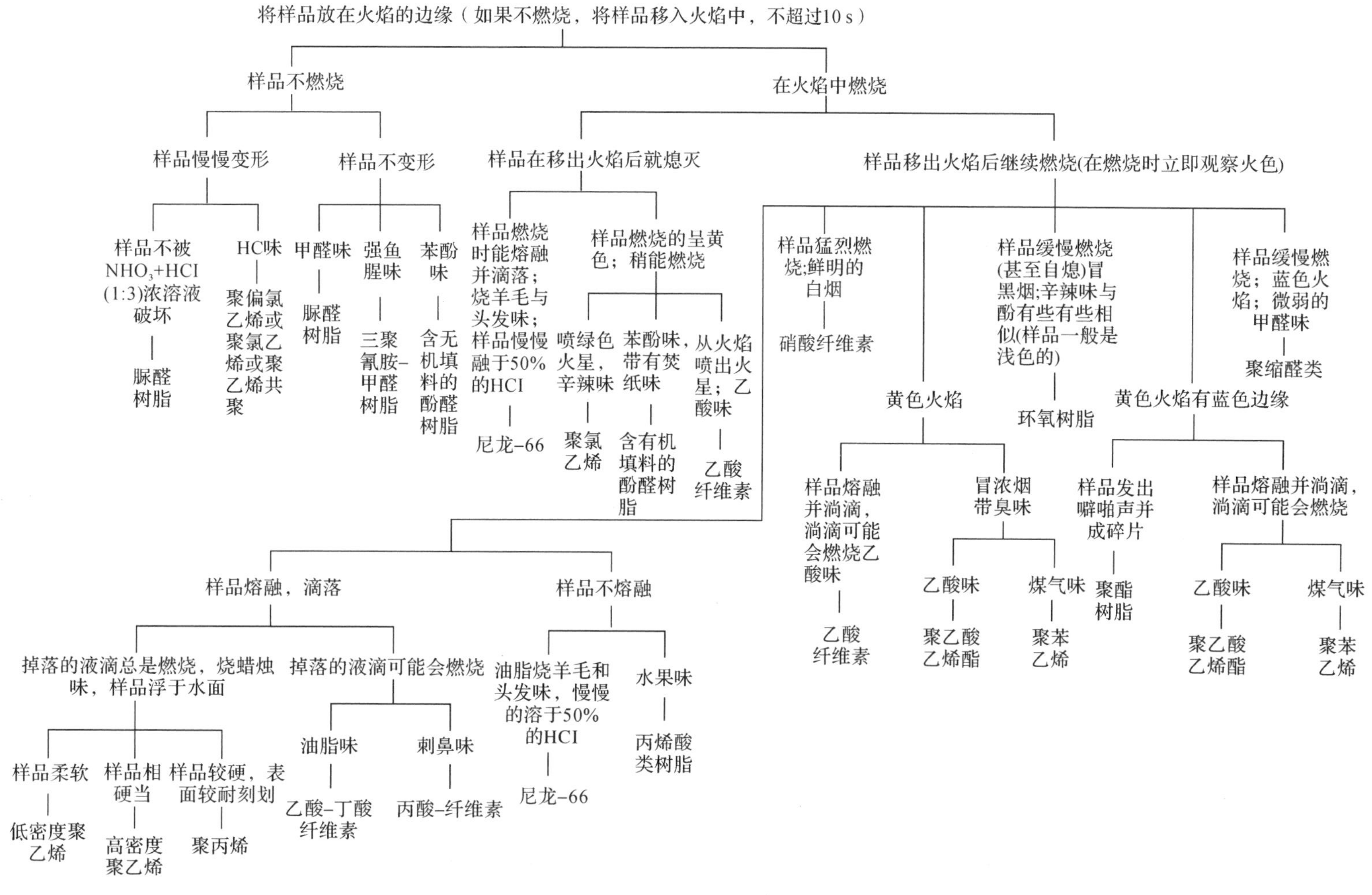

图 3-28-1　聚合物燃烧性能鉴定图

4.根据聚合物溶解性能鉴别

利用聚合物溶解性鉴别聚合物材料是经典方法之一，该方法试验简单，易于操作，是一种很实用的鉴别方法。聚合物的溶解可简单理解为由于聚合物分子与溶剂分子间的引力导致大分子链间的距离增大。除化学组成外，大分子的结构形态、链的长短、柔性、结晶性、交联程度等都对溶解性能有影响。

各种不同的聚合物由于它们的分子结构互不相同，它们在不同溶剂中的溶解性也各不相同。一般来说，线型聚合物(除聚四氟乙烯等外)都能溶于一定的溶剂中；体型聚合物不溶于任何溶剂，但在某些溶剂中会出现溶胀现象。结晶型聚合物(如聚甲醛、聚乙烯、聚丙烯等)，以及分子间氢键缔合的聚合物(如聚酰胺、聚丙烯腈等)，只能溶于极性的溶剂中。除了聚丙烯酸、聚丙烯酰胺、聚乙烯醇、聚乙二醇、聚甲基丙烯酸、聚乙烯基甲醚、甲基纤维素和聚乙烯丁内酰胺外，其他的聚合物均不溶于水。

图 3-28-2 是利用聚合物的溶解性能鉴别聚合物的流程图。按照这个图可以鉴别一般常见聚合物。进行溶解试验时，必须充分认识聚合物在溶剂中的溶解特点。聚合物的分子量越大，聚合物在溶剂中的溶解速度就越慢。在溶解过程中，聚合物首先出现溶胀现象，然后才溶解。在溶解之前，先将样品剪切或研磨成小片、粉末或小颗粒，使它们与溶剂接触面增大，将有助于加速溶解。升高温度也会加速聚合物的溶胀和溶解，但必须密切注意加热的温度不宜过高。

5.根据元素分析定性鉴别聚合物

一般用于聚合物检测元素的方法主要有两种：一种为钠熔法，可用于元素的定性分析；另一种为氧瓶燃烧法，既可用于元素的定性分析也可用于元素的定量分析。这两种方法都是将高分子试样进行分解后，使其中的元素转化为离子形式，然后对其进行测定的。此处主要介绍钠熔法定性鉴别聚合物种类的过程。

由于高分子材料中往往含有各种添加剂或杂质，所以在进行元素检测之前，应对试样进行预处理，先对其进行分离和提纯后，进行元素检测，以正确判断元素的来源，得到正确的剖析结果。

试液的制备：在裂解管中放入 50～100 mg 粉末试样及一粒豌豆大小的金属钠(或钾)，小心加热数分钟至金属熔化，裂解管底部呈暗红色，冷却后，加入几滴乙醇以消耗残余的钠。再慢慢加热试管除去乙醇，并用强火加热至暗红色，趁热把此裂解管放入盛有 20 mL 蒸馏水的小烧杯内，让其炸裂，反应产物溶于水后，过滤出溶液作分析元素用。

该反应主要是金属钠在熔化状态时与试样中的杂原子反应生成氰化钠、硫化钠、氯化钠、氟化钠、磷化钠等化合物。此后就可以鉴别这些化合物进而推测试样的类型。

(1)氮元素的测定：在制得的 1 mL 试液中加入 2 滴新鲜的硫酸亚铁饱和溶液，煮沸 1 min，如果有沉淀出现，说明可能存在少量的硫。生成的硫化亚铁过滤沉淀，待滤液冷却后，加入几滴质量浓度为 15 g/L 的三氯化铁溶液，再用稀盐酸酸化至氢氧化铁恰好溶解。若溶液变成蓝绿色，并出现普鲁士蓝沉淀，则说明含有氮元素；若试样中氮元素含量少，则形成微绿色溶液，静置几小时后才有沉淀产生；若试样中无氮元素，则溶液仍为黄色。

(2)磷元素的测定：把所得试液用浓硝酸酸化后，加入几滴酸铵溶液，加热沸腾 1 min，若有黄色沉淀，则说明试样中含有磷元素。

(3)氯元素的测定：把所得试液用稀硝酸酸化并煮沸，以除去硫化氢、氢氰酸。加入质量浓度为 20 g/L 的硝酸银溶液几滴，若有白色沉淀，再加入过量的氨水，若沉淀溶解，则试样中含有氯元素；若出现浅黄色沉淀，且难溶于过量的氨水中，则试样中含有溴元素；若产生黄色沉淀，且不溶于氨水，则含有碘元素。

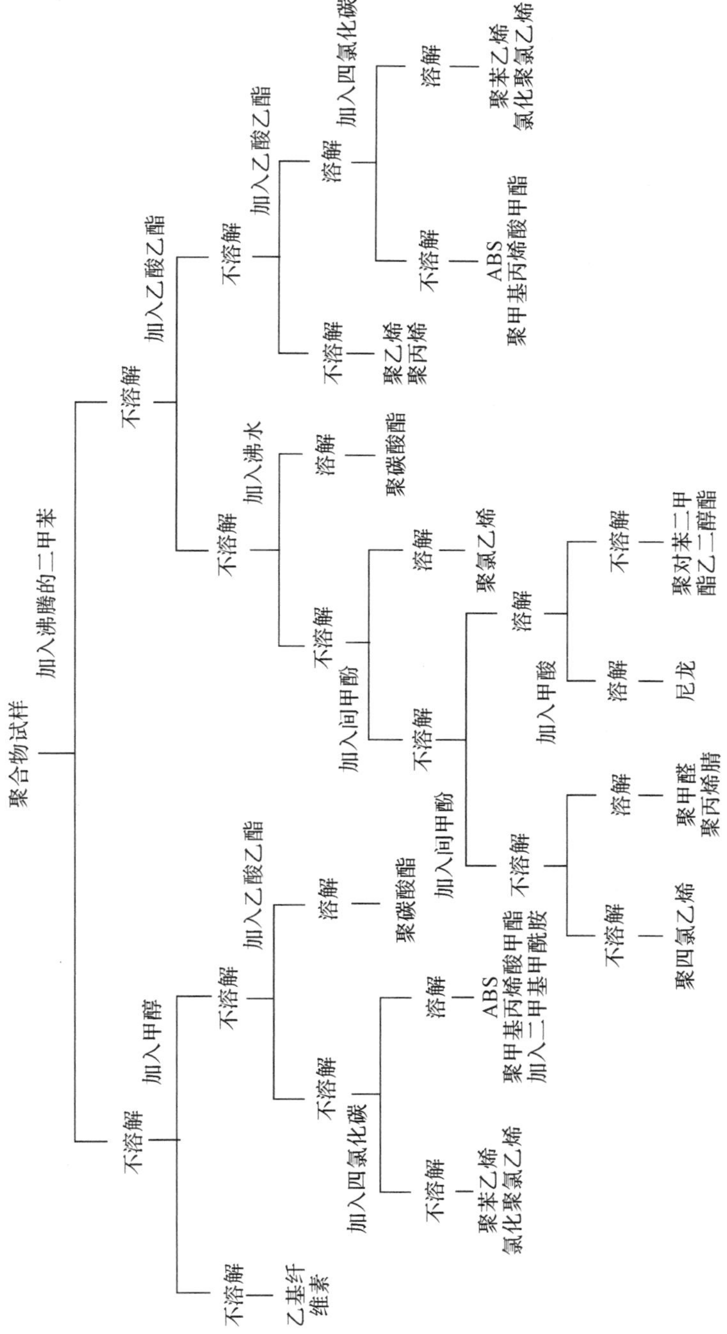

图 3-28-2　利用聚合物溶解性能鉴别聚合物的流程图

(4)氟元素的测定:将 1 mL 所得的试液用醋酸酸化,加热至沸腾,冷却后加入浓度为 0.5 mol/L 的氯化钙溶液,若有凝胶状沉淀生成,则试样中含有氟元素。另一种检测氟的办法是采用锆茜素试纸,红色试纸上出现黄色表明有氟。

(5)溴的测定:取 1 mL 的试液、1 mL 冰醋酸和几毫克二氧化铅,在小试管中进行混合,用一张用质量分数为 1 %的荧光黄乙醇溶液浸湿的滤纸盖住试管口。若发现滤纸变为品红色,则说明存在溴元素;若变为棕色,则说明存在碘元素。氯和氰化物不会改变荧光黄颜色。

(6)硫的测定:在制得的 1~2 mL 试液中加入质量浓度为 10 g/L 的亚硝酸铁氰化钠溶液,若出现深紫色,则表示有硫元素存在。还可以在 1~2 mL 试液中加几滴醋酸酸化,之后再加入几滴浓度为 2 mol/L 的醋酸铅溶液,有黑色沉淀生成,则表明试样中含有硫元素。

(7)硅的测定:将 30~50 mg 的样品与 100 mg 无水碳酸钠和 10 mg 过氧化钠在铂或镍制的小坩埚中混合均匀,然后在火上加热使之溶化。待溶液冷却后,将坩埚中的物质溶于数滴水中并迅速加热至沸腾,然后用稀硝酸中和,再加入 1 滴钼酸铵并加热。待溶液冷却后加入 1 滴联苯胺溶液(50 mg 联苯胺溶于 10 mL 的 5 %乙酸中,再用水稀释至 100 mL)和 1 滴饱和乙酸钠水溶液,如果有蓝色出现,表明样品中含硅。

三、实验仪器与材料

1. 实验仪器

酒精灯、铂或镍制的小坩埚、试管、烧杯、玻璃棒、药勺等。

2. 实验材料

聚苯乙烯、聚甲基丙烯酸甲酯、乙基纤维素、聚乙烯、聚丙烯、聚异丁烯、聚醋酸乙烯酯、聚乙烯醇、醋酸纤维素、聚偏氯乙烯、聚碳酸酯、聚氯乙烯、尼龙-6、聚甲醛、聚四氟乙烯、氯化聚丙烯、氯乙烯醋酸乙烯共聚物、明胶以及若干未知聚合物粉末样品。

乙酐、硫酸、盐酸、对二甲氨基苯甲醛、甲醇、蒸馏水、吡啶、氢氧化钠、对苯二酚、乙二醇、金属钠、乙醇、硫酸亚铁、三氯化铁、浓硝酸、酸铵、硝酸银、氨水、醋酸、氯化钙、二氧化铅、荧光黄乙醇、亚硝酸铁、氰化钠、醋酸铅、无水碳酸钠、过氧化钠、联苯胺、乙酸钠及锆茜素试纸等。

四、实验步骤

(1)选用已知聚合物材料作为分析对象,先对其进行外观观察,初步验证其属于哪类。

(2)利用已知聚合物材料进行燃烧试验和溶解性能试验,借此熟悉、验证鉴别聚合物试样的方法。

(3)分析鉴别给定未知聚合物材料。通过观察外观燃烧性能及溶解性能初步判断聚合物材料的种类,再进一步采用聚合物的显色反应和元素分析对未知聚合物进行定性鉴别。

五、实验数据记录与处理

1. 实验记录

已知聚合物样品名称:__________;

已知聚合物样品外观现象:__________;

已知聚合物样品燃烧试验现象:__________;

已知聚合物样品溶解试验现象:__________;

未知聚合物样品外观现象：＿＿＿＿＿＿；

未知聚合物样品燃烧试验现象：＿＿＿＿＿＿；

未知聚合物样品溶解试验现象：＿＿＿＿＿＿；

未知聚合物样品显色反应试验现象：＿＿＿＿＿＿；

未知聚合物样品元素分析试验现象：＿＿＿＿＿＿。

2. 数据处理

试样 1：＿＿＿＿＿＿；

试样 2：＿＿＿＿＿＿；

试样 3：＿＿＿＿＿＿；

试样 4：＿＿＿＿＿＿；

试样 5：＿＿＿＿＿＿。

六、实验注意事项

(1)定性鉴别应按照一定顺序进行，如先进行外观观察和燃烧试验初步判断、分类，再通过显色试验和溶解性能进一步验证和判断。

(2)由于在显色鉴别试验过程中用到许多强酸、强碱，应注意使用安全。

(3)严格按照实验操作程序进行操作，完整记录实验条件、现象、结果，并填写实验记录表。

七、课后思考

(1)在进行聚合物材料定性鉴别时，燃烧实验和溶解性能实验是否需要同时做？为什么？

(2)为什么在李柏曼-斯托希-莫洛夫斯基(Liebermann-Storch-Morawski)显色试验中要求试剂的温度和浓度必须稳定？

(3)如已知某未知试样可能是聚乙烯或聚氯乙烯，是否能采用显色试验进行判断？其试验现象是什么？

(4)如某热塑性塑料试样，外观不透明，燃烧时产生黑烟，无熔滴，密度大于水，请判断该未知试样可能是什么。

实验二十九　聚合物的分离及剖析

高分子材料是指以聚合物为主要组分，并加入各种有机添加剂和无机添加剂制成的或再经过加工成型制成的材料。高分子材料中的聚合物是决定该材料性能的主要组分。为大家所熟知的聚乙烯、聚苯乙烯、聚丙烯腈虽然在结构上只差一个基团，可是由它们制成的材料的性能相差很大。在聚合物中加入各种添加剂后，它们的性能会发生很大的变化。即使是同一种高聚物，加入了不同的添加剂就能制成不同性能的材料，如聚氨酯就可以作为涂料、胶黏剂、橡胶与纤维。另外，很多聚合物在加工、储放和使用过程中容易受热、氧、臭氧和光的影响而出现性能变坏现象，因此必须加入一些稳定剂、抗氧剂、抗臭氧剂和紫外吸收剂等添加剂来延长其使用寿命。

正是由于这些原因，一般高分子材料的组分是比较复杂的，这也给高分子材料剖析带来了复杂因素。高分子材料中的添加剂可以是无机的或有机的，也可能两者都有，因而高分子材料剖析涉及高分子化合物、小分子有机化合物和无机化合物三方面的分析鉴定，这种情况在其他材料，如金属材料、硅酸盐材料的分析中是没有的。

高分子材料中的各个组分在化学结构上有很大的不同，因而它们的化学性质和物理性质有很大的差别。在剖析时，我们就是利用这种化学性质和物理性质上的差别，选用不同的化学和物理方法来逐一将它们分离开，然后测定各个组分的某些化学性质和物理性质来加以鉴定的。因此剖析高分子材料，除了需要掌握剖析工作所常用的一些方法与手段以外，还需要对剖析的聚合物的结构和性能方面的基本知识有一定的了解，不然在工作时会遇到很多困难。

一、实验目的

(1)掌握聚合物燃烧实验和气味实验的特殊现象，借以初步辨认各种聚合物。

(2)掌握常用的高分子材料的分离纯化方法。

(3)掌握常用的聚合物与添加剂的分析鉴定方法。

二、实验原理

高分子材料剖析目前还没有一套系统、普遍适用的步骤和方法可以遵循，但是也不是完全没有一般适用的步骤和方法可供参考。

在高分子材料剖析工作中，如果能仔细了解剖析样品的来源、用途、固有特性与使用特性，往往能大大缩小剖析的范围，省去一些不必要的工作。对样品的外观进行认真的观察与用一些简单的方法进行初步检验又可以进一步缩小剖析的范围，甚至有不少样品的主要成分就可以确定下来了。但对一些复杂组分的高分子材料与特殊的样品，就必须采取不同的方法将样品中的各个组分分离开，再用各种仪器来鉴定才能得到可靠、完整的结果。

1.样品了解和调查

样品的来源、用途、固有特性与使用特性的了解对剖析者来说是非常重要的。凡是从实物上取下的样品都要注意其是否有代表性及其是否已受其他物品的污染，对从一定的途径取得的半成品要注意其是否有遗缺。对储放与使用多年的高分子材料要考虑到老化、变质的可能，有些组分可能已改变甚至已消失。上述情况都会影响剖析结果的可靠性。作为民用的高分子材料，大都是一些价廉通用的聚合物。而用在军工领域内的，特别是新式武器上的有可能是一些比较特殊、有新发展的聚合物。不同的用途要求使用不同的材料，例如：要承受重力与压力的材料，大都是交联结构的树脂；要在很高温度下使用的，只能是含氟、含硅、含多苯环与杂环的高聚物；起黏合作用的，需用含－OH，－NH－，－COOH，－Cl，－CN，环氧基等基团的高聚物；用作高强度的高分子材料大都是纤维增强塑料。其他如具有多种优良性能的高分子材料，只有为数有限的聚合物能满足这方面的要求。因此通过了解样品往往能很快地排除不少可能性，也就缩小了剖析范围。

2.高聚物的初步检验

对样品外观的观察，如物理状态、透明度、颜色、光泽等，以及样品脆韧性的简单试验，有利于进一步的样品鉴定。如果样品本身是纤维、橡胶，或是薄膜，就大大缩小了鉴定的范围，只要在有关的品种中进行鉴定即可。同样，透明度很好的材料就不可能是结晶性很好的高聚物(如聚丙烯、聚乙烯、聚甲醛、聚酰胺、聚四氟乙烯等)。

借助显微镜有时可以看出高分子材料的非均匀性,甚至个别的填料就可以由此确定下来。观察样品在隔火加热过程中与在火焰中燃烧时所反映出的各种特征,包括外形变化、燃烧的难易程度、火焰的颜色以及释放出的气体等,能鉴定出不少高分子材料中的高聚物。

热塑性高聚物结构为线型的,在金属片上隔火逐渐加热时,高分子链的运动增大,逐渐变软,出现了可塑性与黏流特性。结晶型的高聚物也由原来半透明或不透明状态渐变为无定形的透明状态。热固性高聚物,是体型或交联结构的,由于各大分子链间相连,所以在加热过程中,大分子链不能自由运动,因此不会出现可塑性与黏流性。在400℃以上,绝大多数的热塑性与热固性高聚物都将分解,而只有少数耐高温的高聚物,如聚四氟乙烯、聚酰亚胺、聚砜等仍能保持原形不变。在600℃以上,几乎所有高聚物都分解成小分子化合物挥发,如果此时仍留有残渣,说明高分子材料中含无机填料。

各种聚合物在燃烧时,其燃烧行为和火焰颜色等也会表现一定的特征。一般以碳、氢为主的高聚物,如聚乙烯、聚丙烯、聚苯乙烯等,是比较容易点燃的,同时,它们在离开火焰后仍能燃烧。大分子链中含有不饱和双键的,如双烯类橡胶与苯环的聚合物在燃烧时冒黑烟;含硝基的硝酸纤维素遇火就瞬时猛烈燃烧干净;含卤素的聚合物,如聚氯乙烯、氯化聚乙烯、氯丁橡胶、聚四氟乙烯、聚三氟氯乙烯等就不易着火,如果将含氯的聚合物放在一铜丝上燃烧,火焰就出现非常鲜艳的绿色;有机硅聚合物在火焰中不易燃烧,但会冒很有特征的白烟。

不同聚合物在燃烧时所释放出的气体也具有明显的特征,很容易辨别。如:聚乙烯、聚丙烯在燃烧时的气味,如石蜡,聚氯乙烯有盐酸味,聚甲基丙烯酸甲酯、苯乙烯、聚甲醛产生各自的单体味,聚硫释放出非常难闻的臭鸡蛋味。

3.组分的分离和纯化

准确区分高分子材料的类型和鉴定其中的各种添加剂,必须首先将各个组分逐一分离开,然后用各种分析方法和手段来进行鉴定,而且分离和纯化效果往往是决定分析鉴定成败的关键。一般采用物理方法进行高分子材料中各组分的分离和纯化,因为物理方法可避免破坏高分子材料的结构。分离和纯化主要是根据高分子材料中各个组分在某一物理性质上的差异来实现的,常用的分离纯化方法如下:

(1)蒸馏:可以分离和纯化高分子材料中的液体(如溶剂、增塑剂)和沸点不太高(<300℃)的物质。

(2)过滤:可以分离出高分子材料溶液中(或液体中)颗粒较大的固体(如无机填料)。

(3)离心:可以分离出高分子材料溶液中较细的颗粒。

(4)溶剂萃取:利用不同的有机溶剂可以将高分子材料中各组分分离。

(5)色谱:当各高分子材料组分在有机溶剂中的溶解性差别不大时,就需用色谱分离法。

1)柱色谱:根据各种化合物在某些固体表面上的吸附性的不同达到分离纯化的效果,它对大小分子的分离都适用。

2)凝胶渗透色谱:根据各组分的分子大小,在通过孔径大小不同的凝胶时达到分离纯化效果,特别适合于分离聚合物和有机小分子化合物。

3)离子交换色谱:适用于分离酸性(含—COOH 和—SO_2,—SO_3H 基)和碱性(含—OH,—NH 基)化合物。

(6)凝聚:高聚物的乳液可以加入电介质使亲水层和亲油层分离开。

对一般高分子材料来说,大致的分离纯化步骤如图 3-29-1 所示。分离纯化往往需要反复试验多次才能得到满意的结果。

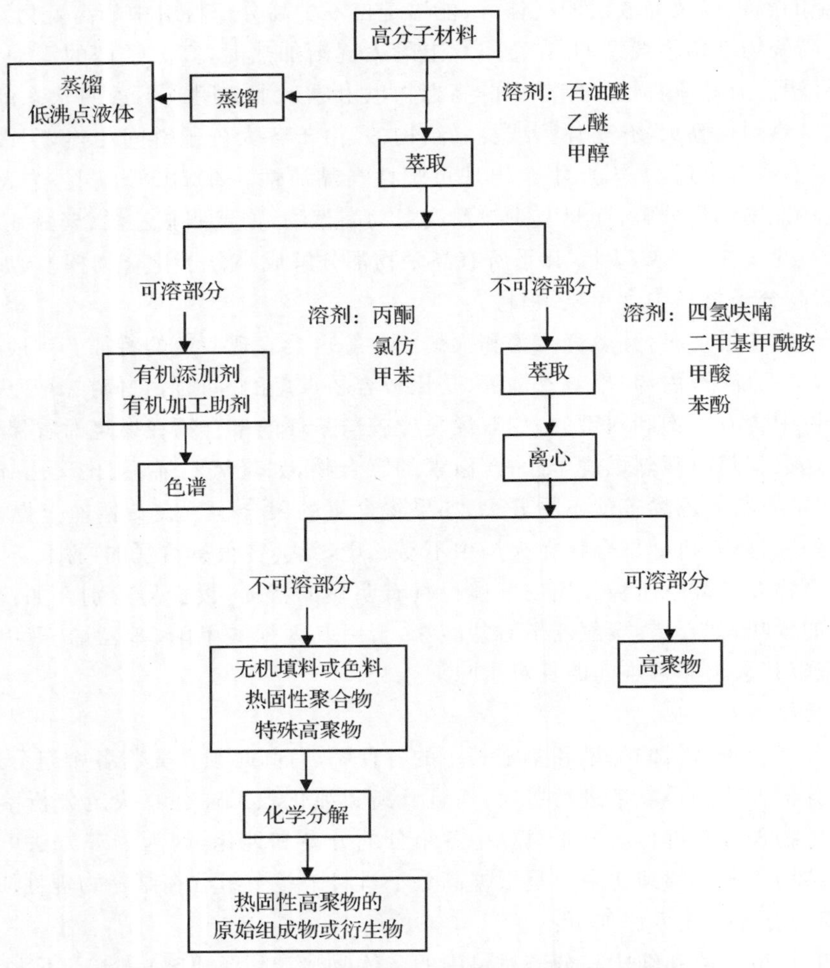

图 3-29-1 一般高分子材料的大致分离纯化步骤

4.高分子材料的分析鉴定

(1)热塑性聚合物的分析鉴定。热塑性聚合物的分析鉴定可以用溶解度方法结合燃烧实验、元素分析与一些特征化学实验来完成,但是最理想的是用红外光谱法。各种结构不同的化合物都有它的特征红外吸收光谱图,犹如人的指纹一样,没有两个是完全相同的。同时,每一红外吸收带都代表化合物中某一原子或原子团的振动形式。它们的振动频率和原子或原子团质量的大小以及化学键的强度大小有关,因而仔细地分析未知物的红外光谱图中的各个吸收带,应用若干光谱与分子结构间关系的规律就能推测该化合物中存在哪些基团和结构单元,从而能估计出它的基本化学结构。

(2)热固性聚合物的分析鉴定。交联结构的聚合物不能溶解也不熔化,因此对它们的分析鉴定就不像热塑性聚合物的鉴定那样有多种鉴定方法。另外,高分子材料中有些添加剂不大容易分离出来，也给分析鉴定带来了困难。目前一般是根据不同类别的聚合物采用不同的化学和热分解的方法，将大分子链裂解后进行鉴定。

1）聚合物的分子结构中如有酯基和酰胺基的，可以用水解的方法使大分子断开，然后用红外光谱、色谱方法来鉴定分析其水解物。例如：邻苯二甲酸（或酸酐）和甘油缩合得到的醇酸树脂是交联的聚合物，水解后可以得到相应的邻苯二甲酸与甘油，然后用纸色谱或薄层色谱进行分析鉴定。对交联的不饱和聚酯树脂、醇酸树脂、酸酐固化的环氧树脂、交联的丙烯酸酯清漆、聚酰胺、聚氨酯等也都可采用这个方法。

2）有些聚合物可以用一些比较特殊的药品，破坏其一部分交联结构使它们成为可溶性的但结构基本保持不变的高聚物，从而可以将其中的无机填料分离出来，并对它们进行分析鉴定。例如：酚醛树脂类高分子材料加 a 萘酚或萘酚连续加热回流数小时可以使酚醛树脂溶解。有机硅橡胶用四甲基氢氧化铵加热回流可以使一些—Si—O—Si—键断裂成为可溶物，也可以用 NaOH 溶液分解，对双烯类硫化橡胶与硝基苯一起加热回流 1～2 天才可以成为溶液。

3）将高分子材料放在小试管中用火焰加热使聚合物裂解成分子量较小的物质。其往往是很复杂的混合物，但其中大都是与原聚合物大分子结构比较相似的化合物或是单体。裂解的条件不一样对裂解产物的成分和相对含量有很大的影响，但只要控制好裂解条件，然后用红外光谱或气相色谱、薄层色谱对裂片进行分析以鉴定聚合物种类。但是在某些情况下，裂解产物不一定反映原来高聚物的结构从而得出不正确的结果。

（3）高分子材料中添加剂的分析鉴定。添加剂的类别和品种繁多，如果我们已了解高分子材料样品的主要性能和用途，又已分析鉴定出高分子材料的类别，这样就可大大缩小剖析范围。这是因为不同用途的高分子材料决定了它所使用的添加剂的类别。目前已有较完整的标准红外光谱图可供查对，因此，有机添加剂大都可以用红外光谱鉴定出来，对极少数查不到标准红外光谱图的有机添加剂或有机化合物，通过红外光谱分析结合元素定量分析、核磁共振和质谱分析，就可以把添加剂或有机化合物确定下来。

三、实验仪器和材料

1. 实验仪器

不锈钢刮刀，酒精灯，毛细管，500 mL 烧杯 4 个，玻璃搅拌棒 4 根，布氏漏斗 1 个，抽滤瓶 1 个，真空泵 1 台，蒸馏设备 1 套，萃取设备 1 套，傅里叶红外光谱仪 1 台，等等。

2. 实验材料

橡胶、石油醚、氯仿、四氢呋喃、丙酮、无水乙醇。

四、实验步骤

1. 样品的初步实验

经过初步实验，发现样品弹性大、表面有黏性、似有油状物、吸附性较强。

2. 溶解性实验

取少许样品，分别加入石油醚、氯仿、四氢呋喃、丙酮、无水乙醇中，发现样品易溶于氯仿，不溶于石油醚、四氢呋喃、丙酮和乙醇。

3. 燃烧性实验

取少量待分析样品，放在不锈钢刮刀上，逐渐加热，点燃，样品燃着时观察样品的特性。

4. 样品制备

溶解试样，用毛细管吸取试样溶液滴在干净的 KBr 盐片上，挥发掉溶剂即可测定其红外光谱图。

5. 组分的分离与纯化

采用溶解沉淀分离法分离高分子材料。将橡胶样品溶解于氯仿溶剂中，制成浓溶液，在不断搅拌下，将沉淀剂(乙醇)滴入溶液中，直至产生浑浊。然后加快加入沉淀剂的速率，总滴加量为高分子溶液量的 10 倍。静置滤出沉淀，干燥，沉淀物用氯仿溶解测红外光谱图。

将滤液中的溶剂蒸干，得一油状混合物，测红外光谱图。然后将该油状混合物反复用乙醇萃取，即得油层和乙醇层两种物质。将油层涂在 KBr 片上测其红外光谱图。在水浴中将乙醇中的层乙醇蒸发掉，剩余物测试红外光谱图。

6. 红外光谱分析

分别测定初始样品、沉淀物、油状物、油层、乙醇层的红外光谱图。

五、实验数据记录及处理

1. 实验记录

样品：__________；　表面状态：__________；

吸附性：__________；　氯仿加入量：__________mL；

乙醇加入量(溶解)：__________mL；　沉淀物：__________g；

滤液：__________mL；　滤液蒸干物：__________g；

乙醇加入量(萃取)：__________mL；　油层：__________g；

乙醇层：__________ mL；　蒸出的乙醇：__________ mL；

乙醇蒸干物：__________g。

2. 数据处理

(1)进行燃烧性试验，将结果记于表 3-29-1 中。

表 3-29-1　样品燃烧特性

性　质	特　性
燃烧性	
试样外观变化	
火焰特征	
烟特征	
燃烧气味	

试根据燃烧性试验判断该高分子弹性体可能有哪些结构。

(2) 根据初始样品、沉淀物、油状物、油层、乙醇层的红外光谱图，判断该橡胶的主体和添加剂分别是什么。

六、实验注意事项

(1)尽可能了解清楚所要剖析的高分子材料的来源、用途、固有特性与使用特性。

(2)先进行燃烧试验,初步判断高聚物的类别。

(3)一定要根据所了解的材料来源、燃烧特征等信息,选择适宜的方法分离纯化高分子材料和添加剂,再采用最简捷、有效的方法进行鉴定。

七、课后思考

1. 为什么要同时做燃烧试验和溶解度试验?
2. 热塑性高聚物和热固性高聚物的分析鉴定有何区别?
3. 如何剖析丁苯橡胶中防老剂的种类?

附录　常用实验数据表

附表 1　国际单位制(SI)的基本单位

物理量	单位名称	单位符号	物理量	单位名称	单位符号
长度	米	m	热力学温度	开[尔文]	K
质量	千克(公斤)	kg	物质的量	摩[尔]	mol
时间	秒	s	发光强度	坎[德拉]	cd
电流	安[培]	A			

附表 2　一些常用的 SI 导出单位

单位名称	单位符号一	单位符号二
面积	m^2	
体积	m^3	
速度	m/s	
加速度	m/s^2	
比体积	m^3/kg	
密度	kg/m^3	
浓度	mol/m^3	
力	$(kg \cdot m)/s^2$	N
压强/应力	$kg/(m \cdot s^2)$	Pa 或 N/m^2
动量	$(kg \cdot m)/s$	
能量、功、热、焓	$(kg \cdot m^2)/s^2$	J 或 $N \cdot m^2$
表面张力	kg/s^2	N/m
扩散系数	m^2/s	
绝对黏度	$kg/(m \cdot s)$	Pa·s 或 $(N \cdot s)/m^2$
运动黏度	m^2/s	

续 表

单位名称	单位符号一	单位符号二
比热容	$m^2/(s^2 \cdot K)$	$J/(kg \cdot K)$
熵	$(kg \cdot m^2)/(s^2 \cdot K)$	J/K
导热系数	$(kg \cdot m)/(s^2 \cdot K)$	$W/(m \cdot K)$
传热系数	$kg/(s^3 \cdot K)$	$W/(m^2 \cdot K)$
频率	rad/s	

附表 3　一些常见物理量的单位换算关系

物理量	换算关系
力	1 N=1(kg·m)/s^2=0.102 0 kgf(千克力)
压强	1 Pa=1 N/m^2(即 1 kgf/cm^2)=10^{-5} bar(巴)=1.020×10^{-5} at(工程大气压)=0.986 9×10^{-5} atm
能量、功、热	1 J=1 N·m=0.102 0 kgf·m(千克力·米)=0.277 8×10^{-6} kW·h(千瓦·时)=0.238 9×10^{-3} kcal(千卡)
功率、传热速率	1 W=1 J/s=0.102 0 kgf·m/s(千克力·米/秒)=0.859 8 kcal/h(千卡/时)
绝对黏度	1 Pa·s=1 (N·s)/m^2=10^3 cP(厘泊)=0.102 0 (kgf·s)/m^2[(千克力·秒)/米^2]
比热容	1 J/(kg·K)=0.238 9×10^{-3} kcal/(kg·℃)[千卡/(千克·℃)]
热流密度	1 W/(m^2·s)=0.859 8 kcal/(m^2·h)[千卡/(米^2·时)]
热导率	1 W/(m·K)=0.859 8 kcal/(m·h·℃)[千卡/(米·时·℃)]
传热系数	1 W/(m^2·K)=0.859 8 kcal/(m^2·h·℃)[千卡/(米^2·时·℃)]

附表 4　一些常见单位与 SI 单位的换算关系

物理量	换算关系
长度	1 in(英寸)=2.54×10^{-2} m
	1 ft(英尺)=0.305 m
力	1 dyn(达因)=10^{-5} N
	1 kgf(千克力)=9.807 N
	1 lbf(磅力)=4.448 22 N

续 表

物理量	换算关系
压强	1 dyn/cm^2(达因/厘米^2)=10^{-1} N/m^2
	1 kgf/cm^2(千克力/厘米^2)=9.807×10^4 N/m^2
	1 atm(标准大气压)=1.013×10^5 N/m^2
	1 at(工程大气压)=9.807×10^4 N/m^2
	1 bar(巴)=10^5 N/m^2
	1 torr(托)=1.333×10^2 N/m^2
	1 lb/in^2(英磅/英寸^2)=6.89×10^3 N/m^2
冲击强度	1 kg·cm/cm(千克·厘米/厘米)=9.8 J/m
	1 kg·cm/cm^2(千克·厘米/厘米^2)=9.8×10^2 J/m^2
	1 ft·lb/in(英尺·英磅/英寸)=53.38 J/m
	1 ft·lb/s(英尺·英磅/秒)=2.10×10^3 J/m^2
速度	1 in/s(英寸/秒)=2.54×10^{-2} m/s
	1 ft/in^2(英尺/英寸^2)=0.305 m/s
能量、功、热	1 cal(卡)=4.187 J
	1 kcal(千卡)=4.187×10^3 J
	1 erg(尔格)=10^{-7} J
	1 erg/cm^2(尔格/厘米^2)=10^{-3} J/m^2
	1 kW·h(千瓦·时)=3.600×10^6 J
功率、传热速率	1 cal/s(卡/秒)=4.187 W
	1 kcal/h(千卡/时)=1.163 W
	1 erg/s(尔格/秒)=10^{-7} W
	1 P(泊)=100 cP(厘泊)=10^{-1}(N·s)/m^2
绝对黏度	1 cP(厘泊)=10^{-3}(N·s)/m^2
	1 kgf·s/m^2(千克力·秒/米^2)=9.807 (N·s)/m^2
比热容	1 kcal/(kg·℃)[千卡/(千克·℃)]=4.187×10^3 J/(kg·K)
热流密度	1 cal/(cm^2·s)[卡/(厘米^2·秒)]=4.187×10^4 W/m^2
	1 kcal/(m^2·h)[千卡/(米^2·时)]=1.163 W/m^2
热导率	1 cal/(cm·s·℃)[卡/(厘米·秒·℃)]=4.187×10^2 W/(m·K)
	1 kcal/(m·h·℃)[千卡/(米·时·℃)]=1.163 W/(m·K)
传热系数	1 cal/(cm^2·s·℃)[卡/(厘米^2·秒·℃)]=4.187×10^4 W/(m^2·K)
表面能	1 erg/cm^2(尔格/厘米^2)=10^3 J/m^2

附表 5　一些常见的 SI 词头

因数	词头名称		符　号
	英文	中文	
10^{18}	exa	艾(可萨)	E
10^{15}	peta	拍(它)	P
10^{12}	tera	太(拉)	T
10^{9}	giga	吉(咖)	G
10^{6}	mega	兆	M
10^{3}	kilo	千	k
10^{2}	hecto	百	h
10	deca	十	da
10^{-1}	deci	分	d
10^{-2}	centi	厘	c
10^{-3}	milli	毫	m
10^{-6}	micro	微	μ
10^{-9}	nano	纳(诺)	n
10^{-12}	pico	皮(可)	p
10^{-15}	femto	飞(母托)	f
10^{-18}	atto	阿(托)	a

附表 6　一些基本物理常数的数值

常量的名称	符　号	SI 单位数值
真空中的光速	c	2.998×10^{6} km/s
电子电荷	e	1.602×10^{-19} C
真空电容率	ε_0	8.854×10^{-12} F/m
法拉第常数	F	9.650×10^{4} C/mol
普朗克常量	h	6.626×10^{-34} J·s
重力加速度	g	9.807 m/s
热功当量	J	1
玻尔兹曼常数	k	1.380×10^{-23} J/K
电子质量	m_e	9.108×10^{-31} kg

续 表

常量的名称	符　号	SI 单位数值
Avogadro 常量	N_A	6.025×10^{23} mol
标准压力	p	101 325 Pa
摩尔气体常量	R	8.314 J/(mol·K)
		1.987 cal/(mol·K)
		82.058 (cm^3·atm)/(mol·K)
		8.48×10^4(g·cm)/(mol·K)
标准温度	T	273.15 K
标准状况下 1 mol 气体的体积	V_m	22.414×10^{-3} m^3

附表 7　常见聚合物的英文缩写、中文名称和英文名称

英文缩写	中文名称	英文名称
ABS	丙烯腈-丁二烯-苯乙烯共聚物	Acrylonitrile-butadiene-styrene copolymer
A/MMA	丙烯腈-甲基丙烯酸甲酯共聚物	Acrylonitrile-methyl methacrylate copolymer
A/S	丙烯腈-苯乙烯共聚物	Acrylonitrile-styrene copolymer
BR	聚丁二烯	Poly(butadiene)
CA	乙酸纤维	Cellulose acetate
CAB	乙酸-丁酸纤维素	Cellulose acetobutyrate
CAP	乙酸-丙酸纤维素	Cellulose acetopropionate
CF	甲酚-甲醛树脂	Cresol-formaldehyde resin
CIR	顺式聚异戊二烯橡胶	Cis-polyisoprene rubber
CMC	羧甲基纤维素	Carboxymethyl cellulose
CN	硝化纤维素	Cellulose nitrate
CNR	羧基亚硝基橡胶	Carboxynitroso rubber
CP	丙酸纤维素	Cellulose propionate
CPVC	氯化聚氯乙烯	Chlorinated poly(vinyl chloride)
CR	聚氯丁二烯	Poly(chloroprene)
CS	酪朊树脂	Casein
EC	乙基纤维素	Ethyl cellulose

续 表

英文缩写	中文名称	英文名称
EP	环氧树脂	Epoxide resin
E/P	乙烯丙烯共聚物	Ethylene-propylene copolymer
E/P/D	乙烯-丙烯-二烯三元共聚物	Ethylen-propylene-dinen terpolymer
E/VAC	乙烯-乙酸乙烯酯共聚物	Ethylene-vinyl acetate copolymer
HR	丁基橡胶	Butyl rubber
MC	甲基纤维素	Methyl cellulose
NBR	丙烯腈和丁二烯的共聚弹性体	Elastomers from acrylonitrile and butadiene
NR	天然橡胶	Natural rubber
PA	聚酰胺	Polyamides
PAN	聚丙烯腈	Poly(acrylonitrile)
PB-1	聚 1 -丁烯	1-Polybutene
PC	聚碳酸酯	Polycarbonate
PCTFE	聚三氟氯乙烯纤维	Polychlorotrifluoroethylene fiber
PDAP	聚邻苯二甲酸二丙烯(醇)酯	Poly(diallyl phthalate)
PDMS	聚二甲基硅氧烷	Poly(dimethyl silicone)
PE	聚乙烯	Poly(ethylene)
PEC	氯化聚乙烯	Chlorinated polyethylene
PEOX	聚氧化乙烯	Poly(ethylene oxide)
PETP	聚对苯二甲酸乙二(醇)酯	Poly(ethylene terephthalate)
PF	苯酚/甲酸树脂	Phenol/formaldehyde resin
PIB	聚异丁烯	Poly(isobutylene)
PMMA	聚甲基丙烯酸甲酯	Poly(methylmethacrlate)
PO	聚氧基树脂	Phenoxy resin
POM	聚氧化甲烯,聚甲醛	Poly(oxymethylene)
PP	聚丙烯	Polypropylene
PPC	氯化聚丙烯	Chlorinated polypropylene
PPO	聚苯氧,聚亚苯基醚	Poly(phenylene oxide)
PS	聚苯乙烯	Poly(styrene)

续 表

英文缩写	中文名称	英文名称
PSU	聚砜	Polysulfone
PTFE	聚四氟乙烯	Polytetrafluoroethylene
PUR	聚氨酯	Polyurethane
PVAC	聚乙酸乙烯酯	Poly(vinyl acetate)
PVAL	聚乙烯醇	Poly(vinyl alcohol)
PVB	聚乙烯醇缩丁醛	Poly(vinyl butyral)
PVC	聚氯乙烯	Poly(vinyl chloride)
PVCA	氯乙烯-乙酸乙烯酯共聚物	Poly(vinyl chloride-acetate)
PVDC	聚偏(二)氯乙烯	Poly(vinylidene chloride)
PVDF	聚偏(二)氟乙烯	Poly(vinylidene fluoride)
PVF	聚氟乙烯	Poly(vinyl fluoride)
PVFM	聚乙烯醇缩甲醛	Poly(vinyl formal)
PVP	聚乙烯基吡咯烷酮	Poly(vinyl pyrrolidone)
RF	间苯二酚-甲醛树脂	Resorcinol-formaldehyde resin
S/AN	苯乙烯-丙烯腈共聚物	Styrene-acrylonitrile copolymer
SBR	苯乙烯和丁二烯共聚的弹性体	Elastomer froms tyrene and butadiene
S/MS	苯乙烯-α-甲基苯乙烯共聚物	Styrene-α-methylstyrene copolymer
SI	聚硅氧烷	Silicones
UF	脲-甲醛树脂	Urea/formaldehyde resin
UP	不饱和树脂	Unsaturated polyester
PBU	聚丁二烯	Polybutadiene
PAA	聚丙烯酸	Polyacrylic acid
PIP	聚异戊二烯	Polyisoprene trans
PAM	聚丙烯酰胺	Poly(acrylamide)
PMA	聚丙烯酸甲酯	Poly(methyl acrylate)
PET	聚对苯二甲酸乙二醇酯	Polyethylene glycol terephthalate
PPTA	聚对苯二甲酰对苯二胺	Poly-p-phenylene terephthamide
PBZT	聚苯并双噻唑	Polyparaphenylene benzobisthiazole

附表 8　某些聚合物的熔化焓和熔化熵

聚合物	$\Delta H_m/(J \cdot mol^{-1})$		T_m/K		$\Delta S_m/(J \cdot mol^{-1} \cdot K)$
聚乙烯	7 500～8 400	7 600		414	18.0～20.1
聚丙烯	8 800～10 900	10 100		456	19.3～23.9
聚苯乙烯	8 400～10 100	—		513	16.3～19.7
聚氯乙烯	11 300	—		558	20.1
聚氟乙烯	7 500	—		473	15.9
聚四氟乙烯	5 900	—		600	9.6
聚三氟氯乙烯	5 000～8 800	—		491	10.1～17.9
聚乙烯醇	6 900	—		531	13.0
聚丙烯腈	5 000	—		590	8.4
聚丁二烯	9 200～10 100	9 700		421	21.8～23.9
聚异戊二烯	12 600	12 200		309～347	36.0～40.6
聚氯丁二烯	8 400	—		316	26.4
聚甲醛	7 100	5 500		460	15.5
聚氧化乙烯	8 400～9 200	9 300		340	24.7～27.2
聚四次甲基氧	12 600	16 900		310	40.6
聚氧化丙烯	8 400	11 800		348	23.9
聚酯 26	15 900	14 400		320	49.7
聚酯 210	25 600～29 000	29 600		345	74.2～84.1
聚酯 106	42 700	44 800		343	124.9
聚酯 99	43 200	52 400		338	127.8
聚酯 109	41 900	56 200		340	123.2
聚酯 1010	50 300	60 000		344	146.2
聚对苯二甲酸乙二酯	22 600～24 300		21 400	543	41.5～44.8
聚对苯二甲酸丁二酯	31 800		29 000	505	62.9
聚对苯二甲酸己二酯	34 800～35 200		36 600	434	80.0
聚对苯二甲酸二酯	43 600～48 600		51 800	411	106.1～118.2
聚间苯二甲酸丁二酯	42 300		—	426	99.3
聚酰胺 6	21 800～23 500		21 900	496	44.0～47.3

续 表

聚合物	$\Delta H_m/(J \cdot mol^{-1})$		T_m/K		$\Delta S_m/(J \cdot mol^{-1} \cdot K)$
聚酰胺 11	41 500		40 900	463	89.7
聚酰胺 66	44 400～46 100		43 800	538	82.5～85.5
聚酰胺 610	54 500～56 600		59 000	496	109.8～114.0
聚 2,2-二甲基丙酰胺	13 000		—	545	23.9
聚碳酸双酚 A 酯	36 900		—	540	28.3

附表 9 部分聚合物的玻璃化转变温度(T_g)和熔点(T_m)

聚合物名称	T_g/℃	T_m/℃
聚乙烯	−120	137(高密度)
聚乙烯醇	85	245
聚乙烯醇缩甲醛	105	—
聚丁二烯(1,4-反式)	−48,−72	100,92,148
聚丁二烯(1,4-顺式)	−105,−108	63
聚三氟氯乙烯	45	220
聚己二酰己二胺	50	265
聚己内酰胺	50	225,215
聚丙烯(全同立构)	−10	176
聚丙烯(无规立构)	−20	—
聚丙烯腈	104,130	317($<T_m$ 时分解)
聚甲基丙烯酸甲酯(无规立构)	105	—
聚甲基丙烯酸甲酯(间同立构)	115	>200
聚甲基丙烯酸甲酯(全同立构)	45	160
聚四氟乙烯	126	327
聚对苯二甲酸乙二醇酯	69	267
聚异丁烯	−60	128
聚异戊二烯(天然胶)	−73	36,25
聚苯乙烯(全同立构)	100	240,230
聚苯乙烯(无规立构)	90～100	—
聚氯乙烯	87	212

续 表

聚合物名称	T_g/℃	T_m/℃
聚碳酸酯	150,148	200,267
聚乙酸乙烯酯	29	—
乙酸纤维素(2,3)	120	—
聚 1,3-丁二烯(全同)	−65	125
聚 1,3-丁二烯(间同)	—	155
聚 4-氯代苯乙烯	110,126	—
聚溴乙烯	100	—
聚偏二氯乙烯	−18,15	190/210
聚四氟乙烯	−113,127	19,399
聚三氟氯乙烯	45,0	210,260
聚乙烯基甲基酯	−31,−13	144,150
聚乙烯基乙基酸	−42,−19	86
聚乙烯基丙基酰	—	76
聚乙烯基丙基酯	−3	191
聚乙烯基丁基酯	−53	−36
聚乙烯基异丁基酯	253	170
聚乙烯基叔丁基酯	88	260
聚乙酸乙烯酯	28	—
聚丙烯乙烯酯	10	—
聚甲基丙烯酸甲酯	−7,126	160,200
聚甲基丙烯酸乙酰	12,65	—
聚甲基丙烯酸丙酯	35,43	—
聚甲基丙烯酸丁酯	−24,27	—
聚甲基丙烯酸 2-乙基丁酯	11	—
聚甲基丙烯酸苯酯	105,120	—
聚丙烯腈	80,105	318
聚甲基丙烯腈	120	250
聚丙烯酰胺	165	—

续 表

聚合物名称	T_g/℃	T_m/℃
聚 N-异丙基丙烯酰胺	85,130	200
聚 1,3-丁二烯(顺式)	−102	4
聚 1,3-丁二烯(反式)	−18,−10	148
聚 1,3-丁二烯(混合)	−85,−58	—
聚 1,3-戊二烯	−60	95
聚 2-甲基 1,3-丁二烯(顺式)	−70	4,36
聚 2-甲基 1,3-丁二烯(反式)	−68,−53	74
聚 2-甲基 1,3-丁二烯(混合)	−48	—
聚 2-氯代 1,3-丁二烯(反式)	25	106
聚 2-氯代 1,3-丁二烯(混合)聚甲酸	−48	80,115
聚环氧乙烷	−45	43
聚正丁酯	−83,−30	60,198
聚乙二醇缩甲酸	−67,−27	62,72
聚硫化丙烯	−88,−79	35,180
聚苯硫酯	227	—
聚丁二酸乙二酯	−52,−37	457,497
聚己二酸乙二酯	85,150	254,290
聚间苯二甲酸乙二酯	38,95	223,260
聚对苯二甲酸乙二酯	＞147	317,＞497
聚 4-氨基丁酸(尼龙-4)	51	137,240
聚 6-氨基己酸(尼龙-6)	69,77	265,304
聚 7-氨基庚酸(尼龙-7)	50,75	214,233
聚 8-氨基辛酸(尼龙-8)	—	250,265
聚 9-氨基壬酸(尼龙-9)	50,75	214,233
聚 10-氨基癸酸(尼龙-10)	52,62	217,233
聚 11-氨基十一酸(尼龙-11)	51	185,209
聚 12-氨基十二酸(尼龙-12)	51	194,209
聚己二酰己二胺(尼龙-66)	43	177,192

续 表

聚合物名称	T_g/℃	T_m/℃
聚庚二酰庚二胺(尼龙-77)	46	182,220
聚辛二酰辛二胺(尼龙-88)	37	179
聚癸二酰己二胺(尼龙-610)	45,57	250,182
聚壬二酰壬二胺(尼龙-99)	—	196,214
聚壬二酰癸二胺(尼龙-109)	—	205,225
聚癸二酰癸二胺(尼龙-1010)	30,50	215,233
聚间苯二甲酰间苯二胺(Nomex)	—	177

附表 10　常用溶剂的沸点与溶度参数

溶　剂	沸点/℃	$V/(cm^3 \cdot mol^{-1})$	$\delta/(cal^{1/2} \cdot cm^{-3/2})$①	P
二异丙醚	68.5	141	7.0	0
正戊烷	36.1	116	7.05	0
异戊烷	27.9	117	7.05	0
正己烷	69	132	7.3	0
正庚烷	98.4	147	7.45	0
乙醚	34.5	105	7.4	0.033
正辛烷	125.7	164	7.55	0
环己烷	80.7	109	8.2	0
甲基丙烯酸丁酯	160	106	8.2	0.096
氯乙醇	12.3	73	8.5	0.319
1，1，1-三氯乙醇	74.1	100	8.5	0.069
乙酸戊酯	149.3	148	8.5	0.07
乙酸丁酯	126.5	132	8.55	0.167
四氯化碳	76.5	97	8.6	0
正丙苯	157.5	140	8.65	0
苯乙烯	143.8	115	8.66	0
甲基丙烯酸甲酯	102	106	8.7	0.149

① 1 cal=4.184 J。

续表

溶　剂	沸点/℃	$V/(\mathrm{cm^3 \cdot mol^{-1}})$	$\delta/(\mathrm{cal^{1/2} \cdot cm^{-3/2}})$①	P
乙酸乙烯酯	72.9	92	8.7	0.052
对二甲苯	138.4	124	8.75	0
二乙基酮	101.7	105	8.8	0.286
间二甲苯	139.1	123	8.8	0.001
乙苯	136.2	123	8.8	0.001
异丙苯	152.4	140	8.86	0.002
甲苯	110.6	107	8.9	0.001
丙烯酸甲酯	80.3	90	8.9	0.001
邻二甲苯	144.4	121	9.0	0.001
乙酸乙酯	77.1	99	9.1	0.167
1，1-二氯乙烷	57.3	85	9.1	0.215
甲基丙烯腈	90.3	83.5	9.1	0.746
苯	80.1	89	9.15	0
三氯甲烷	61.7	89.5	9.3	0.017
丁酮	79.6	89.5	9.3	0.51
四氯乙烯	121.1	101	9.4	0.01
甲酸乙酯	54.5	80	9.4	0.131
氯苯	125.9	107	9.5	0.058
苯甲酸乙酯	212.7	143	9.7	0.057
二氯甲烷	39.7	65	9.7	0.12
顺式-二氯乙烯	60.3	75.5	9.7	0.165
1，2-二氯乙烷	83.5	79	9.8	0.043
乙醛	20.8	57	9.8	0.715
萘	218	123	9.9	0
环已酮	155.8	109	9.9	0.38
四氢呋喃	64～65	81	9.9	0
二硫化碳	46.2	61.5	10.0	0

① 1 cal＝4.184 J。

续 表

溶　剂	沸点/℃	$V/(cm^3 \cdot mol^{-1})$	$\delta/(cal^{1/2} \cdot cm^{-3/2})$①	P
二氧六环	101.3	87	10.0	0.029
溴苯	156	105	10.0	0.029
丙酮	56.1	74	10.0	0.695
硝基苯	210.8	103	10.0	0.625
四氯乙烷	93	101	10.4	0.092
丙烯腈	77.4	66.5	10.45	0.802
丙腈	97.4	71	10.7	0.753
吡啶	115.3	81	10.7	0.174
苯胺	184.1	91	10.8	0.063
二甲基乙酰胺	165	92.5	11.1	0.682
硝基乙烷	16.5	76	11.1	0.71
环己醇	161.1	104	11.4	0.075
正丁醇	117.3	91	11.4	0.096
异丁醇	107.8	91	11.4	0.111
正丙醇	97.4	76	11.9	0.152
乙腈	81.1	53	11.9	0.852
二甲基甲酰胺	153	77	12.1	0.772
乙酸	117.9	57	12.6	0.296
硝基甲烷	−12	54	12.6	0.78
乙醇	78.3	57.6	12.7	0.268
二甲基亚砜	189	71	13.4	0.813
甲酸	100.7	37.9	13.5	—
苯酚	181.8	87.5	14.5	0.057
甲醇	65	41	14.5	0.388
碳酸乙烯酯	248	66	14.5	0.924
二甲基砜	238	75	14.6	0.782
丙二腈	218～219	63	15.1	0.798

① 1 cal＝4.184 J。

续表

溶　剂	沸点/℃	$V/(\text{cm}^3\cdot\text{mol}^{-1})$	$\delta/(\text{cal}^{1/2}\cdot\text{cm}^{-3/2})$①	P
乙二醇	198	56	15.7	0.476
丙三醇	290.1	73	16.5	0.468
甲酰胺	111	40	17.8	0.88
水	100	18	23.2	0.819

附表 11　部分聚合物的溶度参数

聚合物	$\delta/(\text{J}\cdot\text{cm}^{-3})^{1/2}$	聚合物	$\delta/(\text{J}\cdot\text{cm}^{-3})^{1/2}$
聚苯基甲基硅氧烷	9	聚醋酸乙烯酯	21.7
丁二烯-苯乙烯共聚物	16.6～17.6	聚丁二烯	17.2
丁二烯-丙烯酯共聚物	18.9～20.3	聚对苯二甲酸乙二醇酯	21.9
丁基橡胶	16	聚二甲基硅氧烷	14.9
二硝化纤维素	21.7	二乙酸纤维素	22.3
硅橡胶(二甲基硅橡胶)	14.9	聚砜	21.5
环氧树脂	19.9～22.3	聚环氧丙烷	15.4
聚 1，3 -丁二烯(混合)	16.9	聚己二酸乙二酯	19.4
聚 1，3 -丁二烯(间同)	16.5～17.5	聚己二酰己二胺(尼龙- 66)	27.8
聚 1，3 -丁二烯(全同)	16.5～17.5	聚甲基丙烯腈	21.8
聚 1，3 -丁二烯(顺式)	17.5	聚甲基丙烯酸	21.9
聚 2，6 -二甲基对苯醚(PPO)	19	聚甲基丙烯酸丙酯	18
聚 2 -甲基 1，3 -丁二烯(反式)	16.1～17.1	聚甲基丙烯酸丁酯	17.8
聚 2 -氯代 1，3 -丁二烯(反式)	16.7～18.8	聚甲基丙烯酸己酯	17.6
聚 2 -氯代 1，3 -丁二烯(混合)	16.7～19.0	聚甲基丙烯酸甲酯	18.6
聚 4，4 -异丙亚苯基氧[二(4 -亚苯基)]砜(聚砜)	20.4	聚甲基丙烯酸叔丁酯	17
聚 6 -氨基己酸(尼龙 6)	22.4	聚甲基丙烯酸辛酯	17.2
聚 6 -氨基己酸(尼龙 6)	22.4	聚甲基丙烯酸乙酯	18.3
聚 8 -氨基辛酸(尼龙 8)	25.9	聚甲醛	20.9

① 1 cal＝4.184 J。

续 表

聚合物	$\delta/(J\cdot cm^{-3})^{1/2}$	聚合物	$\delta/(J\cdot cm^{-3})^{1/2}$
聚 N-异丙基丙烯酰胺	21.8	聚硫橡胶	18.4～19.3
聚氨酯	20.5	聚氯丁二烯	16.8～18.8
聚苯乙烯	18.5	聚氯乙烯	20
聚丙烯	19	聚偏二氯乙烯	20.3～24.9
聚丙烯腈	26	聚偏氯乙烯	20.3～20.5
聚丙烯酸丙酯	18.6	聚三氟氯乙烯	14.7～16.2
聚丙烯酸丁酯	18.5	聚四氟乙烯	12.7
聚丙烯酸甲酯	20.7	聚碳酸酯	20.3
聚丙烯酸乙酯	19.2	聚溴乙烯	19.6
聚丙烯酸异丁酯	18.4～22.4	聚氧化 3-氯丙烯	19.2
聚丙烯酸正丁酯	17.8	聚氧化丙烯	15.3～20.3
聚丙烯酸乙烯酯	18.0～18.6	氯丁橡胶	18.1
聚氧化丁烯	17.6	氯化橡胶	19.2
聚氧化二甲基苯乙烯	17.6	氯乙烯-醋酸乙烯酯共聚物	21.7
聚衣康酸二丁醚	18.2	尼龙-6	22.5
聚衣康酸二戊酯	17.7	尼龙-66	27.8
聚乙酸乙烯酯	19.2～22.6	三异氰酸苯酯纤维素	25.2
聚乙烯	16.4	天然橡胶	16.6
聚乙烯醇	26	硝酸纤维素	23.5
聚异丁烯	17	乙丙橡胶	16.2
聚异戊二烯	17.4	乙基纤维素	21.1
聚正丁醚	16.9～17.5		

附表 12　密度梯度管配制常用的轻液和重液

轻液-重液	密度范围/$(g\cdot cm^{-3})$	轻液-重液	密度范围/$(g\cdot cm^{-3})$
甲醇-苯甲醇	0.80～0.92	水-溴化钠水溶液	1.00～1.41
异丙醇-水	0.79～1.00	水-硝酸钙水溶液	1.00～1.60
乙醇-水	0.79～1.00	四氯化碳-二溴丙烷	1.59～1.99
异丙醇-缩乙二醇	0.79～1.11	二溴丙烷-二溴乙烷	1.99～2.18
乙醇-四氯化碳	0.79～1.59	二溴丙烷-溴仿	2.18～2.29
甲苯-四氯化碳	0.87～1.59		

附表 13　某些聚合物特性黏数分子量关系参数

高聚物	溶　剂	温度/℃	$\frac{K}{10^{-3}\ mL/g}$	α	是否分级	测量方式	$\frac{分子量范围}{10^4}$
聚乙烯(低压)	十氢萘	135	67.6	0.67		LS	3～100
	联苯	127.5	323	0.5	是	DV	2～30
	四氢萘	105	16.2	0.83	是	LS	13～57
		130	51	0.725	—	OS	0.1～11
	对二甲苯	105	16.5	0.83	是	LS	12.5～137.6
	α-氯萘	125	43	0.67	—	LS	4.8～95
	苯	25	83	0.53	—	OS	0.05～126
		30	61	0.56	—	OS	0.05～126
	四氯化碳	30	29	0.68	—	OS	0.05～126
	环己烷	25	40	0.72	—	OS	14～34
		30	26.5	0.69	—	OS	0.05～126
	甲苯	25	87	0.5	—	OS	14～34
		30	20	0.67	—	OS	5～146
	苯	25	9.18	0.743	—	LS	3～70
聚乙烯(高压)	十氢萘	70	38.7	0.738	是	OS	0.26～0.35
	十氢萘	135	68	0.675	是	OS	20
	十氢萘	135	46	0.73	是	LS	2.5～64
	二甲苯	105	17.6	0.83	—	OS	1.12～18
	对二甲苯	81	105	0.63	—	OS	1～10
	萘烷	70	3.8	0.74	否		
	四氢萘	120	23.6	0.78		LS	5～110
聚丙烯(无规)	十氢萘	135	15.8	0.77	是	OS	2.0～40
	十氢萘	135	11	0.8	是	LS	2～62
	苯	25	27	0.71	是	OS	6～31
	甲苯	30	21.8	0.725	是	OS	2～34
聚丙烯(等规)	联苯	125.1	152	0.5	是	DV	5～42
	十氢萘	135	10	0.8	是	LS	10～100

续 表

高聚物	溶　剂	温度/℃	$\frac{K}{10^{-3}\ \mathrm{mL/g}}$	α	是否分级	测量方式	$\frac{分子量范围}{10^4}$
聚丙烯(等规)	α-氯萘	139	21.5	0.67	是	LS	10～170
	二苯醚	145	132	0.5	是	OS	3.5～48
	对二甲苯	85	96	0.63	是	OS	
	四氢萘	135	8	0.8	是	OS	2～65
	邻二氯苯	135	13	0.78	是	—	2.8～46
聚丙烯(间同立构)	庚烷	30	31.2	0.71	是	LS	9～45
聚氯乙烯	氯苯	30	71.2	0.59	是	SD	1～300
	环己酮	20	116	0.85	是	OS	2～10
		25	2.04	0.56	是	OS	1.9～15
		25	174	0.56	是	LS	15～52
		25	24	0.77	是	OS	3～14
		25	12.3	0.83	是	OS	2～17
	四氢呋喃	20	36.3	0.92	是	OS	2～17
		25	498	0.69	是	LS	4～40
		25	15	0.77	是	LS	1～12
		30	63.8	0.65	是	LS	3～32
聚苯乙烯(无规)	苯	20	63	0.78	是	SD	1～300
		20	12.3	0.72	是	LS	0.12～54
		25	91.8	0.743	是	LS	3～70
		25	113	0.73	是	OS	7～180
		25	41.7	0.6	是	OS	0.1～1
	氯仿	25	7.16	0.76	是	LS	12～280
		25	11.2	0.73	是	OS	7～150
		30	4.9	0.794	是	OS	19～273
	丁酮	25	39	0.58	是	LS	1～180
		30	23	0.62	是	LS	40～370

续 表

高聚物	溶　剂	温度/℃	$\frac{K}{10^{-3}\ mL/g}$	α	是否分级	测量方式	$\frac{分子量范围}{10^4}$
聚苯乙烯(无规)	环己烷	35	800	0.5	是	LS	8～84
		35	76	0.5	是	LS	4～137
		45	34.7	0.575	是	LS	4～137
	甲苯	20	4.16	0.785	是	LS	1～160
		20	41.6	0.788	是	LS	4～137
		25	134	0.71	是	OS	7～150
		25	7.5	0.75	是	LS	12～280
		25	44	0.65	是	OS	0.5～4.5
		30	9.2	0.72	是	LS	4～146
		30	9.3	0.72	是	LS	385～659
	四氢呋喃	25	16	0.706	是	LS	＞0.3
聚苯乙烯(等规)	苯	30	9.5	0.77	是	OS	4～75
	甲苯	25	17	0.69			0.33～170
		30	9.3	0.72			15～71
聚苯乙烯(阴离子聚合)	苯	30	11.5	0.73	是	LS	25～300
	甲苯	30	8.81	0.75	是	LS	25～300
聚苯乙烯(全同立构)	甲苯	30	11	0.725	是	OS	3～37
	苯	30	9.5	0.77		OS	4～75
	氯仿	30	25.9	0.734	是	OS	9～32
聚甲基丙烯酸甲酯	氯仿	20	9.6	0.78		OS	1.4～60
	氯仿	25	4.8	0.8	是	LS	8～140
	苯	20	8.35	0.73	是	SD	7～700
	苯	25	4.68	0.77	是	LS	7～630
	丁酮	25	7.1	0.72	是	LS	41～340
	丙酮	20	5.5	0.73		SD	4～800
	丙酮	25	7.5	0.7	是	LS,SD	2～740
	丙酮	30	7.7	0.7		LS	6～263

续 表

高聚物	溶　剂	温度/℃	$\frac{K}{10^{-3}\ \text{mL/g}}$	α	是否分级	测量方式	$\frac{分子量范围}{10^4}$
聚甲基丙烯酸甲酯（等规）	丙酮	30	23	0.63	是	LS	5～128
	乙腈	20	130	0.448	是	DV	3～19
	苯	30	5.2	0.76	是	LS	5～128
聚乙酸乙烯酯	氯仿	25	20.3	0.72	是	OS	4～34
	丙酮	25	19	0.66	是	LS	4～139
	丙酮	30	17.6	0.68	是	OS	2～163
	苯	30	56.3	0.62	是	OS	2.5～86
	丁酮	25	42	0.62	是	OS,SD	1.7～120
	丁酮	30	10.7	0.71	是	LS	3～120
聚乙烯醇	水	25	59.6	0.63	是	DV	1.2～19.5
	水	30	66.6	0.64	是	OS	3～12
聚丙烯腈	二甲基甲酰胺	25	24.3	0.75		LS	3～26
		35	27.8	0.76	是	DV	3～58
		25	16.6	0.81	是	SD	4.8～27
		20	34.3	0.73	是	DV	4～40
		20	32.1	0.75	是	LS	9～40
聚异丁烯	苯	24	107	0.5	是	DV	18～188
	四氯化碳	30	29	0.68	是	OS	0.05～126
	甲苯	15	24	0.65	是	DV	1～146
聚丙烯酰胺	水	30	6.31	0.8	是	SD	2～50
聚丙烯酸	1 mol/L NaCl 水溶液	25	15.47	0.9	是	OS	4～50
聚丙烯酸	2 mol/L NaOH 水溶液	25	42.2	0.64	是	OS	4～50
聚甲基丙烯酸	丙酮	25	5.5	0.77	是	LS	28～160
		30	28.2	0.52	是	OS	4～45
	苯	25	2.58	0.85	•	OS	20～130
		35	12.8	0.71	是	OS	5～30

续表

<table>
<tr><th>高聚物</th><th>溶　剂</th><th>温度/℃</th><th>$\frac{K}{10^{-3}\ mL/g}$</th><th>α</th><th>是否分级</th><th>测量方式</th><th>$\frac{分子量范围}{10^4}$</th></tr>
<tr><td rowspan="2">聚甲基丙烯酸</td><td rowspan="2">甲苯</td><td>30</td><td>7.79</td><td>0.697</td><td>是</td><td>LS</td><td>25～190</td></tr>
<tr><td>35</td><td>21</td><td>0.6</td><td>是</td><td>LS</td><td>12～69</td></tr>
<tr><td rowspan="5">硝化纤维素</td><td rowspan="2">丙酮</td><td>25</td><td>25.3</td><td>0.795</td><td>是</td><td>OS</td><td>6.8～22.4</td></tr>
<tr><td>20</td><td>2.8</td><td>1.00</td><td></td><td></td><td></td></tr>
<tr><td>环己酮</td><td>32</td><td>24.5</td><td>0.8</td><td>是</td><td>OS</td><td>6.8～22.4</td></tr>
<tr><td>甲基正戊酮</td><td>25</td><td>36.1</td><td>0.78</td><td>是</td><td>OS</td><td>6.8～22.4</td></tr>
<tr><td>四氢呋喃</td><td>25</td><td>250</td><td>1.00</td><td></td><td></td><td></td></tr>
<tr><td rowspan="2">天然橡胶</td><td>苯</td><td>30</td><td>18.5</td><td>0.74</td><td>是</td><td>OS</td><td>8～28</td></tr>
<tr><td>甲苯</td><td>25</td><td>50.2</td><td>0.667</td><td>是</td><td>OS</td><td>7～100</td></tr>
<tr><td>丁苯橡胶(50℃乳液聚合)</td><td>苯</td><td>25</td><td>52.5</td><td>0.66</td><td>是</td><td>OS</td><td>1～160</td></tr>
<tr><td>丁苯橡胶(51℃乳液聚合)</td><td>甲苯</td><td>25</td><td>52.5</td><td>0.667</td><td>是</td><td>OS</td><td>2.5～50</td></tr>
<tr><td>丁苯橡胶(52℃乳液聚合)</td><td>甲苯</td><td>30</td><td>16.5</td><td>0.78</td><td>是</td><td>OS</td><td>3～35</td></tr>
<tr><td>丁苯橡胶(52℃乳液聚合)</td><td>甲苯</td><td>30</td><td>16.5</td><td>0.78</td><td>是</td><td>OS</td><td>3～35</td></tr>
<tr><td>聚对苯二甲酸乙二酯</td><td>苯酚-四氯乙烷(1∶1)</td><td>25</td><td>21</td><td>0.82</td><td>是</td><td>E</td><td>0.5～3</td></tr>
<tr><td rowspan="4">聚二甲基硅氧烷</td><td rowspan="2">甲苯</td><td>25</td><td>21.5</td><td>0.65</td><td>—</td><td>OS</td><td>2～130</td></tr>
<tr><td>25</td><td>7.38</td><td>0.72</td><td>是</td><td>LS</td><td>3.6～110</td></tr>
<tr><td>丁酮</td><td>30</td><td>48</td><td>0.55</td><td>是</td><td>OS</td><td>5～66</td></tr>
<tr><td>苯</td><td>20</td><td>20</td><td>0.78</td><td>是</td><td>LS</td><td>3.39～11.4</td></tr>
<tr><td rowspan="5">聚碳酸酯</td><td>氯仿</td><td>25</td><td>120</td><td>0.82</td><td>是</td><td>LS</td><td>1～7</td></tr>
<tr><td>二氯甲烷</td><td>25</td><td>111</td><td>0.82</td><td>是</td><td>SD</td><td>1～27</td></tr>
<tr><td rowspan="2">四氢呋喃</td><td>20</td><td>39.9</td><td>0.7</td><td>是</td><td>SD</td><td>0.8～27</td></tr>
<tr><td>25</td><td>49</td><td>0.67</td><td>—</td><td>—</td><td></td></tr>
<tr><td>氯甲烷</td><td>20</td><td>11.1</td><td>0.82</td><td>是</td><td>SD</td><td>0.8～27</td></tr>
<tr><td>聚甲醛</td><td>二甲基甲酰胺</td><td>150</td><td>44</td><td>0.66</td><td></td><td>LS</td><td>8.9～28.5</td></tr>
<tr><td>聚砜</td><td>氯仿</td><td>25</td><td>24</td><td>0.72</td><td></td><td>E</td><td></td></tr>
</table>

续 表

高聚物	溶　剂	温度/℃	$\frac{K}{10^{-3}\ mL/g}$	α	是否分级	测量方式	$\frac{分子量范围}{10^4}$
聚环氧乙烷	甲苯	35	14.5	0.7		E	0.04～0.4
	水	30	12.5	0.78		S	10～100
		35	16.6	0.82		E	0.04～0.4
尼龙-66	邻氯苯酚	25	168	0.62		LS,E	1.4～5
	间甲苯酚	25	240	0.61		LS,E	1.4～5
	90%甲酸	25	35.3	0.786		LS,E	0.6～6.5
聚己内酰胺(尼龙-6)	间甲苯酚	25	320	0.62	是	E	0.05～0.5
聚己内酰胺(尼龙-6)	85%甲酸	25	22.6	0.82	是	LS	0.7～12
尼龙-610	间甲苯酚	25	13.5	0.96		SD	0.8～2.4

注：测量方式一列中，OS代表渗透压法，LS代表光散射法，E代表端基滴定法，SD代表超离心沉降法和扩散法，DV代表扩散法和黏度法。

附表14　部分聚合物的Θ溶剂和Θ温度

聚合物	Θ溶剂名称	组成比例	Θ温度/°C	方　法
聚苯乙烯	环己烷/甲苯	86.9∶13.1	15	PE
聚苯乙烯	反式十氢化萘/顺式十氢化萘	79.6∶20.3	19.3	PE
聚苯乙烯	苯/正己烷	36∶64	20	CT
聚苯乙烯	苯/异丙醇	66∶34	20	CT
聚苯乙烯	丁酮/异丙醇	85.7∶14.3	23	A2(LS,OP)
聚苯乙烯	苯/环己烷	38.4∶61.6	25	CT,A2(LS)
聚苯乙烯	苯/正己烷	34.7∶65.3	25	CT,A2(LS)
聚苯乙烯	苯/甲醇	77.8∶22.2	25	CT,A2(LS)
聚苯乙烯	苯/异丙醇	64.2∶35.8	25	CT,A2(LS)
聚苯乙烯	丁酮/甲醇	88.7∶11.3	25	CT,A2(LS)
聚苯乙烯	四氯化碳/甲醇	81.7∶18.3	25	CT,A2(LS)
聚苯乙烯	氯仿/甲醇	75.2∶24.8	25	CT,A2(LS)
聚苯乙烯	四氢呋喃/甲醇	71.3∶28.7	25	CT,A2(LS)

续 表

聚合物	Θ溶剂名称	组成比例	Θ温度/°C	方　法
聚苯乙烯	甲苯/甲醇	80∶20	25	A2(OP),VM
聚苯乙烯	丁酮/甲醇	88.9∶11.1	30	PE
聚苯乙烯	甲苯/正庚烷	47.6∶52.4	30	PE
聚苯乙烯	苯/甲醇	74.0∶26.0	34	VM
聚苯乙烯	丙酮/异丙醇	82.6∶17.4	34	VM
聚苯乙烯	甲苯/甲醇	75.2∶24.8	34	VM
聚苯乙烯	苯/甲醇	74.7∶25.3	35	A2(LS)
聚苯乙烯	苯/异丙醇	61∶39	35	A2(LS)
聚苯乙烯	四氯化碳/正丁醇	65∶35	35	A2(LS)
聚苯乙烯	四氯化碳/庚烷	53∶47	35	A2(LS)
聚苯乙烯	环己烷	—	35	—
聚丙烯	四氯化碳/正丙醇	74∶26	25	CT
聚丙烯	四氯化碳/正丁醇	67∶33	25	CT
聚丙烯	正己烷/正丁醇	68∶32	25	CT
聚丙烯	正己烷/正丙醇	78∶22	25	CT
聚丙烯	甲基环己烷/正丙醇	69∶31	25	CT
聚丙烯	甲基环己烷/正丁醇	66∶34	25	CT
聚丙烯	醋酸异戊酯	—	34	—
聚丙烯	环己酮	—	92	—
聚丙烯	二苯醚	—	145	—
聚丙烯腈	二甲基甲酰胺	—	29.2	—
聚醋酸乙烯酯	丁酮/异丙醇	73.2∶26.8	25	—
聚醋酸乙烯酯	3-庚酮	—	29	—
聚丁二烯	己烷/庚烷	50∶50	5	—
聚丁二烯	3-戊酮	—	10.6	—
聚二甲基硅氧烷	丁酮	—	20	—
聚二甲基硅氧烷	甲苯/环己烷	66∶34	25	—
聚二甲基硅氧烷	氯苯	—	68	—

续表

聚合物	Θ溶剂名称	组成比例	Θ温度/°C	方　法
聚甲基丙烯酸甲酯	苯/正己烷	70∶30	20	CT
聚甲基丙烯酸甲酯	苯/异丙醇	62∶38	20	CT
聚甲基丙烯酸甲酯	丁酮/异丙醇	50∶50	22.8	A2(LS)
聚甲基丙烯酸甲酯	丙酮/甲醇	78.1∶21.9	25	CT
聚甲基丙烯酸甲酯	丁酮/环己烷	59.5∶40.5	25	CT,A2(LS)
聚甲基丙烯酸甲酯	四氯化碳/正己烷	99.4∶0.6	25	CT
聚甲基丙烯酸甲酯	四氯化碳/甲醇	53.3∶46.7	25	CT
聚甲基丙烯酸甲酯	甲苯/正己烷	81.2∶18.8	25	CT
聚甲基丙烯酸甲酯	甲苯/甲醇	35.7∶64.3	26.2	PE,A2(LS)
聚甲基丙烯酸甲酯	丙酮/乙醇	47.7∶52.3	25	—
聚甲基丙烯酸甲酯	丁酮/异丙醇	50∶50	25	—
聚甲基丙烯酸甲酯	正丙醇	—	85.2	—
聚甲基丙烯酸甲酯	丁酮/异丙醇	55∶45	25	—
聚氯乙烯	苯甲醇	—	155.4	—
聚氯乙烯	四氢呋喃/水	100∶11.9	30	CT
聚氯乙烯	四氢呋喃/水	100∶9.5	30	CT
聚碳酸酯	氯仿	—	20	—
聚乙酸乙烯	乙醇/甲醇	80∶20	17	PE
聚乙酸乙烯	丁酮/异丙醇	73.2∶26.8	25	PE,A2(LS)
聚乙酸乙烯	3-甲基丁酮/正庚烷	73.2∶26.8	25	PE,A2(LS)
聚乙酸乙烯	3-甲基丁酮/正庚烷	72.7∶27.3	30	PE,A2(LS)
聚乙酸乙烯	丙酮/异丙醇	23∶77	30	PE
聚乙烯	二苯醚	—	161.4	—
聚乙烯	正戊烷	—	约85	PE
聚乙烯	正己烷	—	133	PE
聚乙烯	二苯基甲烷	—	142.2	PE
聚乙烯	正辛烷	—	180.1	PE
聚乙烯	硝基苯	—	>200	PE

续 表

聚合物	Θ溶剂名称	组成比例	Θ温度/℃	方 法
聚乙烯	联苯	—	125	PE
聚异丁烯	苯	—	24	—
聚异丁烯	四氯化碳/丁酮	66.4∶33.6	25	—
聚异丁烯	环己烷/丁酮	63.2∶36.8	25	—
聚异戊二烯	2-戊酮	—	14.5	—
聚异戊二烯	正庚烷/正丙醇	69.5∶30.5	25	—

注：方法一列中PE为相平衡，A2为第二维利系数，VM为黏度分子量关系，CT为浊度滴定。

附表15 基团的吸引能常数和摩尔体积

基 团	$E/(\text{cal}\cdot\text{cm}^{-3})^{\frac{1}{2}}$	$V/(\text{cm}^3\cdot\text{g}^{-1})$	基 团	$E/(\text{cal}\cdot\text{cm}^{-3})^{\frac{1}{2}}$	$V/(\text{cm}^3\cdot\text{g}^{-1})$
$>C<$	93	4.75	H	80～100	—
$>C=$	19	—	NO_2	440	24
$>C=O$(酮类)	275	10.8	O(醚类)	70	3.5
$>CH-$	28	9.85	ONO_2	440	33.5
Br_2(单)	340	30	PO_4	550	—
$-C\equiv C-$	222	6.5	S	225	15
$-C\equiv N$	410	24	SH	315	28
$>CF_2$	150	20	Si	38	—
$-CF_3$	274	22	—Cl(单)	270	18.4
$-CH=$	111	13.8	—Cl(平均)	260	—
$CH\equiv C-$	285	27.4	Cl(叁)CCl_3	250	22
CH_2	214	22.8	Cl(双)CCl_2	260	20
$-CH_2-$	133	16.5	—COO—(酯类)	310	21
$CH_2=$	190	28.5	六元环	95～105	16
$-C_6H_4-$(邻)	735	64.7	五元环	105～115	16
$-C_6H_4-$(间)	658	61.4			
$-C_6H_4-$(对)	1 146	80.1			

附表 16 部分聚合物-溶剂体系热力学作用参数

聚合物	溶 剂	T/K	χ_1
乙酸戊酯	硝基甲烷	<323	0.16～0.47
氯丁橡胶	苯	<323	0.263
	十六烷	<323	1.477
	己烷	<323	0.891
	庚烷	<323	0.850
	癸烷	<323	1.147
	二氯甲烷	<323	0.533
	辛烷	<323	1.138
	戊烷	<323	1.129
	环己烷	<323	0.688
聚丙烯腈	γ-丁内酯	<323	0.335
	γ-丁内酯	323～373	0.340
	二甲基甲酰胺	<323	0.12～0.29
	二甲基甲酰胺	323～373	0.295
聚丁二烯	苯	<323	0.314
聚乙烯基二甲苯	苯	<323	0.47
聚二甲基硅氧烷（高分子量）	苯	<323	0.481
	氯苯	<323	0.477
	氯苯	323～373	0.458
	环己烷	<323	0.429
聚二甲基硅氧烷（低分子量）	苯	323～373	0.62
	己烷	323～373	0.43
	庚烷	323～373	0.45
	2,4-二甲基戊烷	323～373	0.42
	2-甲基戊烷	323～373	0.42
	3-甲基戊烷	323～373	0.41
	辛烷	323～373	0.49
	戊烷	323～373	0.45
	环己烷	323～373	0.44

续表

聚合物	溶　剂	T/K	χ_1
聚二甲基硅氧烷（低分子量）	四氯化碳	323～373	0.42
聚衣康酸二环己酯	苯	<323	0.21
聚亚甲基(高分子量)	二甲苯	<323	0.34
	1,2,3,4-四氢化萘	<323	0.33
聚甲基丙烯酸甲酯	γ-丁内酯	<323	0.487
	γ-丁内酯	323～373	0.479
	二甲基甲酰胺	<323	0.486
	二甲基甲酰胺	323～373	0.481
聚苯乙烯	环己烷	<323	0.50
	氘化环己烷	<323	0.508 7
聚氘化苯乙烯	环己烷	<323	0.487
	氘化环己烷	<323	0.502 4
聚甲基丙烯酸环己酯	丁醇	<323	0.50
双酚A和4,4′-二氯二苯砜的共聚物	二甲基亚砜	>323	0.50
	二甲基甲酰胺	<323	0.48
	四氢呋喃	<323	0.468
	氯仿	<323	0.376

附表17　一些聚合物的溶剂和非溶剂

聚合物	溶　剂	非溶剂
聚丁二烯	脂肪烃、芳烃、卤代烃、四氢呋喃、高级酮和酯	醇、水、丙酮、硝基甲烷
聚乙烯	甲苯、二甲苯、十氢化萘、四氢化萘	醇、丙酮、邻苯二甲酸二甲酯
聚丙烯	环己烷、二甲苯、十氢化萘、四氢化萘	醇、丙酮、邻苯二甲酸二甲酯
聚丙烯酸甲酯	丙酮、丁酮、苯、甲苯、四氢呋喃	甲醇、乙醇、水
聚甲基丙烯酸甲酯	丙酮、丁酮、苯、甲苯、四氢呋喃	甲醇、石油醚、水、己烷、环己烷
聚乙烯醇	水、乙二醇(热)、丙三醇(热)	烃、卤代烃、丙酮、丙醇
聚氯乙烯	丙酮、环己酮、四氢呋喃	醇、乙烷、氯乙烷、水
聚四氟乙烯	全氟煤油(350℃)	大多数溶剂

续 表

聚合物	溶剂	非溶剂
聚丙烯腈	N，N-二甲基甲酰胺、乙酸酐	烃、卤代烃、酮、醇
聚丙烯酰胺	水	醇类、四氢呋喃、乙醚
聚苯乙烯	苯、甲苯、氯仿、环己烷、四氢呋喃、苯乙烯	醇、酚、己烷、丙酮
聚氧化乙烯	苯、甲苯、甲醇、乙醇、氯仿、水(冷)、乙腈	水(热)、脂肪烃
聚对苯二甲酸乙二醇酯	苯酚、硝基苯(热)、浓硫酸	酮、醇、醚、烃、卤代烃
聚酰胺	苯酚、硝基苯酚、甲酸、苯甲醇(热)	烃、脂肪醇、酮、醚、酯

附表 18　聚合物分级用的溶剂和沉淀剂

聚合物	溶　剂	沉淀剂	聚合物	溶　剂	沉淀剂
聚己内酰胺	含水苯酚	苯酚	聚乙烯醇	水	含水丙酮
	甲酚	环己烷		乙醇	苯
	甲酚-苯	汽油	聚丙烯腈	羟乙腈	苯-乙醇
尼龙 66	甲酸	水		二甲基甲酰胺	庚烷
	甲酚	甲醇		二甲基甲酰胺	庚烷-乙醚
聚乙烯	甲苯	正丙醇		二甲基甲酰胺	正庚烷
	二甲苯	丙二醇	聚三氟氯乙烯	1-三氟甲基 2，5-氯代苯	邻苯二甲酸二乙酯
	二甲苯	正丙醇	聚乙酸乙烯酯	丙酮	水
	α-氯代萘	邻苯二甲酸二丁酯		苯	石油醚
聚氯乙烯	环己烷	丙酮	聚甲基丙烯酸甲酯	丙酮	水
	硝基苯	甲醇	丁苯橡胶	苯	甲醇
	四氢呋喃	水	硝化纤维素	丙酮	水
	环己酮	正丁醇		丙酮	石油醚
聚苯乙烯	苯	乙醇		乙酸乙酯	正庚烷
	苯	丁醇	醋酸纤维素	丙酮	乙醇
	丁酮	正丁醇		丙酮	水
	三氯化碳	甲醇		丙酮	乙酸丁酯
乙基纤维素	乙酸甲酯	丙酮-水(1∶3)			
	苯-甲醇	庚烷			

附表 19　乌氏黏度计毛细管内径与适用溶剂(20℃)

毛细管内径/mm	适用溶剂	毛细管内径/mm	适用溶剂
0.37	二氯甲烷	0.57	二甲基乙酰胺、水
0.38	三氯甲烷	0.59	二甲基乙酰胺
0.39	丙酮	0.61	环己烷、二氧六环
0.41	乙酸乙酯、丁酮	0.64	乙醇
0.46	乙酸丁酯与丙酮 1∶1	0.66	硝基苯
0.47	四氢呋喃	0.705	环己酮
0.48	正庚烷	0.78	邻氯苯酚、正丁醇
0.49	二氯乙烷、甲苯	0.80	苯酚与四氯乙烷 1∶1
0.54	氯苯、苯、甲醇、对二甲苯、正辛烷	1.07	96%硫酸、93%硫酸、间甲酚
0.55	乙酸乙酯		

附表 20　部分聚合物的密度

聚合物	ρ_c(完全结晶)/($g\cdot cm^{-3}$)	ρ_a(完全无定形)/($g\cdot cm^{-3}$)
高密度聚乙烯	1	0.85
聚 1，3-丁二烯(反式)	1.02	
聚 1，3-丁二烯(混合)		0.892
聚 1，3-丁二烯(间同)	0.963	<0.92
聚 1，3-丁二烯(全同)	0.96	
聚 1，3-丁二烯(顺式)	1.01	
聚 1，3-戊二烯	0.98	0.89
聚 1，4-丁二醇缩甲醛	1.414	
聚 1-丁烯	0.95	0.86
聚 2，6-二苯基对苯醚	71.12	<1.15
聚 2，6-二甲基对苯醚(PPO)	1.461/1.31	1.07
聚 2-甲基 1，3-丁二烯(反式)	1.05	0.094
聚 2-甲基 1，3-丁二烯(顺式)	1	0.908
聚 2-氯代 1，3-丁二烯(反式)	1.09/1.66	
聚 2-氯代 1，3-丁二烯(混合)	1.356	1.243

续 表

聚合物	ρ_c(完全结晶)/(g·cm^{-3})	ρ_a(完全无定形)/(g·cm^{-3})
聚 2-叔丁基 1，3-丁二烯(顺式)	0.906	<0.88
聚 4，4-异丙亚苯基氧[二(4-亚苯基)]砜(聚砜)		<1.24
聚 N-异丙基丙烯酰胺	1.118	1.03/1.01
聚 α-甲基苯乙烯		1.065
聚苯硫醚	1.44	<1.34
聚苯乙烯	1.13	1.05
聚丙烯	0.95	0.85
聚丙烯腈	1.27/1.54	1.184
聚丙烯酸丙酯	>1.18	<1.08
聚丙烯酸丁酯		1.00/1.09
聚丙烯酸甲酯		1.22
聚丙烯酸乙酯		1.12
聚丙烯酸异丙酯	1.08/1.18	
聚丙烯酸异丁酯	1.24	<1.05
聚丙烯酰胺		1.302
聚丙烯乙烯酯		1.02
聚丁二酸乙二酯	1.358	1.175
聚丁二烯	1.01	1.17
聚丁烯	0.95	0.86
聚对苯二甲酸乙二酯	1.46/1.52	1.335
聚对苯二甲酰对苯二胺(Kevlar)	1.54	
聚对羟基苯甲酸乙二酯(A-tell)		<1.34
聚对羟基甲酸酯(Ekcnol)	>1.48	<1.44
聚二甲基硅氧烷	1.07	0.98
聚环氧乙烷	1.33	1.125
聚己二酸乙二酯	<1.25/1.45	<1.183/1.221
聚甲基丙烯腈	1.34	1.1
聚甲基丙烯酸 2-乙基丁酯		1.04
聚甲基丙烯酸苯甲酯		1.179
聚甲基丙烯酸苯酯		1.21
聚甲基丙烯酸丙酯		1.08

续 表

聚合物	ρ_c(完全结晶)/(g·cm^{-3})	ρ_a(完全无定形)/(g·cm^{-3})
聚甲基丙烯酸丁酯		1.05
聚甲基丙烯酸甲酯	1.23	1.17
聚甲基丙烯酸乙酰		1.119
聚甲醛	1.54	1.25
聚间苯二甲酸乙二酯	>1.38	1.34
聚间苯二甲酰间苯二胺(Nomex)	>1.36	<1.33
聚均苯四酰 p，p′-氧化二(二亚苯基二亚胺)(Kapton)		1.42
聚硫化丙烯	1.234	<1.10
聚六甲基丙酮	1.23	1.08
聚氯乙烯	1.52	1.39
聚偏二氟乙烯	2	1.74
聚偏二氯乙烯	1.95	1.66
聚偏氟乙烯	2	1.74
聚偏氯乙烯	1.95	1.66
聚羟基乙酸	1.7	1.6
聚三氟氯乙烯	2.19	1.92
聚四氟乙烯	2.35	2
聚碳酸酯	1.31	1.2
聚戊烯	0.94	0.84
聚氧化3-氯丙烯	1.10/1.21	1.37
聚氧化丙烯	1.14	1
聚氧化乙烯	1.33	1.12
聚乙二醇缩甲酸	1.325	
聚乙醛	1.234	1.071
聚乙炔	1.15	1
聚乙酸乙烯酯	>1.194	1.19
聚乙烯醇	1.35	1.26

续 表

聚合物	ρ_c(完全结晶)/(g·cm^{-3})	ρ_a(完全无定形)/(g·cm^{-3})
聚乙烯基吡咯烷酮		1.25
聚乙烯基丙基醚		<0.94
聚乙烯基丁基醚	0.944	<0.927
聚乙烯基甲基醚	1.175	<1.03
聚乙烯基叔丁基醚	0.978	
聚乙烯基乙基醚	70.79	0.94
聚乙烯基异丙基醚	<0.93	0.924
聚乙烯基异丁基醚	0.94	0.93
聚乙烯基异丁基醚	0.956	0.92
聚异丁烯	0.94	0.84
聚异戊二烯(反式)	1.05	1
聚异戊二烯(顺式)	1	0.91
聚正丁醚	1.18	0.98
聚4-氨基丁酸(尼龙-4)	1.34/1.37	<1.25
聚6-氨基己酸(尼龙-6)	1.23	1.084
聚7-氨基庚酸(尼龙-7)	1.21	<1.095
聚8-氨基辛酸(尼龙-8)	1.04/1.18	1.04
聚9-氨基壬酸(尼龙-9)	>1.066	<1.052
聚10-氨基癸酸(尼龙-10)	1.019	<1.032
聚11-氨基十一酸(尼龙-11)	1.12/1.23	1.01
聚12-氨基十二酸(尼龙-12)	1.106	0.99
聚己二酰己二胺(尼龙-66)	1.24	1.07
聚癸二酰己二胺(尼龙-610)	1.19	1.04
聚庚二酰庚二胺(尼龙-77)	1.108	<1.06
聚辛二酰辛二胺(尼龙-88)		<1.09
聚壬二酰壬二胺(尼龙-99)		<1.043
聚壬二酰癸二胺(尼龙-109)		<1.044
聚癸二酰癸二胺(尼龙-1010)	>1.063	<1.032

注:表中第2列"/"表示"或"。

附表 21　部分聚合物的结晶参数

聚合物	构　象	晶　系	晶胞参数				单体单元数（晶胞）	晶体密度 g/cm³
			a	b	c	交　角		
1，4-反式聚丁二烯	Z	单斜	4.6	9.5	8.6	$\beta=109°$	4	1.01
1，4-反式聚丁二烯	Z	单斜	8.63	9.11	4.83	$\beta=114°$	4	1.04
1，4-顺式聚丁二烯	Z	六方	4.54	4.54	4.9		1	1.02
1，4-顺式聚丁二烯	Z	单斜	12.46	8.89	8.1	$\beta=92°$	4	1.02
等规 1，2-聚丁二烯	H，3_1	四方	17.3	17.3	6.5		18	0.96
等规聚丙烯	H，3_1	单斜	6.666	20.87	6.488	$\beta=98°12'$	12	0.937
等规聚甲基丙烯酸甲酯	H，5_5	正交	21.08	12.17	10.55		20	1.23
间规 1，2-聚丁二烯	Z	正交	10.98	6.6	5.14		4	0.963
间规聚丙烯	H，2_1	正交	14.5	5.8	7.4		48	0.91
聚 1-丁烯	H，3_1	四方	17.7	17.7	6.5		18	0.95
聚 1-戊烯	H，3_1	单斜	11.35	20.85	6.49	$\beta=99.6°$	4	0.923
聚 3-甲基-1 丁烯	H，4_1	单斜	9.55	8.54	6.84	$\gamma=116°3'$	4	0.93
聚 4-甲基-1 戊烯	H，7_2	四方	18.66	18.66	13.8		28	0.812
聚 5-甲基-1-己烯	H，3_1	六方	10.2	10.2	6.5		3.5	0.84
聚 α-甲基苯乙烯	H，4_1	四方	21.2	21.2	8.1		16	1.12
聚苯乙烯	H，3_1	四方	22.08	22.08	6.628		18	1.111
聚丙醛	H，4_1	四方	17.5	17.5	4.8		4	1.05
聚丙烯酸叔丁酯	H，3_1		17.92	10.5	6.49			1.04

续表

聚合物	构　象	晶　系	晶胞参数				单体单元数（晶胞）	晶体密度 g/cm³
			a	b	c	交　角		
聚丙烯酸仲丁酯	H，3_1		17.92	10.34	6.49			1.06
聚对苯二甲酸丙二酯	—	三斜	4.58	6.22	18.12	α=96.90°，β=89.4°，γ=110.8°	1	1.445
聚对苯二甲酸丁二酯	Z	三斜	4.83	5.94	11.59	α=99.7°，β=115.2°，γ=11°	1	1.43
聚对苯二甲酸乙二酯	Z	三斜	4.56	5.94	10.75	98°，118°，112°，112°	1	1.455
聚氟乙烯	Z	正交	8.57	4.95	2.52		2	1.43
聚甲基乙烯基酮	H，7_2	六方	14.52	14.52	14.41		—	1.216
聚甲醛	H，5_1	六方	4.66	4.46	17.3		9	1.506
聚氯乙烯	Z	正交	10.6	5.4	5.1		4	1.44
聚偏二氟乙烯	Z	正交	8.58	4.91	2.56		2	1.973
聚偏二氯乙烯	H，2_1	单斜	6.71	4.68	12.51	β=123°	2	1.954
聚三氟氯乙烯	H，16.8_1	六方	6.438	6.438	41.5		1	2.1
聚四氟乙烯（<19℃）	H，13_6	六方	5.59	5.59	16.88	γ=119.3°	1	2.35
聚四氟乙烯（>19℃）	H，15_7	三方	5.66	5.66	19.5		1	2.3
聚四氢呋喃	Z	单斜	5.59	8.9	12.07	β=134.2°	2	1.11
聚碳酸酯（从双酚 A 中制得）	Z	正交	11.9	10.1	21.5		8	1.3
聚氧化丙烯	Z	正交	10.4	4.46	6.92		6	1.096

续表

聚合物	构象	晶系	晶胞参数				单体单元数（晶胞）	晶体密度 g/cm^3
			a	b	c	交角		
聚氧化乙烯	H, 7_2	单斜	8.03	13.09	19.52	$\beta=126°0'$	4	
聚乙醛	H, 4_1	四方	14.63	14.63	4.79		4	1.14
聚乙烯	Z	正交	7.36	4.92	2.534		2	1.014
聚乙烯醇	Z	单斜	7.81	2.54	5.51	$\beta=91°42'$	2	1.35
聚乙烯基环己烷	H, 4_1	四方	21.99	21.99	6.43		4	0.94
聚异丁烯	H, 8_1	正交	6.88	11.91	18.6		2	0.972
聚正丁醛	H, 4_1	四方	20.01	20.01	4.78		4	0.997
尼龙-3	Z	三斜	9.3	8.7	4.8	$\alpha=\beta=90°, \gamma=60°$	4	1.4
尼龙-4	Z	单斜	9.29	12.24	7.97	$\beta=114.5°$	4	1.4
尼龙-5	Z	三斜	9.5	5.6	7.5	$\alpha=48°, \beta=90°, \gamma=67°$	2	1.37
尼龙-6	Z	单斜	9.56	17.2	8.01	$\beta=67.5°$	4	1.3
尼龙-610	Z	三斜	4.95	5.4	22.4	$\alpha=49°, \beta=76.5°, \gamma=63.5°$	1	1.24
尼龙-66	Z	三斜	4.9	5.4	17.2	$\alpha=48.5°, \beta=77°, \gamma=65.3°$	1	1.09
尼龙-7	Z	三斜	9.8	10	9.8	$\alpha=56°, \beta=90°, \gamma=69°$	4	1.23
尼龙-8	Z	单斜	9.8	22.4	8.3	$\beta=65°$	4	1.19
尼龙-9	Z	三斜	9.7	9.7	12.6	$\alpha=64°, \beta=90°, \gamma=67°$	4	1.14
尼龙-11	Z	三斜	9.5	10	15	$\alpha=60°, \beta=90°, \gamma=67°$	4	1.07

附表 22　常见聚合物的燃烧特性

聚合物名称	燃烧难易	火焰状态	离火是否自熄	燃烧状态	燃烧气味
聚甲基丙烯酸甲酯	易	浅蓝色，顶端白色	继续燃烧	熔融、起泡	强烈花果臭，腐烂蔬菜臭
聚氯乙烯	难	黄色，下端绿色，白烟	离火即刻自熄	软化	刺激性酸味
聚偏氯乙烯	很难	黄色，端部绿色	离火即刻自熄	软化	特殊气味
聚苯乙烯	易	橙黄色，浓黑烟炭束	继续燃烧	软化、起泡	特殊气味，苯乙烯单体味
苯乙烯丙烯腈共聚物	易	黄色，浓黑烟	继续燃烧	软化、起泡	特殊气味
丙烯腈-丁二烯-苯乙烯共聚物	易	黄色，黑烟	继续燃烧	软化、烧焦	特殊气味，苯乙烯单体味
聚乙烯	易	上端黄色，下部蓝色	继续燃烧	熔融滴落	石蜡燃烧气味
聚丙烯	易	上端黄色，下部蓝色	继续燃烧	熔融滴落	石油味
聚酰胺(尼龙)	缓慢燃烧	蓝色，上端黄色，	慢慢熄灭	熔融滴落，起泡	羊毛或指甲烧焦味
聚甲醛	易	上端黄色，下部蓝色	继续燃烧	熔融滴落	强烈刺激的甲醛味，鱼腥味
聚碳酸酯	缓慢燃烧	黄色，黑烟炭束	慢慢熄灭	熔融，起泡	特殊气味，花果臭
氯化聚醚	难	飞溅，上端黄色，下部蓝色，浓黑烟	熄灭	熔融，不增长	特殊气味
聚苯醚	难	浓黑烟	熄灭	熔融	花果臭
聚砜	难	浓黑烟	熄灭	熔融	稍有橡胶燃烧味
聚三氟氯乙烯	不燃				
聚四氟乙烯	不燃				
乙酸纤维素	易	暗黄色，少量黑烟	继续燃烧	熔融滴落	醋酸味
乙酸丁酸纤维素	易	暗黄色，少量黑烟	继续燃烧	熔融滴落	丁酸味

续表

聚合物名称	燃烧难易	火焰状态	离火是否自熄	燃烧状态	燃烧气味
乙酸丙酸纤维	易	暗黄色,少量黑烟	继续燃烧	熔融滴落	丙酸味
硝酸纤维	易	黄色	继续燃烧		
乙基纤维素	易	黄色,上端蓝色	继续燃烧	熔融滴落	特殊气味
聚乙酸乙烯酯	易	暗黄色,黑烟	继续燃烧	软化	醋酸味
聚乙烯醇缩丁醛	易	黑烟	继续燃烧	熔融滴落	特殊气味
酚醛树脂	难	黄色火花	自熄	开裂,色加深	浓甲醛味
酚醛树脂(木粉)	缓慢燃烧	黄色	自熄	膨胀,开裂	木材和苯酚味
酚醛树脂(布基)	缓慢燃烧	黄色,少量黑烟	继续燃烧	膨胀,开裂	布和苯酚味
酚醛树脂(纸基)	缓慢燃烧	黄色,少量黑烟	继续燃烧	膨胀,开裂	纸和苯酚味
脲甲醛树脂	难	黄色,顶端淡蓝色	自熄	膨胀,开裂,燃烧处变白	特殊气味,甲醛味
三聚氰胺树脂	难	淡黄色	自熄	膨胀,开裂,燃烧处变白	特殊气味,甲醛味
聚酯树脂	易	黄色,黑烟	继续燃烧	稍膨胀	苯乙烯气味
氯乙烯-乙酸乙烯酯共聚物	难	暗黄色	离火即刻自熄	软化	特殊气味

附表 23　聚合物的折光指数

名　称	折光指数	温度/℃	名　称	折光指数	温度/℃
聚氧乙烯	1.545	—	蛋白质	1.539～1.541	—
聚偏二氧乙烯	1.654	—	聚氯乙烯	1.54～1.56	—
聚甲基丙烯腈	1.52	—	聚苯乙烯	1.59～1.592	20
聚醋酸乙烯	1.466 7	—	硬橡胶(32%S)	1.6	—
聚甲基丙烯酸甲酯	1.492	—	聚丙烯酸	1.49～1.57	
聚丁二烯	1.514 9	—	环氧树脂	1.45～1.6	
聚异戊二烯	1.519 1	—	氟树脂	1.34～1.4	
聚四氟乙烯	1.35	—	聚碳酸酯	1.58～1.6	
聚二甲基硅烷	1.43	—	聚醚醚酮	1.65～1.77	
聚乙酸乙烯酯	1.466 5	20	聚醚酰亚胺	1.66～1.67	
聚甲基丙烯酸	1.472～1.480	—	聚对苯二甲酸乙二醇酯	1.55～1.64	
聚甲基丙烯酸甲酯	1.489 3	23	聚氧化甲烯,聚甲醛	1.48～1.51	
聚乙烯醇	1.49～1.53	—	聚氨酯	1.5～1.6	
聚丙烯(密度 0.907 5 g/cm^3)	1.503	20	聚砜	1.63～1.65	
聚异丁烯	1.505～1.51	—	不饱和树脂	1.52～1.54	
聚乙烯(密度 0.914 5 g/cm^3)	1.51	20	聚丙烯腈	1.519	20
聚乙烯(密度 0.94～0.945 5 g/cm^3)	1.52～1.53	20	天然橡胶	1.519～1.52	—
聚乙烯(密度 0.965 g/cm^3)	1.545	20			
尼龙-6、尼龙-66、尼龙-610	1.53				

附表 24　水的密度和运动黏度(乌氏黏度计仪器常数测定和动能校正)

温度/℃	ρ/(kg·m^{-3})	υ/[10^{-7}(m^2·s^{-1})]	温度/℃	ρ/(kg·m^{-3})	υ/[10^{-7}(m^2·s^{-1})]
1	999.9	17.32	30	995.6	8.04
2	999.9	16.74	31	995.3	7.87
3	1 000.0	16.19	32	995.0	7.70
4	1 000.0	15.68	33	994.7	7.55
5	1 000.0	15.20	34	994.4	7.39
6	999.9	14.74	35	994.0	7.25
7	999.9	14.30	36	993.7	7.10
8	999.8	13.88	37	993.3	6.97
9	999.8	13.48	38	993.0	6.83
10	999.7	13.10	39	992.6	6.71
11	999.6	12.74	40	992.2	6.59
12	999.5	12.40	41	991.8	6.46
13	999.4	12.07	42	991.4	6.35
14	999.3	11.76	43	991.0	6.24
15	999.1	11.46	44	990.6	6.13
16	998.9	11.17	45	990.2	6.02
17	998.8	10.89	46	989.8	5.92
18	998.6	10.62	47	989.4	5.83
19	998.4	10.36	48	988.9	5.73
20	998.2	10.11	49	988.5	5.64
21	998.0	9.87	50	988.0	5.56
22	997.8	9.63	51	987.6	5.47
23	997.5	9.40	52	987.1	5.39
24	997.3	9.18	53	986.7	5.31
25	997.0	8.97	54	986.2	5.23
26	996.8	8.77	55	985.7	5.15
27	996.5	8.58	56	985.2	5.07
28	996.2	8.39	57	984.7	4.99
29	995.9	8.21	58	984.2	4.92

续 表

温度/℃	ρ/(kg·m^{-3})	υ/[10^{-7}(m^2·s^{-1})]	温度/℃	ρ/(kg·m^{-3})	υ/[10^{-7}(m^2·s^{-1})]
59	983.7	4.85	80	971.8	3.67
60	983.2	4.78	81	971.2	3.63
61	982.7	4.71	82	970.5	3.59
62	982.2	4.64	83	969.9	3.55
63	981.6	4.58	84	969.3	3.51
64	981.1	4.52	85	968.6	3.47
65	980.6	4.46	86	968.0	3.43
66	980.0	4.40	87	967.3	3.39
67	979.5	4.34	88	966.7	3.35
68	978.9	4.28	89	966.0	3.31
69	978.4	4.22	90	965.3	3.27
70	977.8	4.16	91	964.6	3.23
71	977.2	4.11	92	964.0	3.20
72	976.6	4.06	93	963.3	3.17
73	976.0	4.01	94	962.6	3.14
74	975.5	3.96	95	961.9	3.11
75	974.9	3.91	96	961.2	3.08
76	974.3	3.86	97	960.5	3.05
77	973.7	3.81	98	959.8	3.02
78	973.0	3.76	99	959.1	2.99
79	972.4	3.71			

参考文献

[1] 雷渭媛,顾凡,张武.高分子物理实验[M].西安:西北工业大学出版社,1994.

[2] 杨海洋,朱平平,何平笙.高分子物理实验[M].2版.合肥:中国科学技术大学出版社,2008.

[3] 张俐娜,薛奇,莫志深,等.高分子物理近代研究方法[M].2版.武汉:武汉大学出版社,2006.

[4] 张春庆,李战胜,唐萍.高分子化学与物理实验[M].大连:大连理工大学出版社,2014.

[5] 闫红强,程捷,金玉顺.高分子物理实验[M].北京:化学工业出版社,2012.

[6] 冯开才,李谷,符若文,等.高分子物理实验[M].北京:化学工业出版社,2004.

[7] 张兴英,李齐方.高分子科学实验[M].2版.北京:化学工业出版社,2007.

[8] 焦剑,雷渭媛.高聚物结构、性能与测试[M].北京:化学工业出版社,2003.

[9] 华幼卿,金日光.高分子物理[M].5版.北京:化学工业出版社,2019.

[10] 马德柱,何平笙,徐种德,等.高聚物的结构与性能[M].2版.北京:科学出版社,1995.

[11] 王小妹,阮文红.高分子加工原理与技术[M].北京:化学工业出版社,2006.

[12] 韩哲文.高分子科学实验[M].上海:华东理工大学出版社,2005.

[13] 董慧茹,柯以侃,王志华.复杂物质剖析技术[M].北京:化学工业出版社,2004.

[14] 潘文群.高分子材料分析与测试[M].北京:化学工业出版社,2005.

[15] FAN X, ZHANG G C, SHI X T, et al. Highly expansive, thermally insulating epoxy/composite foam for electromagnetic interference shielding [J]. Chemical Engineering Journal, 2019, 372: 191-202.

[16] 韩磊,简嫩梅,徐涛.小角激光散射法研究α成核剂对PP性能的影响[J].塑料, 2014, 42(2):13-14.